普通高等院校计算机基础教育"十三五"规划教材
以培养创新能力为核心的信息技术基础系列教材

U0183857

计算机应用基础

JISUANJI YINGYONG JICHU

黄容　陈强　赵毅◎主编

中国铁道出版社有限公司
CHINA RAILWAY PUBLISHING HOUSE CO., LTD.

内 容 简 介

本书探索新工科人才培养的要求与理念，既强调核心的计算机基础知识，培养计算思维，又训练学生运用计算机科学的基础概念进行问题求解、系统设计，以及人类行为理解等涵盖计算机科学之广度的一系列思维过程。本书系统地介绍计算机科学与技术的基本概念，深入浅出地阐述计算机科学与技术领域的基本原理和基本方法，可以让学生学会计算机的基本操作，掌握计算机的基本原理、知识、方法和解决实际问题的能力，具备较强的信息系统安全与社会责任意识，为后续课程的学习打下必要的基础。

全书由绪论、信息技术基础理论篇和计算机应用技术篇组成。信息技术基础理论篇分为 4 章，主要内容包括计算机基础知识、Windows 10 操作系统、计算机网络基础、应用创新与新技术。计算机应用技术篇分为 8 章，主要介绍 Word、Excel、PowerPoint、Visio、Photoshop、Flash、Dreamweaver 等常见应用软件的使用。

本书适合作为高等院校计算机基础课程的教材，也可作为计算机等级考试的自学用书。

图书在版编目（CIP）数据

计算机应用基础/黄容，陈强，赵毅主编. —北京：中国铁道
出版社有限公司，2020.9（2021.7 重印）
以培养创新能力为核心的信息技术基础系列教材　普通高等
院校计算机基础教育"十三五"规划教材
ISBN 978-7-113-27296-8

Ⅰ.①计… Ⅱ.①黄… ②陈… ③赵… Ⅲ.①电子计算机-高等学校
-教材 Ⅳ.①TP3

中国版本图书馆 CIP 数据核字(2020)第 182560 号

书　　名：计算机应用基础
作　　者：黄 容 陈 强 赵 毅

策　　划：曹莉群　刘丽丽　　　　　　　　　　编辑部电话：(010) 51873202
责任编辑：刘丽丽
封面设计：刘 颖
责任校对：绳 超
责任印制：樊启鹏

出版发行：中国铁道出版社有限公司（100054，北京市西城区右安门西街 8 号）
网　　址：http://www.tdpress.com/51eds/
印　　刷：三河市兴达印务有限公司
版　　次：2020 年 9 月第 1 版　　2021 年 7 月第 2 次印刷
开　　本：787 mm×1 092 mm　1/16　印张：14.25　字数：337 千
书　　号：ISBN 978-7-113-27296-8
定　　价：42.00 元

以培养创新能力为核心的
信息技术基础系列教材
编 委 会

>>> 序

信息技术正在通过促进产品更新换代而带动产业升级，在我国经济转型发展中正发挥着基础性、关键性支撑作用。信息技术基础教材的编写需要体现新工科建设对课程教学的新要求，体现现代工程教育的特点，适应新的培养要求。各专业的信息技术基础公共课程应将计算思维、创新思维和创新能力培养作为课程教学的基本目标。

上海工程技术大学面向应用型工程人才的培养，组织编写了一套以培养创新能力为核心的信息技术基础系列教材，以期为非计算机专业的大学生打下坚实的信息技术基础，提高其信息技术基础与专业知识结合的能力。本系列教材包括《计算机应用基础》《C 语言程序设计》《Python 程序设计》《Java 程序设计》《VB 程序设计》等。

教材具有以下特点：

（1）以地方工科院校本科机械、电子工程专业的计算机基础教育为主，兼顾汽车、轨道交通、材料科学与工程、化工、服装等专业的计算机基础教育的需求。

（2）基于案例驱动的教学模式。教材以案例为分析对象，通过对案例的分析和讨论以及对案例中处理事件基本方案的研究、评价，在案例发生的原有情境下提出改进思路和相应方案。以课程知识点为载体，进行工程思维训练。

（3）以问题为引导。教材选择来源于具体的工程实践的问题设置情境，以问题为对象，通过对问题的了解、探讨、研究和辩论，学会应用和获取知识，辨别和收集有效数据，系统地分析和解释问题，积极主动地去探究、引导和启发学生主动发现、寻求问题的各种解决方案，培养计算思维、工程思维能力。

（4）配有实验教材。按"基础实验→综合实验→开放实验→实践创新"四层循序递进，逐步提升学生的实践能力。

本套教材可作为地方工科院校本科生信息技术基础教材，也可供有关专业人员学习参考。

蒋宗礼

2019年11月

前 言

"计算机应用基础"课程一直是各高等院校新生入学后的第一门计算机基础课程。社会信息化的发展对大学生的信息资源运用能力也提出了更高的要求，使现行的"计算机应用基础"课程在教学内容的选取、知识结构的设置、教学的组织、方法和实验方式都要做较大的改革，以满足社会发展对人才培养的要求。以培养创新能力为核心的信息技术基础系列教材正是这种改革的结果。

本教材旨在探索新工科人才培养的有效途径，既注重核心的计算机基础知识的讲解和计算思维的培养，又训练学生运用计算机科学的基础概念进行问题求解、系统设计，以及人类行为理解等涵盖计算机科学之广度的一系列思维过程。

本书编写的指导思想是：教材应充分反映本学科领域的最新科技成果；根据学生的特点，以人才培养的应用性、实践性为重点，调整学生的知识结构和能力素质；系统地介绍计算机科学与技术的基本概念，深入浅出地阐述计算机科学与技术领域的基本原理和基本方法，让学生学会计算机的基本操作，掌握计算机的基本原理、知识、方法和解决实际问题的能力，具备较强的信息系统安全与社会责任意识，为后续课程的学习打下必要的基础。

本书内容新颖，实践性强，注重理论基础又突出实用性，计算机应用技术篇各章配以一定数量的示范性实验，结合配套的《计算机应用基础实验指导》（黄容主编，中国铁道出版社有限公司出版），加深对实验内容的理解和掌握，提高学生的动手能力和操作技能。在每章之后，附有一定的习题供读者测试学习效果。

全书由绪论、信息技术基础理论篇和计算机应用技术篇组成。信息技术基础理论篇分为4章，主要内容包括计算机基础知识、Windows 10操作系统、计算机网络基础、应用创新与新技术。计算机应用技术篇分为8章，主要介绍Word、Excel、PowerPoint、Visio、Photoshop、Flash、Dreamweaver等常见应用软件的使用。

本书由黄容、陈强、赵毅任主编，全书由黄容、陈强、赵毅统编定稿。另外，为本书编写提供帮助的老师还有胡建鹏、胡浩民、王泽杰、刘惠彬、张晓梅、潘勇等，在此一并表示感谢。

由于计算机技术发展迅速，加之编者水平有限，书中难免有疏漏与不妥之处，敬请专家、教师及读者多提宝贵意见。

编 者

2020年6月

目　录

第0章　绪论 1
　0.1　计算思维 2
　　0.1.1　计算思维的概念 2
　　0.1.2　计算思维2.0的新内容 3
　　0.1.3　计算思维1.0到2.0 4

　0.2　数据思维 5
　　0.2.1　数据思维和数据赋能
　　　　　（计算思维2.0） 5
　　0.2.2　数据科学与数据思维 6
　0.3　工程师的数字化能力 6

第1篇　信息技术基础理论

第1章　计算机基础知识 9
　1.1　计算机的概念及其发展历史 9
　　1.1.1　计算机的概念 9
　　1.1.2　计算机简史 9
　　1.1.3　计算机的发展阶段 10
　　1.1.4　微型计算机的发展阶段 12
　　1.1.5　计算机的发展趋势 13
　1.2　计算机的用途 14
　1.3　计数制及数据在计算机中的
　　　　表示 15
　　1.3.1　数制 15
　　1.3.2　不同数制之间的转换 17
　　1.3.3　容量单位、存储容量及字
　　　　　和字长 21
　　1.3.4　计算机内的数据表示 21
　1.4　计算机系统 23
　　1.4.1　计算机系统的组成 23
　　1.4.2　计算机硬件系统 24
　　1.4.3　计算机的工作原理 26
　　1.4.4　计算机软件系统 26
　1.5　信息化与信息安全 28
　　1.5.1　信息化与信息化社会 28
　　1.5.2　信息安全 29
　　1.5.3　信息安全的威胁 29
　　1.5.4　信息安全技术 30

习题 34
第2章　Windows 10操作系统 35
　2.1　Windows 概述 35
　　2.1.1　Windows 的发展 35
　　2.1.2　Windows 10的简介 35
　　2.1.3　Windows 10的安装 37
　2.2　Windows 10的基本操作 37
　　2.2.1　鼠标操作 37
　　2.2.2　窗口操作 38
　　2.2.3　菜单操作 39
　2.3　Windows 10桌面操作 39
　2.4　文件及文件夹 41
　　2.4.1　文件夹及文件的创建 41
　　2.4.2　文件类型 42
　　2.4.3　文件及文件夹的查看
　　　　　及排序方式 43
　　2.4.4　文件及文件夹的选定 44
　　2.4.5　文件及文件夹的重命名 44
　　2.4.6　文件及文件夹的删除 44
　　2.4.7　文件及文件夹的属性 45
　　2.4.8　文件及文件夹的复制
　　　　　和移动 45
　　2.4.9　文件及文件夹的搜索 45
　2.5　控制面板及其他 46

2.5.1 控制面板 46
2.5.2 附件 51
2.5.3 搜索功能 54
2.5.4 虚拟桌面 55
习题 55

第3章 计算机网络基础 57
3.1 网络技术基础 57
3.1.1 计算机网络的基本概念... 57
3.1.2 计算机网络协议 59
3.1.3 局域网基本技术 60
3.2 网络安全与防护 65
3.2.1 网络安全的概念 65
3.2.2 网络系统的安全威胁 ... 65
3.2.3 常用的网络安全技术 ... 67
3.3 互联网技术及应用 68
3.3.1 互联网 68
3.3.2 TCP/IP协议 69
3.3.3 Internet的接入方法 ... 72
习题 73

第4章 应用创新与新技术 74
4.1 "互联网+" 74
4.1.1 "互联网+"的概念 74
4.1.2 "互联网+"思维 76
4.1.3 "互联网+"与大学生创新

创业 77
4.1.4 "互联网+"商业模式 ...78
4.2 物联网 78
4.2.1 物联网的含义 78
4.2.2 物联网的发展 79
4.2.3 物联网系统的构成 79
4.3 云计算 82
4.3.1 云计算的含义 82
4.3.2 云计算的发展 82
4.3.3 云计算的特征和分类 83
4.3.4 云计算体系结构 85
4.3.5 主要云计算平台介绍 86
4.3.6 云计算的关键技术 87
4.4 区块链 88
4.4.1 区块链的定义和分类 88
4.4.2 区块链的"共识" 90
4.4.3 从互联网思维到区块链
思维 90
4.4.4 区块链的价值 91
4.4.5 区块链的应用前景 92
4.5 人工智能 93
4.5.1 人工智能的概念 93
4.5.2 人工智能典型技术 95
习题 97

第2篇 计算机应用技术

第5章 Word文字处理软件 98
5.1 Word基本组成 98
5.1.1 Word窗口组成 98
5.1.2 Word文档的创建............ 99
5.1.3 Word视图的使用............101
5.2 Word文档编辑 101
5.2.1 Word文本输入和编辑...102
5.2.2 Word文本查找与替换...103
5.3 Word文档格式化 104
5.3.1 Word字体设置 104

5.3.2 Word段落设置 105
5.3.3 Word分栏 105
5.4 Word文档操作 106
5.4.1 Word特殊文档的使用
——邮件合并 106
5.4.2 制作目录 109
5.4.3 Word文档的引用与审阅...111
5.4.4 Word文档的保存 116
5.4.5 自动恢复功能 117
5.4.6 Word文档保存的类型 118

5.5　Word图文混排 119
　　5.5.1　插入文本框 119
　　5.5.2　插入图片 120
　　5.5.3　插入形状 120
　　5.5.4　插入SmartArt图形 121
　　5.5.5　插入艺术字 123
5.6　Word表格处理 124
　　5.6.1　创建表格 124
　　5.6.2　编辑表格 126
　　5.6.3　设置表格格式 127
习题 128

第6章　Excel电子表格处理软件 129
6.1　Excel工作簿窗口的组成 129
6.2　Excel表格操作 130
　　6.2.1　表格范围选取及输入 130
　　6.2.2　表格中行高和列宽的
　　　　　设定 130
　　6.2.3　表格中数据的填充 131
6.3　Excel工作表与单元格格式 132
　　6.3.1　工作表的定义 132
　　6.3.2　工作表操作 133
　　6.3.3　工作表格式化 134
6.4　Excel公式应用 136
　　6.4.1　公式的定义 136
　　6.4.2　单元格的引用 137
6.5　Excel数据处理 138
　　6.5.1　数据排序 138
　　6.5.2　数据筛选 138
　　6.5.3　分类汇总 139
　　6.5.4　数据图表 139
　　6.5.5　数据透视表与数据
　　　　　透视图 141
6.6　Excel常用函数 142
　　6.6.1　函数的使用 143
　　6.6.2　常用函数 143
　　6.6.3　公式与函数常见问题 144
习题 144

第7章　PowerPoint演示文稿制作 146
7.1　PowerPoint概述 146
　　7.1.1　PowerPoint 2010基本
　　　　　概念 146
　　7.1.2　工作界面 147
　　7.1.3　PowerPoint文档创建 147
　　7.1.4　PowerPoint导出演示文稿 ...148
　　7.1.5　PowerPoint幻灯片视图 149
　　7.1.6　PowerPoint幻灯片编辑 150
7.2　PowerPoint文档编辑 151
　　7.2.1　PowerPoint文本编辑 151
　　7.2.2　PowerPoint幻灯片格式 151
　　7.2.3　PowerPoint幻灯片母版 152
7.3　PowerPoint中对象的插入 153
7.4　PowerPoint动画与播放 155
　　7.4.1　PowerPoint自定义动画 155
　　7.4.2　PowerPoint幻灯片切换
　　　　　动画 156
　　7.4.3　PowerPoint中的超链接 157
　　7.4.4　PowerPoint幻灯片放映 158
习题 160

**第8章　Visio 2010办公绘图软件
　　　　应用 161**
8.1　Visio 2010简介 161
8.2　Visio 2010的工作界面 162
8.3　使用Visio 2010绘图的几个
　　主要概念 165
8.4　常用的操作技巧 173
习题 177

第9章　音频与视频 178
9.1　多媒体技术概述 178
　　9.1.1　多媒体定义 178
　　9.1.2　多媒体技术 178
　　9.1.3　多媒体系统 179
9.2　音频信息的处理 179
　　9.2.1　声音的数字化 179
　　9.2.2　常用声音文件格式 181

9.2.3　音频处理 181

9.2.4　语音合成与识别 181

9.3　视频信息的处理....................182

9.3.1　视频的数字化................182

9.3.2　常用视频文件格式 182

9.3.3　视频处理 183

习题 183

第10章　Photoshop图像信息处理.....184

10.1　色彩的基本知识..................184

10.2　图形图像处理基础 185

10.2.1　数字图像的分类 185

10.2.2　位图图像的重要参数.....186

10.2.3　图像的获取与处理 187

10.3　图像文件格式 187

10.4　数字图像文件的压缩 188

10.5　图像处理软件Photoshop CS6....189

10.5.1　Photoshop CS6概述 189

10.5.2　基本编辑操作 191

10.5.3　高级编辑操作 195

习题 199

第11章　Flash动画信息处理............200

11.1　了解Flash CS5工作界面 200

11.2　创建网页文本对象 201

11.3　绘制网页动画图形 202

11.4　编辑网页动画图形 203

11.5　创建网页元件对象 204

11.5.1　元件类型 204

11.5.2　创建图形元件 204

11.5.3　在不同的模式下编辑
元件 205

11.6　制作网页动画特效 205

习题 206

第12章　网页制作基础...................207

12.1　网站的规划.......................207

12.1.1　网站的基本概念............207

12.1.2　静态网站与动态网站 207

12.1.3　网站开发流程 208

12.1.4　网站的总体规划
与设计 208

12.2　网页设计概述 209

12.3　Dreamweaver CS5
工作环境 212

习题 215

参考文献 216

第0章 绪论

　　信息技术发展非常快，普通高校计算机教学改革任务紧迫，但有限的课时，不是减少教学内容的理由，反而是梳理线条、明确目标、改进教材与教学的契机。本教材指导思想是：引导学生建立计算、计算思维、数据思维、数字化工程师思维。有了主线，学习者沿着主线，查漏补缺，为专业学习、未来工作打下扎实的信息技术基础。

　　计算机应用基础作为高校学生学习的第一门课程，也可能是唯一一门计算机课程，肩负着使学生学会使用计算机、理解计算机系统、初步形成计算思维等重任，因而受到了各大高校的普遍重视。

　　计算机作为现代信息社会的必备工具，其应用已遍及国民经济与社会生活的各个方面，在诸多领域发挥着十分重要的作用，这也使得使用计算机成为 21 世纪每个人都应掌握的基本技能之一。因此，国内外许多高校将计算机入门课程设置为各专业学生均需学习的一门基础课程。但是，计算机领域具有知识点多、涉及面广、应用性强、发展迅速等特点，这些特点也为此类课程的实施带来了问题。例如，如何合理设置课程目标，如何对内容进行取舍，如何有效培养学生的计算机应用能力，如何科学评价学生的学习情况等。这些问题是目前国内很多高校面临的共同问题，也是对计算机基础课程进行改革时需着重关注的问题，而世界一流大学的做法对解决这些问题具有重要的借鉴意义。表 0-1 所示是几所国外大学关于计算机基础课程的开设情况。

表 0-1　几所国外大学关于计算机基础课程的开设情况

序号	学校（在本文的缩写）	课程名（课程号）	学期
1	美国麻省理工学院（MIT）	Introduction to Computer Science and Programming in Python（6.0001）	2016 秋
2	美国斯坦福大学（Stanford）	Introduction to Computing Principles（CS 101）	2018 秋
3	美国加州大学伯克利分校（UCB）	The Beauty and Joy of Computing（CS 10）	2018 秋
4	美国哈佛大学（Harvard）	Great Ideas in Computer Science（CS 1）	2016 春
5	美国卡耐基·梅隆大学（CMU）	Principles of Computing（15–110）	2019 春
6	美国普林斯顿大学（Princeton）	Computers in Our World（COS 109）	2018 秋

资源来自：杨欢、周竞文等，计算机教育，2020，3：84-87，91

　　课程的目标是基本一致的，即让学生会用计算机，更具体地说，是使零基础的学生学会用编程的方法解决实际问题。在此过程中，理解计算机的工作原理、基本思想、相关技术等，从而初步建立计算思维、形成信息素养。另外，也应看到，计算机基础课程的建设是一个长期的、多样化的、动态变化的过程，他校的有效经验并不一定适合本校。个人的认知与专业的差异，都会有不同的路径。因此，在具体学习过程中，还应结合实际情况，经过不断探索，才能制定出适合本校的、本人的计算思维及其数据思维的学习计划。

数字化技术的快速发展正在改变传统制造业的发展基础和经营方式，中国相关产业在转型和结构调整过程中面临着巨大挑战，同时对产业急需的数字化转型中的工程师能力提出了全新要求。工程技术大学培养未来的工程师，需要的计算机基础能力，强化数字化工程师意识。

有学者把实验验证称为科学研究第一范式，理论推导称为第二范式；计算模拟称为第三范式（对应本章计算思维 1.0）；数据思维与数据赋能称为第四范式（计算思维 2.0）。

本章内容包括计算思维、数据思维、数字化工程师意识等，旨在引导学生树立计算思维、数据思维理念。因为工程技术类大学学科建设、新工科建设的需求需要增强计算思维、数据思维引导。这里只是引导，并没有给出更详细的内容，因为本门课程是一个基础课程，重点仍然是计算机的基础。本课程受课时所限，无法包络万象，但是新技术、新学科、新工科、新形势又迫使我们不得不增加一些引导，这是设置第 0 章的初衷。相关参考文献已经在章后面列出，读者可查阅。

0.1 计 算 思 维

自周以真于 2006 年在美国 ACM（Association for Computing Machinery，国际计算机学会）通讯上提出计算思维以来，计算思维的概念已经逐步渗透到大学的专业和非专业教学内容，并进一步延伸到中学和小学，成为新时代公民教育中像语言、算术那样必不可少的基本素质。

随着大数据、人工智能等领域的兴起，计算思维的深刻内涵被进一步挖掘。到了 2020 年，人们对于计算思维的认识，无论从概念内容上，还是从应用实践上，都已经有了新的飞跃。

0.1.1 计算思维的概念

什么是计算思维？这是计算思维最基本的问题，对于它的研究也一直没有停止。2006 年，周以真在介绍计算思维时，表述为"计算思维是运用计算机科学的基础概念进行问题求解、系统设计以及人类行为理解等涵盖计算机科学之广度的一系列思维活动"。请思考以下问题：

- "计算机"的思维：计算机是如何工作的？计算机的功能是如何越来越强大的？
- 利用计算机的思维：现实世界的各种事物如何利用计算机来进行控制和处理？

计算思维（Computational Thinking）是运用计算机科学的基础概念去求解问题、设计系统和理解人类行为，其本质是抽象和自动化。

计算思维的学习，不仅仅是会不会用计算机的问题，而是会不会利用计算思维来解决身边的或社会、自然的问题。

现代计算是所有科学的研究范式之一，区别于理论和实验，所有的学科都面临算法化的"巨大挑战"，所有涉及自然和社会现象的研究都需要使用计算模型做出新发现和推进学科发展。各种各样的计算模拟技术为研究生命体的发育、成长、竞争、进化等提供了崭新的视角和丰富的成果。1975 年，诺贝尔生理学或医学奖得主 D. Baltimore 认为生物学是信息科学。事实上，计算思维正在改变着所有学科的面貌。这种改变的源头不是从计算机科学输入的，而是学科自身的发展从内部产生的，计算机科学只是跟随这些学科的发展而发展，并为其他的学科发展提供新的算法设计理论和计算应用武器。因此从起源来讲，计算思维不是唯一来自计算机科学的，而是来自于所有学科的。尽管前期的计算思维已经萌芽和发育，但是直到 2006 年，周以真在 ACM 通讯上发表了题为《计算思维》的文章，计算思维才正式作为一种研究对象受到人们的重视，进入学科殿堂。联合国教科文组织在 2019 年发布的《人工智能教育报告》中写道：虽然计算思维明显属于计算机科学领域，但它是一种在其他学科中普遍应用的能力。2018 年出版的阐述中国计算机教育发展与改革的《计算机教育与可持续竞争力》（简称"蓝皮书"）写道：计算思维是以信息和信息运动为认知对象和操作对象的思想及方法论，因此是涵盖所有学科的第三种思维范式。

各种各样的计算思维定义：

- "计算思维能力是抽象思维能力和逻辑思维能力，算法设计与分析能力，程序设计与实现能力，计算机系统的认知、分析、设计和应用能力"。
- "计算思维并不是仅仅为计算机编程，而是在多个层次上抽象的思维，是一种以有序编码、机械执行和有效可行方式解决问题的模式。"
- "计算思维是一个思想过程，涉及描述问题使得它们的解决能够通过计算步骤和算法，被信息处理装置有效实现，计算模型是核心概念。"

美国国际计算机教师协会（ISTE）将计算思维定义为具有以下特征的问题解决过程：以一种能够使用计算机和其他工具制订解决问题的方案，合理组织和分析数据，通过模型和模拟等抽象手段表示数据，通过算法思维（一系列有序步骤）实现解决方案的自动化，分析和评价解决方案以实现最有效的过程和资源组合，将问题解决方案和过程迁移到其他类型的问题。

《计算机教育与可持续竞争力》一书中提出："计算思维是以信息的获取和有效计算，进行算法求解、系统构建、自然与人类行为理解为主要特征，实现认知世界和解决问题的思想与方法。"

欧洲信息联盟主席 E. Nardelli 在 2019 年的 ACM 通讯上发文提出：计算思维是涉及建立计算模型，并且使用计算设备可以有效操作以达到某种目标的思维过程，如果没有计算模型和有效计算，就仅仅是数学。

近十几年来，随着对于计算思维理论的深入研究，以及实践应用的经验增长，关于计算思维的本质内涵也有了越来越深刻的认识，上面举出的对于计算思维定义的演进过程也说明了这一点。计算思维不仅仅是计算机科学家解决问题的思想方法，也是所有科学家在使用计算时所具有的思维模式，它的关键是计算模型，而在物理学、生物学等不同的学科里，计算模型具有不同的形式和性质。计算思维是覆盖所有学科的思维模式，并且在不同学科中有不同的表现和内容。计算思维不是从计算机科学输入到其他科学的，而是在每一个学科里，都蕴含着丰富的计算思维内容，我们的任务是把它开发出来。

0.1.2　计算思维 2.0 的新内容

随着大数据、人工智能等的发展，计算思维有了新的内涵。2017 年，Denning 在《科学美国人》上发表的文章指出，计算思维最本质的概念是计算模型。作为现代科学，模型是十分重要和基础的，所有学科的研究都是在一个或者几个模型架构上展开的，即使对于社会科学和人文科学也是如此。当然不同的学科对于模型的结构和性质是不同的，仅就计算而言，传统的物理学主要依赖于确定的和非确定的计算模型，人工智能却主要依赖各种学习模型，而社会科学则更多使用统计计算模型。2011 年，图灵奖得主 J. Pearl 多次论述过模型在科学研究中的重要性。古代巴比伦和希腊在天文学的研究中都取得了巅峰的成就，但是巴比伦人更多的是现象的描述，并没有建立这些现象的模型，而希腊人首先建立了相关的模型，例如认为地球是圆形的，漂浮在大海之中，不管这种模型现在看来多么荒谬，但是却启发了希腊人去测量地球的直径，这是在模型理论指导下的创新工作。而擅长各种测量的巴比伦人，尽管测量精度远远超越了当时的希腊人，却无法做出观察之外的成果。在科学观察和科学思维两个方面，希腊人无疑在后者做得更好，因此希腊人的理性主义发展成为现代科学的支柱之一。在现代科学体系中，每一个学科都依赖于模型来表达研究对象和基本思想。计算模型对于计算学科来说也不例外，因此计算模型构成了计算思维的核心概念，既是区别于其他思维形式的特征，也是划分计算思维发展台阶的圭臬。

随着大数据和人工智能的发展，当前各种模型层出不穷，它们的共同特点是揭示了数据之间的关联关系，而不是因果关系。

交互式证明对应于交互式图灵机模型。这是使用交互方式进行计算（证明）的模型，传统的数学证明是其一个特例。交互式证明模型不仅在计算问题的复杂度分类和可行性方面提供了很好的理论，而且也是一些学习模型，例如，生成对抗网络（GAN）的理论基础之一。人工智能中使用的学习模型与传统的物理学和数学使用的模型是不同的，不同的模型反映了对于世界解释的不同观点和方法。

当前，云计算、大数据、物联网、人工智能和移动计算被认为是信息领域最有代表性的应用，在这些领域里，模型或者架构问题都是第一性和基础性的。如果说，云计算、物联网、移动计算代表了技术发展高峰，那么大数据和人工智能则更多带来思想观念的启迪。在大数据计算领域，一些具有新型架构的并行计算被陆续提出，利用新的算法理论（如 PAC 算法、可拓展算法）极大提高了问题求解的效率。对于 NP 类问题，用并行计算改善求解精度，对于 P 类问题，则用并行技术提高求解速度。针对数据流动性的在线计算则是另一种全新的计算方法。传统的计算都是假定数据已经输入好，并且在计算过程中，这些数据不会发生变化，但是在线计算却是在数据的不断输入过程中随时接收新的数据（包括原有数据的变动），完成计算任务，因此这是一种新的计算模型。

在机器学习领域，卷积网络揭示了图像信息的局部相似性和局部特征的独立性，这与人类识别图像有着异曲同工之妙。深度学习采取了自适应逐层编码的思想，这与人类在认知过程中，分层次处理和重编码信息是类似的方法。曾经多次完胜围棋高手的 AlphaGo，通过蒙特卡洛树的搜索和增强学习技术，以及深度学习网络，具备了从少量数据甚至是无数据情况下进行学习的能力，同时也具备了这种能力的自我演化提升，已经拥有了与人类学习和认知相似的一些特征。

随着计算模型的不断创新和完善，计算思维的特征得到了持续的丰富，所有的属于计算思维的特征都与模型相联系，并且在解决不同的问题时展现了多元的侧面和技巧。从这个角度来理解计算思维及其在各个领域的表现，就容易抓住计算思维的本质。

0.1.3 计算思维 1.0 到 2.0

20 世纪 50 年代开始，逐步形成了关于计算思维的概念，到 70 年代，Knuth 和 Dijkstra 对于计算思维有了清晰刻画，1980 年 S. Papert 在书中出现了计算思维这个词。从 20 世纪 80 年代开始，在 Wilson 的呼吁和推动下，人们逐步认识了计算和模拟是科学研究的第三种方法。2006 年，周以真提出了关于计算思维的新理解（计算思维是像语言、计算那样的人类生活基本技巧），推进了社会对于计算思维的重视和普及，一些国家将计算思维的教育列入教育体系，计算思维成为公民教育的基本内容，很多学科也在积极推进本学科的计算化和信息化，促进了学科的变革，这一时期可以称为计算思维 1.0 时代。

近几年来，由于信息技术的快速发展，人类社会由传统的物理世界和人类世界组成的二元空间，进入了物理世界、人类世界和信息世界的三元空间，并且正在向物理世界、人类世界、信息世界和智能体世界的四元空间变化。大数据和人工智能等新领域迈入了科学和社会舞台的中心，促进了 AI 赋能的新时代发展。针对大范围和大数量的信息分析，以及各种人工智能体的研究、设计和应用，产生了许多新的计算模型、算法形式和计算技术，这些进展推动了计算思维更加系统和深刻的认知，进入了新的发展时期，称为计算思维 2.0 时代。

人工智能已成为当今社会发展的重要引擎之一，对于它的研究和应用也为计算思维增添了新的内容。例如，传统的算法设计是对于一类问题，有一个统一的计算步骤，使得面对该类中任何具体问题，调整若干参数就可以执行相应的计算，这是从一般到具体的求解问题思路（即所谓具化）。但是在人工智能中，我们面临着另一类算法，它是从具体的问题出发，通过原则上称为归纳的方法，设计一种算法，可以对于这些具体问题所在的一大类问题给出计算结果（即所谓泛化），这是与传统算法完全不一样的设计思想，是从具体到一般的求解问题的思路。对于前者的算法，它的设计、评价和分析都具备了较为成熟的理论，包括并行算法和近似算法。但是对于后者的算法，现在的认识还不是很深入，许多问题有待进一步解决。由于这类算法是从具体到一般，从抽样到整体，因此数学意义上的精确性基本是不存在的，我们必须容许某种不精确性和不确定性，对于这类算法的设计原则，评价标准和性能比较都需要有新的思路。这种在人工智能中大量存在的算法模式丰富了对于算法的认知，自然也丰富了计算思维的内容。

0.2 数据思维

0.2.1 数据思维和数据赋能（计算思维 2.0）

长期以来，人们一直是以物质（能量）和物质的运动来看待世界和解释世界的，信息只是贴附于物质的一种表现。随着现代科技的进步，逐渐认识到信息本身就是世界，或者说是世界的一种表现，信息与物质一起构成了人类认知世界的二维理论，世界是物质的，也是信息的。

从这个观点来重新解释和定义我们周边的事物，成为信息时代创新的不竭源头。例如，在制造业，传统的看法认为制造过程是典型的物质流，各种材料经过有序的加工环节成为产品，是以物质流为中心组织生产，物质流带动信息流。而数字制造却是对于制造过程进行数字化描述，从而在建立的数字空间中完成产品生产，是以信息流为中心组织生产，信息流带动物质流。这种观点的变化，引起了制造业颠覆性的革命，形成了全新一代的数字制造技术——智能制造。

我们可以用不同的角度来看待和解释这个世界，并且在此基础上设计和定义各种结构、流程和目标（社会系统或者自然系统）。如果采用信息、信息流和计算的观点，就可以把所有的自然过程和经济社会过程看作是信息运动，在这个观点下，计算和算法成为信息处理的主要手段，万事皆可算，万物皆可算。这在传统的观念中开创了新的洞天。不仅前面说过的制造过程是信息流的运动，零售业也是信息流的运动，消费品的需求信息带动的商品流，导致了数字物流和电子商务。出租汽车也是信息流的运动，快捷出行的需求信息带动的交通流，导致了网约出租和智能汽车。甚至社会组织和结构也可以从信息流的角度来重新规划和定义，电子政务、数字媒体、智慧城市、网络安全等，都是在信息观和算法观下对于自然、社会乃至人类自身的重新认识。

正是由于这种以物质为本到以信息为本的观念转变，整个社会、经济、科学、文化都呈现了前所未有的变革，颠覆传统模式和习惯的创新层出不穷，比比皆是。由此产生了新产品、新业态、新结构和新模式。这种涉及人类社会各个领域的跨越，没有思维层面的变革是无法做到的。

从这一层意义上说，数据思维（计算思维 2.0）不是一种被动的认知世界的思维方式，更是一种主动改造世界的思维方式，对于传统性认知的颠覆，促进了全新的社会结构和经济系统的诞生。

0.2.2　数据科学与数据思维

数据是世界的特征表现、零散的符号，数字、文字、声音、图像等经过组织和处理后，数据被抽象为信息，有价值的数据称为信息，知识是对某一个主题的理论或实际的理解。图 0-1 所示是数据转换为知识的示例。

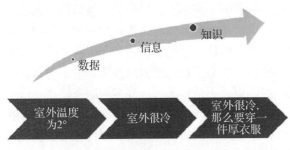

图 0-1　数据转换为知识的示例

数据成为改变世界的力量，世界被数据化。洞察数据背后的规律，帮助我们正确决策，数据结果反作用于人们的行为。数据正在成为组织最重要的资产，数据分析解读的能力成为组织的核心竞争力。

数据科学一般包含以下内容：多维数据计算、数据汇总与统计、数据可视化、机器学习、文本数据处理、图像数据处理、时序数据处理。

数据科学研究的就是从数据形成知识的过程，通过假定设想、分析建模等处理方法，从数据中发现可使用的知识、改进关键决策过程。

数据科学的最终产物是数据产品，表现为一种发现、预测、服务、推荐、决策、工具或者系统。

0.3　工程师的数字化能力

数字化技术的快速发展正在改变传统制造业的发展基础和经营方式，中国相关产业在转型和结构调整过程中面临着巨大挑战，同时对产业急需的数字化转型中的工程师能力提出了全新要求。

在新技术的驱动下，全球各国都已经或正在紧锣密鼓地从战略上布局产业数字化转型。2019年，经济合作发展组织（OECD）提出物联网、人工智能和区块链等变革性技术将推动制造业数字化转型。我国作为制造业大国，为了加快工业转型升级，国家在智能制造、大数据、人工智能等领域发布了一系列战略规划。

基于新技术环境、系统设备、数据处理、工艺制造等层面的工程师数字化能力分析，有研究认为工程师数字化能力，包括以下四点：

①适应数字环境能力：指工程师适应企业新技术环境变化，实现快速学习和合作，涉及

设备系统、工艺制造以及企业智能工厂系统不同层面，满足研发、生产、制造等不同环节工作需求。

研究发现，由于企业数字化转型全面推进，要求工程师能够深入数字环境，推动数字技术与业务深度融合、实现快速学习思考。而以往仅围绕一种或单一项目实施的产学合作方式与当前企业数字化发展阶段的多重及持续需求已不匹配，亟待前瞻探索新技术环境中人才培养的系统做法，以应对新技术所带来的持续性挑战。

②智能设备操控能力：指工程师智能设备和软硬件系统操作使用，具有生产制造推进的相关经验，熟悉计算机的编程和修改。"就生产方向的话，主要就是我们智能制造这块，因为过去都是纯人工，但现在人工成本长得很高，可能用机械臂逐渐取代一些人员的单一工作……但原来的工程师肯定是很难适应智能设备和操作，需要提升智能设备操控能力"。已有研究者结合设备系统的操控提出通过"一对一""师傅带徒弟"等形式提升技术工人和工程师智能设备操控能力。研究发现，由于数字化转型中设备、系统和平台的更新变革速度加快以及覆盖面变得更广，传统师徒制的低效率和低覆盖面已经无法满足新技术环境的要求，工程师所面临的操作对象变化显著。

③数字抽象分析能力：指实现数据采集、集成、预测、分析，熟悉掌握主流数据库系统（MySQL、SQL Server、SAP HANA 等），如组织协调主数据模块工作的开展。"数据分析一类的工程师涉及跟后端打通，我们拥有大量客户数据，通过大数据分析确定大家喜欢什么样的车型。"研究发现，数字抽象分析能力是数字化转型中不可或缺的关键能力，对企业生产制造、工艺设计以及销售相当重要，而目前研究尚未解决转型中出现的"数据孤岛"问题。传统的封闭、模糊、少量的数据采集、分析、预测等过程已经无法满足业务需要，因此企业面临工程师数字抽象分析能力提升难题。

④仿真模拟能力：指实现研发设计和生产制造环节中的工艺、流程优化。这需要工程师拥有良好的机械、控制、汽车等专业理论知识，并熟练运用二维软件或三维软件（UI 软件）、工业设计软件、编程软件（Java、C 语言等）。"目前逐步探索基于大量的数据分析和业务整合，现在整个行业做得比较成熟……"。已有研究者从产学合作角度提出可以通过典型项目教学、直接引入企业课程等方式实现学生能力提升。研究发现，伴随数字技术和业务深度融合以及智能工厂系统的形成，企业大量紧急工艺制造难题，难以通过传统项目教学模式进行人才培养，需要将业务技术前沿与数字化技术深度融合，开设一批复合集成的课程以满足企业实际需要。

资料来源：

[1] 中国信息通信研究院. 中国数字经济发展与就业白皮书（2019 年）[EB/OL].（2019-04-18）.http://finance.people.com.cn/nl/2019/0418/c1004−31037803.html.

[2] 华为技术有限公司. 中国 ICT 人才生态白皮书[EB/OL].（2018-08-18）. https://www.sohu.com/a/246464248_615309.

[3] 艾瑞咨询. 2019 年中国制造业企业智能化路径研究报告[EB/OL].（2019-04-02）.http://www.199it.com/archives/853347.html.

[4] 孟凡生，赵刚. 传统制造向智能制造发展影响因素研究[J]. 科技进步与对策，2018，35（1）:66-72.

[5] 陈春花，朱丽，钟皓，等. 中国企业数字化生存管理实践视角的创新研究[J]. 管理科学学报，2019，22（10）:1-8.

[6] 匡瑛. 智能化背景下"工匠精神"的时代意涵与培育路径[J]. 教育发展研究，2018, 38（1）:39-45.

[7] 孙新波，苏钟海. 数据赋能驱动制造业企业实现敏捷制造案例研究[J]. 管理科学，2018, 31（5）:117-130.

[8] 董伟，张美，王世斌，等. 智能制造行业技能人才需求与培养匹配分析研究[J]. 高等工程教育研究，2018（6）:131-138.

[9] RICHERT A, SHEHADEH M, PLUMANNS L, et al. Educating Engineers for Industry 4.0: Virtual Worlds and Human-Robot-Teams Empirical Studies towards a new educational age[C].IEEE Global Engineering Education Conference,2016,142-149.

[10] 李拓宇，施锦诚. 新工科文献回顾与展望：基于"五何"分析框架[J]. 高等工程教育研究，2018（4）:29-39.

[11] 吕正则，张炜，邹晓东. 智能化社会下计算教育的演进趋势与多元路径[J]. 高等工程教育研究，2018（5）:52-57.

[12] 周珂，赵志毅，李虹. "学科交叉、产教融合"工程能力培养模式探索[J]. 高等工程教育研究，2019（3）:33-39.

[13] 杨若凡，刘军，李晓军. 多方协同开展智能制造新工科人才培养的思考与实践[J]. 高等工程教育研究，2018（5）:30-34.

[14] 王国胤，刘群，夏英，等. 大数据与智能化领域新工科创新人才培养模式探索[J]. 中国大学教学，2019（4）:28-33.

[15] 尹天鹤，陈志荣. 面向产教融合的数据工程类人才培养探索与实践[J]. 高等工程教育研究，2019（3）:94-98.

[16] 胡文超，陈童. 项目教学与产教融合平台建设的互动关系研究[J]. 高等工程教育研究，2016（6）:118-121.

[17] 杨欢，周竞文. 若干世界一流大学计算机基础课程调研[J].计算机教育，2020（3）：84-87, 91.

[18] 陈国达，李廉.走向计算思维2.0[J].中国大学教学，2020（4）：80-84.

[19] 朱凌，施锦诚，吴婧姗.培养工程师的数字化能力[J].高等工程教育研究，2020（3）：63-70.

第1篇　信息技术基础理论

第1章　计算机基础知识

计算机是由一系列电子元器件组成的机器，具有计算和存储信息的能力。本章主要介绍计算机的概念及其发展历史、计算机的用途、计算机中数据的表示、计算机系统及信息化与信息技术。

1.1　计算机的概念及其发展历史

1.1.1　计算机的概念

广义来讲，计算机是指能够进行数据处理的设备，如算盘、计算器（包括机械和电子计算器），也包括电子计算机、生物计算机等。狭义来讲，计算机一般是指电子计算机。目前，如不特别说明，计算机指的是狭义上的电子计算机。

电子计算机是一种能够自动、快速、精确地完成信息存储、数值计算、数据处理和过程控制等多种功能的电子机器，简称计算机。又因为它的工作方式与人的思维过程十分相似，所以也被称为"电脑"。电子逻辑器件是它的物质基础，其基本功能是进行数字化信息处理。

计算机进行数据处理时，主要包括两个重要环节：一个是计算机能够存储要处理的数据；另一个是要有一个数据处理的算法（所谓算法可以理解为数据处理的若干步骤），并将算法编写成程序，然后计算机存储程序并自动执行程序。

1.1.2　计算机简史

1. 早期的计算设备

计算设备有着悠久的历史，其中较早的一个计算设备是算盘。算盘起源于中国，最早可以追溯到公元前 600 年，曾被用于早期希腊和罗马文明。算盘本身非常简单，一个矩形框里固定着一组小棍，每个小棍上串有一组珠子，如图 1-1 所示。在小棍上，珠子上下移动的位置表示所存储的值。正是这些珠子代表了这台"计算机"所表示和存储的数据。这台机器是依靠人的操作来控制算法执行的。因此，算盘自身

图 1-1　算盘

只算得上一个数据存储系统，它必须在人的配合下才成为一台完整的计算设备。至今，我国有些人还在使用算盘进行数据处理。

2. 电子计算机

（1）早期的电子计算机

1930—1950年期间的计算机都是在外部编程的，有以下5台比较杰出的计算机：

① 世界上第一台真正意义上的电子数字计算机实际上是1934—1939年由美国艾奥瓦州立大学物理系副教授约翰·文森特·阿塔那索夫（John Vincent Atanasoff）和其助手克利福特·贝瑞（Clifford Berry）研制成功的，使用300个电子管，取名为ABC（Atanasoff-Berry Computer）。不过这台机器只是个样机，并没有完全实现阿塔那索夫的构想。1942年，太平洋战争爆发，阿塔那索夫应征入伍，ABC的研制工作也被迫中断。但是ABC的逻辑结构和新颖的电子电路设计思想对后来电子计算机的研制工作有极大的启发。

② 1939年，德国数学家康拉德·楚泽（Konrad Zuse）设计出首台采用继电器工作的计算机"Z1"。1939年，Zuse和Schreyer开始在他们的Z1计算机基础上发展Z2计算机，并用继电器改进它的存储和计算单元。但这个项目因为Zuse服兵役被中断了一年。

③ 1937年，在美国海军部和IBM公司的支持下，哈佛大学应用数学系教授霍华德·阿肯领导设计了Mark Ⅰ计算机（该机由IBM承建）。它既使用了电子部件，也使用了机械部件，是由开关、继电器、转轴以及离合器所构成。

④ 二战爆发后不久，图灵带领200多位密码专家，研制出名为"邦比"的密码破译机，后又研制出效率更高、功能更强大的密码破译机"巨人"，为破译德国Enigma密码做出了巨大贡献。

⑤ 1946年2月14日，美国宾夕法尼亚大学宣布"世界上第一台电子多用途数字计算机"ENIAC（电子数字积分计算机的简称，英文全称为Electronic Numerical Integrator And Computer）诞生，由普雷斯波·埃克特（J. Presper Eckert）和约翰·莫奇利（John Mauchly）领导设计。ENIAC长30.48 m，宽1 m，占地面积约170 m^2，有30个操作台，重达30 t，耗电量150 kW。

从技术专利上讲，世界上第一台电子数字计算机应该是ABC，ENIAC是第二台。但从计算机制造实现上来讲，ABC是样机，没有形成真正的实用产品，而ENIAC被真实地制造出来，并在实际问题解决过程中得到应用，所以后来很多学者也是从这个角度认为ENIAC是世界上第一台电子数字计算机。

（2）基于冯·诺依曼模型的计算机

上面介绍的5台计算机的存储单元仅仅用来存储数据，它们利用配线或开关进行外部编程。冯·诺依曼提出数据和程序都应存储在存储器中。按照这种想法，当重新运行程序时，就不用重新布线或者调节成百上千的开关。第一台基于冯·诺依曼思想的计算机于1949年在宾夕法尼亚大学诞生，命名为EDVAC（Electronic Discrete variable Automatic Computer，离散变量自动电子计算机），也由普雷斯波·埃克特和约翰·莫奇利建造设计。1949年，由英国剑桥大学莫里斯·文森特·威尔克斯（Maurice Vincent Wilkes）领导、设计和制造了EDSAC（电子延迟存储自动计算机，Electronic Delay Storage Automatic Calculator），该机使用了水银延迟线做存储器，利用穿孔纸带输入和电传打字机输出。

1950年以后出现的计算机基本上都是基于冯·诺依曼思想。

1.1.3　计算机的发展阶段

计算机界的传统观点是将计算机的发展分为四代，这种划分是以构成计算机的基本逻辑部件所用的电子元器件的变迁为依据的。从电子管到晶体管，再由晶体管到中小规模集成电路，再到大规模集成电路，直至现今的超大规模集成电路，元器件的制造技术发生了几次重大的革命，芯片的集成度不断提高，这使计算机的硬件得以迅猛发展。

从第一台计算机诞生以来的几十年时间里，计算机的发展过程可以划分如下：

1. 第一代计算机（1946—1954 年）：电子管计算机时代

第一代计算机是电子管计算机，其基本元器件是电子管，内存储器采用水银延迟线，外存储器有纸带、卡片、磁带和磁鼓等。受当时电子技术的限制，其运算速度仅为每秒几千次到几万次，内存储器容量仅 1 000 B～4 000 B。

2. 第二代计算机（1955—1964 年）：晶体管计算机时代

第二代计算机是晶体管计算机，以晶体管为主要逻辑元器件，其内存储器使用磁芯，外存储器有磁盘和磁带，运算速度从每秒几万次提高到几十万次，内存储器容量也扩大到了几十万字节。

3. 第三代计算机（1965—1970 年）：中小规模集成电路计算机时代

第三代计算机的主要元器件采用小规模集成电路（Small Scale Integrated circuits，SSI）和中规模集成电路（Medium Scale Integrated circuits，MSI），其主存储器开始采用半导体存储器，外存储器使用磁盘和磁带。

4. 第四代计算机（1971 年至今）：大规模和超大规模集成电路计算机时代

第四代计算机的主要元器件采用大规模集成电路和超大规模集成电路。集成度很高的半导体存储器完全代替了磁芯存储器，外存磁盘的存取速度和存储容量大幅度上升，计算机的运算速度可达每秒几百万次至上亿次，而其体积、重量和耗电量却进一步减少，计算机的性能价格比基本上以每 18 个月翻一番的速度上升，此即著名的摩尔定律。

5. 第五代计算机：智能计算机

第五代计算机指具有人工智能的新一代计算机，它具有推理、联想、判断、决策、学习等功能。日本在 1981 年首先宣布进行第五代计算机的研制，并为此投入上千亿日元。这一宏伟计划曾经引起世界瞩目，但现在来看，日本原来的研究计划只能说是部分地实现了。

第五代计算机的系统设计中考虑了编制知识库管理软件和推理机，使机器能根据本身存储的知识进行判断和推理。同时，多媒体技术得到广泛应用，人们能用语音、图像、视频等更自然的方式与计算机进行信息交互。智能计算机的主要特征是具备人工智能，能像人一样思维，并且运算速度极快，其硬件系统支持高度并行和推理，其软件系统能够处理知识信息。神经网络计算机（也称神经元计算机）是智能计算机的重要代表。

第五代计算机系统结构将突破传统的冯·诺依曼的体系结构。这方面的研究课题包括逻辑程序设计机、函数机、相关代数机、抽象数据型支援机、数据流机、关系数据库机、分布式数据库系统、分布式信息通信网络等。

6. 第六代计算机：生物计算机

半导体硅晶片的电路密集，散热问题难以彻底解决，这些问题影响了计算机性能的进一步发挥与突破。研究人员发现，脱氧核糖核酸（DeoxyriboNucleic Acid，DNA）的双螺旋结构能容纳巨量信息，其存储量相当于半导体芯片的数百万倍。一个蛋白质分子就是存储体，而且阻抗低、能耗小、发热量极低。

基于此，利用蛋白质分子制造出基因芯片，研制生物计算机（也称分子计算机、基因计算机）已成为当今计算机技术的最前沿。生物计算机比硅晶片计算机在速度、性能上有质的飞跃，被视为极具发展潜力的"第六代计算机"。

从第一代到第四代，计算机的体系结构都是采用冯·诺依曼的体系结构，科学家也在试图突破冯·诺依曼的体系结构，研制新一代的更高性能的计算机。1982 年以后，许多国家开始研制第五代计算机。其特点是以人工智能原理为基础，希望突破原有的计算机体系结构模式。之后又提出了所谓第六代计算机的生物计算机、神经网络计算机等新概念的计算机，这些都属新一代计算机。

1.1.4 微型计算机的发展阶段

人们习惯上将由集成电路构成的中央处理器(Central Processing Unit, CPU)称为微处理器(Micro Processor)。由不同规模的集成电路构成的微处理器，形成了微型计算机的几个发展阶段。从 1971 年世界上出现第一个 4 位的微处理器 Intel 4004 算起，至今微型计算机的发展经历了六代。

1. 第一代微型计算机

第一代微型计算机是以 4 位微处理器和早期的 8 位微处理器为核心的微型计算机。4 位微处理器的典型产品是 Intel 4004/4040，芯片集成度为 1 200 个晶体管/片，时钟频率为 1MHz。第一代产品采用了 PMOS 工艺，基本指令执行时间为 10～20 μs，字长 4 位或 8 位，指令系统简单，速度慢。微处理器的功能不全，实用价值不大。早期的 8 位微处理器的典型产品是 Intel 8008。

2. 第二代微型计算机

1973 年 12 月，Intel 8080 的研制成功，标志着第二代微型计算机的开始。其他型号的典型微处理器产品是 Intel 公司的 Intel 8085、Motorola 公司的 M6800 以及 Zilog 公司的 Z80 等，它们都是 8 位微处理器，芯片集成度为 4 000～7 000 个晶体管/片，时钟频率为 4 MHz。其特点是采用了 NMOS 工艺，芯片集成度比第一代产品提高了一倍，基本指令执行时间为 1～2 μs。

3. 第三代微型计算机

1978 年，Intel 公司推出第三代微处理器代表产品 Intel 8086，芯片集成度为 29 000 个晶体管/片。1982 年，Intel 80286 微处理器芯片的问世，使 286 微型计算机在 20 世纪 80 年代后期风靡全球。

4. 第四代微型计算机

1985 年 10 月，Intel 公司推出了 32 位字长的微处理器 Intel 80386，标志着第四代微型计算机的开始。1989 年，研制出的 Intel 80486，其芯片集成度为 120 万个晶体管/片，用该微处理器构成的微型计算机的功能和运算速度完全可以与 20 世纪 70 年代的大中型计算机相匹敌。

5. 第五代微型计算机

1993 年，Intel 公司推出了更新的微处理器芯片 Pentium，中文名为"奔腾"，Pentium 微处理器芯片内集成了 310 万个晶体管/片。

6. 第六代微型计算机

2004 年，AMD 公司推出了 64 位芯片 Athlon 64，次年初 Intel 公司也推出了 64 位奔腾系列芯片。2005 年 4 月，英特尔的第一款双核处理器平台产品问世，这标志着一个新时代的来临。所谓双核和多核处理器设计用于在一枚处理器中集成两个或多个完整执行内核，以支持同时管理多项活动。2014 年，Intel 首发桌面级 8 核 16 线程处理器。

目前，Intel 已经发布的 Core i7 系列处理器中有 4 核 8 线程，6 核 12 线程，8 核 16 线程，10 核 20 线程等几种规格。64 位技术和多核技术的应用使得微型计算机进入了一个新的时代，现代微型计算机的性能远远超过了早期的巨型计算机。随着近些年来微型计算机的发展异常迅速，其芯片集成度不断提高，并向着重量轻、体积小、运算速度快、功能更强和更易使用的方向发展。

1.1.5　计算机的发展趋势

计算机的发展表现为巨型化、微型化、多媒体化、网络化和智能化五种趋势。

1. 巨型化

巨型化是指发展高速、大存储容量和强大功能的超大型计算机。这既是诸如天文、气象、宇航、核反应等尖端科学以及进一步探索新兴科学（如基因工程、生物工程）的需要，也是为了让计算机能具有人脑学习、推理的复杂功能。巨型机的研制、开发和利用，代表着一个国家的经济实力和科学水平。

2. 微型化

因大规模、超大规模集成电路的出现，计算机迅速微型化。微型机可渗透到诸如仪表、家用电器、导弹弹头等中、小型机无法进入的领域。当前微型机的标志是运算部件和控制部件集成在一起，今后将逐步发展到对存储器、通道处理机、高速运算部件、图形卡、声卡的集成，进一步将系统的软件固化，达到整个微型机系统的集成。微型机的研制、开发和广泛应用，标志着一个国家科学普及的程度。

3. 多媒体化

多媒体是"以数字技术为核心的图像、声音与计算机、通信等融为一体的信息环境"的总称。多媒体技术的目标是无论在什么地方，只需简单的设备就能自由自在地以很自然的交互方式收发所需要的各种媒体信息。

4. 网络化

计算机网络是计算机技术发展中崛起的又一重要分支，是现代通信技术与计算机技术结合的产物。从单机走向联网，是计算机应用发展的必然结果。所谓计算机网络，就是在一定的地理区域内，将分布在不同地点的不同机型的计算机和专门的外围设备由通信线路互联组成一个规模大、功能强的网络系统，以达到共享信息、共享资源的目的。

5. 智能化

智能化是建立在现代化科学基础之上、综合性很强的边缘学科。它是让计算机来模拟人的感觉、行为、思维过程的机理，使计算机具备"视觉"、"听觉"、"语言"、"行为"、"思维"、逻辑推理、学习、证明等能力，形成智能型、超智能型计算机。

1.2 计算机的用途

1. 科学计算

科学计算又称数值计算。它是计算机最早的应用领域，也是最基本的应用。科学计算是指计算机用于完成科学研究和工作技术中所提出的数学问题的计算。这类计算往往公式复杂、难度很大，用一般计算工具难以完成。例如，画地图时只需四种颜色即可做到使相邻两国不出现同一颜色的"四色定理"，在数学上长期不能得到证明，成为一大难题。因为用人工证明昼夜不停地计算要算十几万年，而使用高速电子计算机，这个问题就可以很快解决。

2. 数据处理

数据处理又称信息处理，是目前计算机应用最广泛的一个领域，也是现代化管理的基础。信息处理是指对信息进行采集、分析、存储、传送、检索等综合加工处理，从而得到人们所需要的数据形式。目前计算机的信息处理应用已非常普遍，如人事管理、库存管理、财务管理、图书资料管理、商业数据交流、情报检索、经济管理等。

据统计，全世界计算机用于数据处理的工作量占全部计算机应用的80%以上，大大提高了工作效率和管理水平。

3. 过程控制

过程控制又称实时控制。目前自动控制被广泛用于操作复杂的钢铁企业、石油化工业、医药工业等生产中。使用计算机进行自动控制可大大提高控制的实时性和准确性，提高劳动效率、产品质量，降低成本，缩短生产周期。

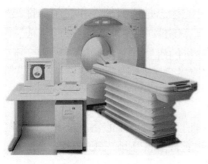

图1-2 CT

4. 计算机辅助系统

计算机辅助系统可以包含多个方面，如计算机X线断层扫描技术（Computed Tomography，CT，见图1-2）、计算机辅助设计（Computer Aided Design，CAD）、计算机辅助制造（Computer Aided Manufacturing，CAM）、计算机辅助工艺过程设计（Computer Aided Process Planning，CAPP）、计算机辅助工程（Computer Aided Engineering，CAE）、计算机集成制造系统（Computer Integrated Manufacturing System，CIMS）、计算机辅助测试（Computer Aided Testing，CAT）、计算机辅助教育（Computer–Based Education，CBE）等。通常又把计算机辅助教育分为计算机辅助教学（Computer Assisted Instruction，CAI）和计算机管理教学（Computer Managed Instruction，CMI）。

此外，还有计算机辅助出版（Computer Aided Publishing，CAP）、计算机辅助学习（Computer Aided Learning，CAL）、计算机辅助软件工程（Computer Aided Software Engineer，CASE）等多方面的计算机辅助应用。

5. 人工智能

人工智能（Artificial Intelligence，AI）也称智能模拟，是用计算机来模拟人类的感应、判断、理解、学习、问题求解等智能活动。人工智能是处于计算机应用研究最前沿的学科，主要应用表现在机器人、专家系统、模式识别、智能检索和机器自动翻译等方面。

6. 多媒体技术应用

通常的计算机应用系统可以处理文字、数据和图形等信息，而多媒体计算机除了可以处理以上信息外，还可以综合处理图像、声音、动画、视频等信息。在医疗、教育、商业、银行、保险行政管理、军事、工业、广播和出版等领域中，多媒体技术的应用发展很快。

7. 网络应用

随着网络技术的发展，计算机应用变得更为广泛，如通过高速信息网实现数据与信息的查询、高速通信服务（电子邮件、电视电话、电视会议、文档传输）、电子教育、电子娱乐、电子购物、远程医疗和会诊、交通信息管理等。

1.3 计数制及数据在计算机中的表示

计算机所表示和使用的数据可分为两大类：数值型数据和非数值型数据。数值型数据用以表示量的大小、正负，如整数、小数等。非数值型数据，用以表示一些符号、标记，如英文字母 A～Z、a～z、数字 0～9、各种专用字符+、-、*、/、[、]、(、)及标点符号等。汉字、图形和声音数据也属非数值型数据。由于在计算机内部只能处理二进制数，所以数字编码的实质就是用 0 和 1 两个数字进行各种组合，将要处理的信息表示出来。

1.3.1 数制

日常生活中使用的数制很多，如一年有 12 个月（十二进制），一斤等于 10 两（十进制），一分钟等于 60 秒（六十进制）等。计算机科学中经常使用二进制、八进制、十进制和十六进制。但在计算机内部，不管什么样的数都使用二进制编码形式来表示。

1. 进位计数制

数制也称计数制，是人们利用符号来计数的科学方法，是用一组固定的符号和统一的规则来表示数值的方法。

如何表示一个"数"？最为人们所接受的方法是"进位计数制"。例如，大家非常熟悉的十进制数用 0～9 共 10 个数字符号及其进位来表示数的大小。下面利用它引出进位计数制的有关概念：

① 0～9 这些数字符号称为"数码"。

② 全部数码的个数称为"基数"。十进制数的基数为 10。

③ 用"逢基数进位"的原则进行计数，称为"进位计数制"。例如，十进制数的基数是 10，所以它的计数原则就是"逢十进一"。

④ 进位以后的数字，按其所在位置的前后，将代表不同的数值，表示各位有不同的"位权"，又称"权值"。

⑤ 位权与基数的关系是：位权的值等于基数的若干次幂。

在十进制数中，各个位的权值分别是：10^i（$i=n～m$，其中 n、m 为整数）。

例如：

$$13651.78=1\times10^4+3\times10^3+6\times10^2+5\times10^1+1\times10^0+7\times10^{-1}+8\times10^{-2}$$

上式中 10^4、10^3、10^2、10^1、10^0、10^{-1}、10^{-2} 即为各个位的权值。每一位上的数码与该位权值的乘积，就是该位的数值。即：

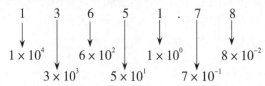

⑥ 任何一种数制表示的数都可以写成按位权展开的多项式之和。

设一个 R 进制的数 $A=(a_na_{n-1}a_{n-2}a_{n-3}\cdots a_1a_0a_{-1}a_{-2}\cdots a_{-m})$，则

$$A=a_n\times R^n+a_{n-1}R^{n-1}+a_{n-3}\times R^{n-3}+\cdots+a_1\times R^1+a_0\times R^0+a_{-1}\times R^{-1}+\cdots+a_{-m}\times R^{-m}$$

$$=\sum a_i\times R^i\qquad（i=n\sim-m）$$

2. 常用的进位计数制

计算机中常用的进位计数制除了前面介绍的十进制以外，还有二进制、八进制和十六进制。

（1）二进制数

与十进制数相似，二进制数也遵循两个规则：

① 仅有两个不同的数码，即 0、1。

② 进/借位规则为：逢二进一，借一当二。

如：$(11001.101)_2=1\times2^4+1\times2^3+0\times2^2+0\times2^1+1\times2^0+1\times2^{-1}+0\times2^{-2}+1\times2^{-3}$

（2）八进制数

八进制数也遵循两个规则：

① 有八个不同的数码，即 0，1，2，3，4，5，6，7。

② 进/借位规则为：逢八进一，借一当八。

如：$(21064.271)_8=2\times8^4+1\times8^3+0\times8^2+6\times8^1+4\times8^0+2\times8^{-1}+7\times8^{-2}+1\times8^{-3}$

（3）十六进制数

二进制数在计算机系统中处理很方便，但当位数较多时，比较难记忆和书写，为此，通常将二进制数用十六进制数表示。

十六进制数是计算机系统中除二进制数之外使用较多的进制，其遵循的两个规则为：

① 有 0，1，2，3，4，5，6，7，8，9，A，B，C，D，E，F 共 16 个数码，分别对应十进制数的 0～15。

② 进/借位规则为：逢十六进一，借一当十六。

十六进制数同二进制数及十进制数一样，也可以写成展开式的形式。

如：$(C1A4.BD)_{16}=C\times16^3+1\times16^2+A\times16^1+4\times16^0+B\times16^{-1}+D\times16^{-2}$

3. 书写规则

为了区分各种计数制的数字，常采用如下表示方法：

（1）在数字后面加写相应的英文字母作为标识

B（Binary）表示二进制数。二进制数的 1001011 可写成 1001011B。

O（Octonary）表示八进制数。八进制数的 2513 可写成 2513O。但为了避免字母 O 与数字 0 相混淆，常用 Q 代替 O。因此八进制数的 2513 又可写成 2513Q。

D（Decimal）表示十进制数。十进制数的 6597 可写成 6597D。一般约定 D 可省略，即无后缀的数字为十进制数字。

H（Hexadecimal）表示十六进制数。十六进制数 3DE6 可写成 3DE6H。

（2）在括号外面加数字下标

(1001011)$_2$——表示二进制数 1001011。

(2513)$_8$——表示八进制数 2513。

(6597)$_{10}$——表示十进制数 6597。

(3DE6)$_{16}$——表示十六进制数 3DE6。

常用数值的不同计数制的表示方法如表 1-1 所示。

表 1-1　常用数值的不同计数制的表示方法

十 进 制	二 进 制	八 进 制	十 六 进 制	十 进 制	二 进 制	八 进 制	十 六 进 制
0	0	0	0	9	1001	11	9
1	1	1	1	10	1010	12	A
2	10	2	2	11	1011	13	B
3	11	3	3	12	1100	14	C
4	100	4	4	13	1101	15	D
5	101	5	5	14	1110	16	E
6	110	6	6	15	1111	17	F
7	111	7	7	16	10000	20	10
8	1000	10	8	17	10001	21	11

1.3.2　不同数制之间的转换

1. 十进制数与二进制数之间的转换

用计算机处理十进制数时，必须先把十进制数转化成二进制数才能被计算机所接受。计算结果应将二进制数转换成人们习惯的十进制数。

（1）十进制数转换为二进制数

当将一个十进制数转换为二进制数时，通常是将其整数部分和小数部分分别进行转换。

① 十进制整数转换为二进制整数。

由于二进制数计数的原则是"逢二进一"，因此，将十进制整数转换为二进制整数时采用除 2 取余法。其具体做法是：将十进制数除以 2，得到一个商数和余数；再将这个商数除以 2，又得到一个商数和余数；继续这个过程，直到商数等于零为止。此时，每次所得的余数（必定是 0 或 1）就是对应二进制数中的各位数字。但必须注意，在这个过程中，第一次得到的余数为对应二进制数的最低位，最后一次得到的余数为对应二进制数的最高位，其他余数以此类推，即将每次取得的余数部分从下到上逆序排列即得到所对应的二进制整数。

② 十进制小数转换为二进制小数。

在将十进制小数转换为二进制小数时采用乘 2 取整法。其具体做法是：用 2 乘十进制纯小数，取出乘积的整数部分；再用 2 乘余下的纯小数部分，再取出乘积的整数部分；继续这个过程，直到余下的纯小数为 0，或者已得到足够的位数为止。最后将每次取得的整数部分从上到下顺序排列即得到所对应的二进制小数。

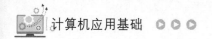

③ 一般的十进制数转换为二进制数。

对于一般的十进制数转换为二进制数，可以将其整数部分与小数部分分别转换，然后再把它们组合起来。

【例 1–1】将十进制数 57.84375 转换成二进制数。

整数部分采用除 2 取余法，小数部分采用乘 2 取整法。

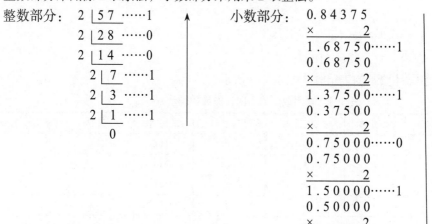

整数部分的结果为：$(57)_{10}=(111001)_2$

小数部分的结果为：$(0.84375)_{10}=(0.11011)_2$

最后结果为：$(57.84375)_{10}=(111001.11011)_2$

（2）二进制数转换成十进制数

把二进制数转换为十进制数的方法是：将二进制数按权展开后求和即可。

【例 1–2】将二进制数 10111001.101 转换成十进制数。

$(10111001.101)_2 = 1 \times 2^7 + 0 \times 2^6 + 1 \times 2^5 + 1 \times 2^4 + 1 \times 2^3 + 0 \times 2^2 + 0 \times 2^1 + 1 \times 2^0$

$\qquad\qquad\qquad + 1 \times 2^{-1} + 0 \times 2^{-2} + 1 \times 2^{-3}$

$\qquad\qquad = 128 + 0 + 32 + 16 + 8 + 0 + 0 + 1 + 0.5 + 0 + 0.125$

$\qquad\qquad = (185.625)_{10}$

注意：一个二进制小数能够完全准确地转换成十进制小数，但是一个十进制小数不一定能够完全准确地转换成二进制小数。

2. 十进制数与八进制数、十六进制数之间的转换

（1）十进制数转换成八进制数、十六进制数

了解了十进制数转换成二进制数的方法以后，将十进制转换成八进制数或十六进制数就很容易了。十进制数转换成非十进制数的方法是：整数部分和小数部分分别进行转换，整数部分采用"除基数取余法"，小数部分采用"乘基数取整法"。对于八进制数，整数部分采用除 8 取余法，小数部分采用乘 8 取整法；对于十六进制数，整数部分采用除 16 取余法，小数部分采用乘 16 取整法。

【例 1–3】将十进制数 263.6875 转换为八进制数。

整数部分采用除 8 取余法，小数部分采用乘 8 取整法：

整数部分：8 |263……7　　　　　小数部分：　　　　0.6875

　　　　　　8 |32……0　　　　　　　　　　　× 　　　 8

　　　　　　　8 |4……4　　　　　　　　　　 5.5000……5

　　　　　　　　　0　　　　　　　　　　　　0.5000

　　　　　　　　　　　　　　　　　　　　　　× 　　　 8

　　　　　　　　　　　　　　　　　　　　　4.0000……4

整数部分的结果为：$(263)_{10}=(407)_8$

小数部分的结果为：$(0.6875)_{10}=(0.54)_8$

最后结果为：$(263.6875)_{10}=(407.54)_8$

【例 1–4】将十进制数 986.84375 转换为十六进制数。

整数部分采用除 16 取余法，小数部分采用乘 16 取整法：

整数部分：16 |986……10 …A　　　　小数部分：　　　0.84375

　　　　　16 |61……13…D　　　　　　　　　 × 　　　16

　　　　　　16 |3……3　　　　　　　　　　　506250

　　　　　　　　0　　　　　　　　　　　　＋84375

　　　　　　　　　　　　　　　　　　　　13.50000……13…D

　　　　　　　　　　　　　　　　　　　　 0.50000

　　　　　　　　　　　　　　　　　　　　　× 　　　16

　　　　　　　　　　　　　　　　　　　　 3 00000

　　　　　　　　　　　　　　　　　　　　＋5 0000

　　　　　　　　　　　　　　　　　　　　8.00000 ……8

整数部分的结果为：$(986)_{10}=(3DA)_{16}$

小数部分的结果为：$(0.84375)_{10}=(0.D8)_{16}$

最后结果为：$(986.84375)_{10}=(3DA.D8)_{16}$

（2）八进制数、十六进制数转换成十进制数

非十进制数转换成十进制数的方法是：把各个非十进制数按权展开后求和。对于八进制数或十六进制数可以写成 8 或 16 的各次幂之和的形式，然后再计算其结果。

【例 1–5】将八进制数 366.54 转换为十进制数。

$(366.54)_8 = 3 \times 8^2 + 6 \times 8^1 + 6 \times 8^0 + 5 \times 8^{-1} + 4 \times 8^{-2}$

$\qquad = 192 + 48 + 6 + 0.625 + 0.0625$

$\qquad = (246.6875)_{10}$

【例 1–6】将十六进制数 A1C.D8 转换为十进制数。

$(A1C.D8)_{16} = A \times 16^2 + 1 \times 16^1 + C \times 16^0 + D \times 16^{-1} + 8 \times 16^{-2}$

$\qquad = 10 \times 16^2 + 1 \times 16^1 + 12 \times 16^0 + 13 \times 16^{-1} + 8 \times 16^{-2}$

$\qquad = 2560 + 16 + 12 + 0.8125 + 0.03125$

$\qquad = (2588.84375)_{10}$

3. 二进制数、八进制数、十六进制数之间的转换

前面介绍了计算机的常用计数制以及它们与十进制数之间的转换。在计算机的常用计数制中，二进制数与八进制数之间的相互转换以及二进制数与十六进制数之间的相互转换都是很方便的。

（1）二进制数与八进制数之间的相互转换

由于二进制数和八进制数之间存在特殊关系：$8^1=2^3$，因此，一位八进制数正好相当于三位二进制数。

① 二进制数转换成八进制数。

把二进制数转换成八进制数的方法：以小数点为界，整数部分从低位到高位将二进制数的每三位分为一组，若不够三位时，在高位左面添 0；小数部分从小数点开始，自左向右每三位一组，若不够三位时，在低位右面添 0，补足三位，然后将每三位二进制数用一位八进制数替换即可完成。

【例 1-7】将二进制数 11110101.11001 转换为八进制数。

```
011   110   101 . 110   010
 ↓     ↓     ↓     ↓     ↓
 3     6     5  .  6     2
```

即 $(11110101.11001)_2=(365.62)_8$

② 八进制数转换成二进制数。

将八进制数转换成二进制数的方法为：以小数点为界，向左或向右每一位八进制数用相应的三位二进制数取代，然后去掉整数部分中最左边的 "0" 以及小数部分最右边的 "0"。

【例 1-8】将八进制数 17.236 转换为二进制数。

```
 1     7   .   2     3     6
 ↓     ↓       ↓     ↓     ↓
001   111  .  010   011   110
```

即 $(17.236)_8=(001111.010011110)_2=(1111.01001111)_2$

（2）二进制数与十六进制数之间的转换

由于 16 是 2 的 4 次方，即 $16^1=2^4$，因此，一位十六进制数正好相当于四位二进制数。

① 二进制数转换成十六进制数。

把二进制数转换成十六进制数：以小数点为界，整数部分从低位到高位将二进制数的每四位分为一组，若不够四位时，在高位左面添 0；小数部分从小数点开始，自左向右每四位一组，若不够四位时，在低位右面添 0，补足四位，然后将每四位二进制数用一位十六进制数替换即可完成。

【例 1-9】将二进制数 1101010111.110110101 转换为十六进制数。

```
0011   0101   0111 . 1101   1010   1000
 ↓      ↓      ↓   .  ↓      ↓      ↓
 3      5      7  .  D      A      8
```

即 $(1101010111.110110101)_2=(357.DA8)_{16}$

② 十六进制数转换成二进制数

将十六进制数转换成二进制数的方法为：以小数点为界，向左或向右每一位十六进制数用相应的四位二进制数取代，然后去掉整数部分中最左边的 "0" 以及小数部分最右边的 "0"。

【例 1-10】将十六进制数 4CB.D8 转换为二进制数。

```
 4      C      B   .   D      8
 ↓      ↓      ↓       ↓      ↓
0100   1100   1011 .  1101   1000
```

即$(4CB.D8)_{16}=(010011001011.11011000)_2=(10011001011.11011)_2$

十进制数可以直接转换为任何进制数，其他进制数也可以方便地转换为十进制数，但其他不同进制数之间可以十进制数为桥梁进行转换。

1.3.3　容量单位、存储容量及字和字长

在计算机内部，信息以二进制代码形式进行处理和存储的，因此，有必要介绍一下数据在计算机内部表示的单位。数据在计算机内部表示常采用"位""字节""字"等几种单位。

（1）位（bit）

位是计算机中表示数据的最小单位，表示 1 位二进制信息。它有两种状态：0 或 1。在有关计算机数据单位描述中，有时用 1 个小写"b"表示位，如 1024 b，表示有 1 024 位。

（2）字节（byte）

1 字节由 8 位二进制数组成（1 byte=8 bit）。在有关计算机数据单位描述中，有时用 1 个大写"B"表示字节，如 1 024 B，表示有 1 024 字节。字节是信息存储中最常用的基本单位。计算机的存储器通常是以多少字节来表示容量的。常用的存储单位有 B、KB、MB、GB、TB、PB、EB、ZB、YB、BB、NB 等，它们之间的等价关系如下：

KB：$1KB=1024byte=2^{10}byte$；　MB：$1MB=1024KB=2^{20}byte$；　GB：$1GB=1024MB=2^{30}byte$；

TB：$1TB=1024GB=2^{40}byte$；　PB：$1PB=1024TB=2^{50}byte$；　EB：$1EB=1024PB=2^{60}byte$；

ZB：$1ZB=1024EB=2^{70}byte$；　YB：$1YB=1024ZB=2^{80}byte$；　BB：$1BB=1024YB=2^{90}byte$；

NB：$1NB=1024BB=2^{100}byte$

（3）字（word）

CPU 处理数据时，一次存取、加工和传送的二进制数据长度称为字。字所包含的二进制位数称为字长。一个字通常由一个或若干个字节组成，在计算机中作为一个独立的信息单位处理。常用的字长有 8 位（1 字节）、16 位（2 字节）、32 位（4 字节）、64 位（8 字节）等。

1.3.4　计算机内的数据表示

1. 计算机中运用二进制的原因

在计算机内部，数据和程序都是以二进制形式来表示和处理的。这是因为：

（1）物理上易于实现

因为具有两种稳定状态的物理器件是很多的，如电路的导通与截止、电压的高与低，这恰好对应二进制中 0 和 1 两个符号。如果采用十进制，要制造具有 10 种稳定状态的物理电路，是非常困难的。

（2）二进制数运算简单

数学推导证明，对 R 进制，其算术求和、求积规则各有 $R(R+1)/2$ 种。如采用十进制，就各有 55 种求和与求积的运算规则；二进制仅各有 3 种运算规则，简化了运算器等物理器件的设计。

（3）机器可靠性高

由于电压的高低、电流的通断等都是一种质的变化，两种状态分明，使得二进制代码传输的抗干扰能力强，鉴别信息的可靠性高。

2. 字符编码

由于计算机只能识别二进制，无法直接接受字符信息，因此，对于字符，需要编制一套代

码，建立字符与 0 和 1 之间的对应关系，以便计算机进行处理。常用的字符编码方案有 ASCII 码，用于对应欧美等英语国家的字符处理；其他非英语国家对应的语言字符处理方案有中国的汉字编码等。下面对 ASCII 码、汉字编码进行简介。

（1）ASCII 码

ASCII 是美国标准信息交换码（American Standard Code for Information Interchange，ASCII），占用 8 位（1 个字节），其中 7 位用于字符的二进制编码，1 位为奇偶校验位，一共可以表示 128 个字符（7 位二进制代码的所有组合状态，即 2^7=128，每一种组合状态代表一个字符）。128 个字符包括：10 个阿拉伯数字（0～9，对应 ASCII 码为 48～57）、52 个大小写英文字母（A～Z 对应 ASCII 码为 65～90，a～z 对应 ASCII 码为 97～122）、32 个标点符号和运算符、34 个专用符号。

（2）汉字编码

计算机内部处理的信息，都是用二进制代码表示的，汉字也不例外。而二进制代码使用起来不方便，于是需要采用汉字信息交换码。目前，有如下汉字信息交换码方案。

① 国家标准字符集 GB 2312—1980，收入汉字 6 763 个，符号 715 个，总计 7 478 个字符。这是大陆普遍使用的简体字字符集。楷体—GB 2312、仿宋—GB 2312、华文行楷等绝大多数字体支持显示这个字符集，亦是大多数输入法所采用的字符集。

② Big-5 字符集，中文名大五码，是我国台湾繁体字的字符集，收入 13 060 个繁体汉字，808 个符号，总计 13 868 个字符，普遍适用于我国台湾、香港等地区。

③ 国家标准扩展字符集 GBK，兼容 GB 2312—1980 标准，包含 Big-5 的繁体字，但是不兼容 Big-5 字符集编码，收入 21 003 个汉字，882 个符号，共计 21 885 个字符，包括了中日韩（CJK）统一汉字 20 902 个、扩展 A 集（CJK Ext-A）中的汉字 52 个。

④ GB 18030—2000 字符集，包含 GBK 字符集和 CJK Ext-A 全部 6 582 个汉字，共计 27 533 个汉字。

⑤ 方正超大字符集，包含 GB 18030—2000 字符集、CJK Ext-B 中的 36 862 个汉字，共计 64 395 个汉字。宋体-方正超大字符集支持这个字符集的显示。Microsoft Office XP、2003 或 2010、2016 简体中文版自带有这个字体。

⑥ GB 18030—2005 字符集，在 GB 13030—2000 的基础上，增加了 CJK Ext-B 的 36 862 个汉字，以及其他的一些汉字，共计 70 244 个汉字。

⑦ ISO/IEC 10646 / Unicode 字符集，这是全球可以共享的编码字符集，两者相互兼融，涵盖了世界上主要语文的字符，其中包括简繁体汉字，有 CJK 统一汉字编码 20 992 个、CJK Ext-A 编码 6 582 个、CJK Ext-B 编码 36 862 个、CJK Ext-C 编码 4 160 个、CJK Ext-D 编码 222 个，共计 74 686 个汉字。

⑧ 汉字构形数据库 2.3 版，内含楷书字形 60 082 个、小篆 11 100 个、楚系简帛文字 2 627 个、金文 3 459 个、甲骨文 177 个、异体字 12 768 个。可以安装该程序，亦可以解压后使用其中的字体文件，对于整理某些古代文献十分有用。

计算机在处理汉字时，除信息交换码外，还有外码（输入码）、区位码、机内码、字形码、汉字地址码等编码方案。

① 外码也称输入码，是用来将汉字输入计算机的一组键盘符号。常用的输入码有拼音码、五笔字型码等。

②　区位码是国标码的另一种表现形式，把国标 GB 2312—1980 中的汉字、图形符号组成一个 94×94 的方阵，分为 94 个"区"，每个区包含 94 个"位"，其中"区"的序号由 01 至 94，"位"的序号也是从 01 至 94。94 个区中位置总数=94×94=8 836 个，其中 7 445 个汉字和图形字符中的每一个占一个位置后，还剩下 1 391 个空位。这 1 391 个位置空下来保留备用。

③　机内码是根据国标码的规定，每一个汉字对应的二进制代码。在磁盘上记录汉字代码也使用机内码。

④　字形码是汉字的输出码，输出汉字时都采用图形方式，无论汉字的笔画多少，每个汉字都可以写在同样大小的方块中。

⑤　汉字地址码是指汉字库中存储汉字字形信息的逻辑地址码。它与汉字机内码有着简单的对应关系，以简化机内码到地址码的转换。

计算机处理汉字的基本过程是：输入汉字外码→根据汉字信息交换码的规定将汉字外码转换为机内码，计算机进行处理→以字形码输出（在打印机或显示器上输出）或以汉字地址码进行存储。

对于汉字如何输入计算机这个问题，目前除利用键盘输入汉字以外，也有手写输入、语音输入、扫描输入等多种技术。

3.　其他信息在计算机中的表示

对于图形、图像、音频和视频等信息，也要转换为二进制数据，计算机才能对其进行处理、存储和传输。

在计算机中表示图形、图像一般有两种方法：一种是矢量图，另一种是位图。矢量图是基于矢量技术的图形，以图元为单位，用数学方法来描述一幅图形，如一个圆可以通过圆心的位置和圆的半径来描述。在位图技术中，一个图像被看成是点阵的集合，每一个点被称作像素。在黑白图像中，每个像素都用 1 或者 0 来表示黑和白。灰度图像和彩色图像比黑白图像复杂，每一个像素都是由许多位来表示。由于图像的数据量很大，有些图像需要经过压缩后才能进行存储和传输。如 JPEG 就是一个图像压缩格式编码标准。

视频可以看作是由多帧图像组成，由于其数据量非常大，因此需要经过一定的视频压缩算法处理后才能存储和传输，如 MPEG-4 就是一个视频压缩算法。音频是波形信息，是模拟量，要通过采样和量化，把模拟量表示的音频信号转换成由许多二进制数 1 和 0 组成的数字音频信号后，才能被计算机处理和存储。音频通常也需要经过压缩，如 MP3 就是一种压缩算法。

1.4　计算机系统

计算机的基本系统均由硬件系统和软件系统两大部分组成。硬件是计算机的物质基础，软件是计算机的灵魂，二者相辅相成。

1.4.1　计算机系统的组成

一个完整的计算机系统由硬件系统和软件系统两大部分组成，如图 1-3 所示。

计算机硬件系统是指由电子部件和机电装置组成的计算机实体，是那些看得见摸得着的部分——电子线路、元器件和各种设备。它们是计算机工作的物质基础。硬件的功能是接受计算机程序，并在程序的控制下完成数据输入、数据处理和输出结果等任务。当然，大型计算机的硬件要比微机复杂得多。但无论什么类型的计算机，都可以将其硬件划分为几个部分，而不同机器的相应部分负责完成的功能则基本相同。

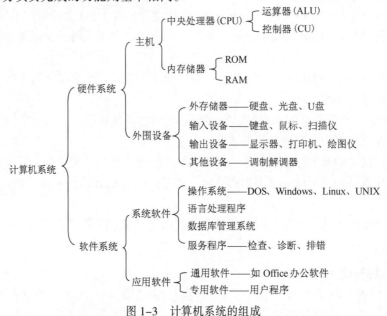

图1-3　计算机系统的组成

　　计算机软件系统是指能够相互配合、协调工作的各种计算机软件。计算机软件是指在硬件设备上运行的各种程序、数据及相关文档的总和。

　　在计算机中，硬件与软件是相辅相成的，硬件是计算机的物质基础，没有硬件就无所谓计算机，软件也无从依附。软件是计算机的灵魂，没有软件，计算机的存在就毫无价值。只有硬件没有软件的计算机称为"裸机"。裸机是不能工作的。硬件系统的发展给软件系统提供了良好的开发环境，而软件系统的发展又给硬件系统提出了新的要求。

1.4.2　计算机硬件系统

　　硬件是指肉眼看得见的机器部件，它就像是计算机的"躯体"，是计算机工作的物质基础。不同种类计算机的硬件组成各不相同，但无论什么类型的计算机，都可以将其硬件划分为功能相近的几大部分。

　　根据冯·诺依曼设计思想，计算机的硬件组成由运算器、存储器、控制器、输入设备和输出设备5个基本部件组成，如图1-4所示。图中空心的双箭头代表数据信号流向，实心的单线箭头代表控制信号流向。从图中可以看出，由输入装置输入数据，运算器处理数据，在存储器中存取有用的数据，在输出设备中输出运算结果，整个运算过程由控制器进行控制协调。这种结构的计算机称为冯·诺依曼结构计算机。自计算机诞生以来，虽然计算机系统从性能指标、运算速度、工作方式和应用领域等方面都发生了巨大的变化，但其基本结构仍然延续着冯·诺依曼的计算机体系结构。

1. 输入设备

输入设备（Input Unit）的主要作用是把准备好的数据、程序等信息转变为计算机能接收的电信号送入计算机。例如，用键盘输入信息时，敲击它的每个键位都能产生相应的电信号送入计算机；又如模/数转换装置，把控制现场采集到的温度、压力、流量、电压、电流等模拟量转换成计算机能接收的数字信号，然后再传入计算机。目前常用的输入设备有键盘、鼠标、扫描仪等。

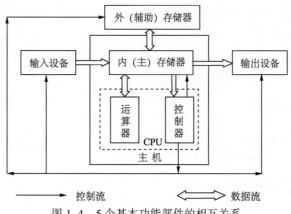

图 1-4　5 个基本功能部件的相互关系

2. 输出设备

输出设备（Output Unit）的主要功能是把计算机处理后的数据、计算结果或工作过程等内部信息转换成人们习惯接受的信息形式（如字符、曲线、图像、表格、声音等）或能为其他机器所接受的形式输出。例如，在纸上打印出印刷符号或在屏幕上显示字符、图形等。常见的输出设备有显示器、打印机、绘图仪等，它们能把信息直观地显示在屏幕上或打印出来。

3. 存储器

存储器（Memory Unit）是计算机的记忆装置，其基本功能是存储二进制形式的数据和程序，所以存储器应该具备存数和取数的功能。存储器分为内存储器和外存储器。

（1）内存储器

内存储器（简称内存）可以与 CPU 直接进行信息交换，用于存放当前 CPU 要用的数据和程序，存取速度快、价格高、存储容量较小。内存又可分为随机存取存储器（Random Access Memory，RAM）、只读存储器（Read Only Memory，ROM）和高速缓冲存储器（Cache，简称高速缓存）。

（2）外存储器

外存储器（简称外存）用来存放要长期保存的程序和数据，属于永久性存储器，需要时应先调入内存。相对内存而言，外存的容量大、价格低，但存取速度慢，它连在主机之外，故称外存。常用的外存储器有硬盘、光盘、磁带、移动硬盘、U 盘等。

4. 运算器

运算器（Arithmetic Unit）是计算机的核心部件，是对信息进行加工和处理的部件，其运行速度几乎决定了计算机的计算速度。它的主要功能是对二进制数码进行算术运算或逻辑运算。所以也称它为算术逻辑部件（Arithmetic Logic Unit，ALU）。参加运算的数（称为操作数）全部是在控制器的统一指挥下从内存储器中取到运算器里，绝大多数运算任务都由运算器完成。

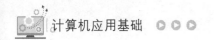

5. 控制器

控制器（Control Unit）是指挥和协调计算机各部件有条不紊进行工作的核心部件，它控制计算机的全部动作。控制器主要由指令寄存器、译码器、时序节拍发生器、程序计数器和操作控制部件等组成。它的基本功能就是从存储器中读取指令、分析指令、确定指令类型并对指令进行译码，产生控制信号去控制各个部件完成各种操作。

在计算机硬件系统的 5 个组成部件中，CPU 和内存（通常安放在机箱里）统称为主机，它是计算机系统的主体；输入设备和输出设备统称为 I/O 设备，通常把 I/O 设备和外存一起称为外围设备（简称外设），它是人与主机沟通的桥梁。

1.4.3　计算机的工作原理

计算机能自动且连续地工作主要是因为在内存中装入了程序，通过控制器从内存中逐一取出程序中的每一条指令，分析指令并执行相应的操作。

1. 指令系统和程序的概念

（1）指令和指令系统

指令是计算机硬件可执行的、完成一个基本操作所发出的命令。全部指令的集合就称为该计算机的指令系统。不同类型的计算机，由于其硬件结构不同，指令系统也不同。

（2）程序

计算机为完成一个完整的任务必须执行的一系列指令的集合，称为程序。用高级程序语言编写的程序称为源程序。能被计算机识别并执行的程序称为目标程序。

2. 指令和程序在计算机中的执行过程

通常，一条指令的执行过程分为取指令、分析指令、执行指令 3 个阶段。

（1）取指令

根据 CPU 中的程序计数器中所指出的地址，从内存中取出指令送到指令寄存器中，同时使程序计数器指向下一条指令的地址。

（2）分析指令

将保存在指令寄存器中的指令进行译码，判断该条指令将要完成的操作。

（3）执行指令

CPU 向各部件发出完成该操作的控制信号，并完成该指令的相应操作。

取指令→分析指令→执行指令→取下一条指令……，周而复始地执行指令序列的过程就是进行程序控制的过程。程序的执行就是程序中所有指令执行的全过程。

1.4.4　计算机软件系统

软件是指为方便使用计算机和提高使用效率而组织的程序和数据以及用于开发、使用和维护的有关文档的集合。软件系统可分为系统软件和应用软件两大类，如图 1-5 所示。

从用户的角度看，对计算机的使用不是直接对硬件进行操作，而是通过应用软件对计算机进行操作，而应用软件也不能直接对硬件进行操作，而是通过系统软件对硬件进行操作。用户、软件和硬件的关系如图 1-6 所示。

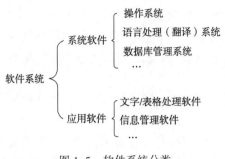

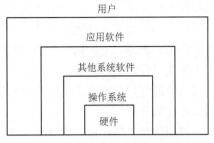

图 1–5　软件系统分类　　　　　　　图 1–6　用户、软件和硬件的关系

1. 系统软件

系统软件是计算机必须具备的支撑软件，负责管理、控制和维护计算机的各种软硬件资源，并为用户提供一个友好的操作界面，帮助用户编写、调试、装配、编译和运行程序。它包括操作系统、语言处理程序、工具软件、数据库系统、网络软件和各类服务程序等。下面分别介绍它们的功能。

（1）操作系统

操作系统（Operating System，OS）是对计算机全部软、硬件资源进行控制和管理的大型程序，是直接运行在裸机上的最基本的系统软件。其他软件必须在操作系统的支持下才能运行。操作系统是软件系统的核心。

（2）语言处理系统

计算机只能直接识别和执行机器语言。除了机器语言外，其他用任何软件语言书写的程序都不能直接在计算机上执行。要在计算机中运行由其他软件语言书写的程序，都需要对它们进行适当的处理。语言处理系统的作用就是把用软件语言书写的各种程序处理成可在计算机上执行的程序，或最终的计算结果，或其他中间形式。

（3）工具软件

工具软件也称为服务程序，它包括协助用户进行软件开发或硬件维护的软件，如编辑程序、连接装配程序、纠错程序、诊断程序和防病毒程序等。

（4）数据库系统

数据库（DataBase，DB）是指按照一定数据模型存储的数据集合。如学生的成绩信息、工厂仓库物资的信息、医院的病历、人事部门的档案等都可分别组成数据库。

数据库管理系统（DataBase Management System，DBMS）则是能够对数据库进行加工、管理的系统软件。其主要功能是建立、删除、维护数据库及对数据库中的数据进行各种操作，从而得到有用的结果，它们通常自带语言进行数据操作。

（5）网络软件

计算机网络是指将分布在不同地点的、多个独立的计算机系统用通信线路连接起来，在网络通信协议和网络软件的控制下，实现互联互通、资源共享、分布式处理，提高计算机的可靠性及可用性。计算机网络是计算机技术与通信技术相结合的产物。

计算机网络由网络硬件、网络软件及网络信息构成。其中的网络软件包括网络操作系统、网络协议和各种网络应用软件。

2. 应用软件

在系统软件的支持下，用户为了解决特定的问题而开发、研制或购买的各种计算机程序称为应用软件，例如文字处理、图形图像处理、计算机辅助设计和工程计算等软件。同时，各个软件公司也在不断开发各种应用软件，来满足各行各业的信息处理需求，如铁路部门的售票系统、教学辅助系统等。应用软件的种类很多，根据其服务对象，可分为通用软件和专用软件。

（1）通用软件

通用软件通常是为解决某一类问题而设计的，而这类问题是很多人都要遇到和解决的。

（2）专用软件

上述通用软件或软件包，在市场上可以买到，但有些有特殊要求的软件是无法买到的。如某个用户希望对其单位保密档案进行管理，另一个用户希望有一个程序能自动控制车间里的车床同时将其与上层事务性工作集成起来统一管理等。

综上所述，计算机系统由硬件系统和软件系统组成，两者缺一不可。而软件系统又由系统软件和应用软件组成。操作系统是系统软件的核心，在计算机系统中是必不可少的。其他的系统软件，如语言处理系统，可根据不同用户的需要配置不同的程序语言编译系统。随着各用户的应用领域不同，可以配置不同的应用软件。

 # 1.5 信息化与信息安全

在当今社会中，能源、材料和信息是社会发展的三大支柱，人类社会的生存和发展，时刻都离不开信息。了解信息的概念、特征及分类，对于在信息社会中更好地使用信息是十分重要的。

1.5.1 信息化与信息化社会

（1）信息化的概念

信息一词来源于拉丁文 Information，其含义是情报、资料、消息、报道、知识。信息化的概念起源于 20 世纪 60 年代的日本，首先是由一位日本学者提出来的，而后被译成英文传播到西方。西方社会普遍使用"信息社会"和"信息化"的概念是 20 世纪 70 年代后期才开始的。

关于信息化的表述，中国学术界作过较长时间的研讨。在 1997 年召开的首届全国信息化工作会议上，将信息化和国家信息化定义为："信息化是指培育、发展以智能化工具为代表的新的生产力并使之造福于社会的历史过程。国家信息化就是在国家统一规划和组织下，在农业、工业、科学技术、国防及社会生活各个方面应用现代信息技术，深入开发广泛利用信息资源，加速实现国家现代化进程。"

从信息化的定义可以看出：信息化代表了一种信息技术被高度应用，信息资源被高度共享，从而使得人的智能潜力以及社会物质资源潜力被充分挖掘，个人行为、组织决策和社会运行趋于合理化的理想状态。

（2）信息化社会

信息社会与工业社会的概念没有什么原则性的区别。信息社会也称信息化社会，是脱离工业化社会以后，信息将起主要作用的社会。信息经济在国民经济中占据主导地位，并构成社会信息化的物质基础。以计算机、微电子和通信技术为主的信息技术革命是社会信息化的动力源泉。信息技术在生产、科研教育、医疗保健、企业和政府管理以及家庭中的广泛应用对经济和社会发展产生了巨大而深刻的影响，从根本上改变了人们的生活方式、行为方式和价值观念。

1.5.2　信息安全

信息安全是指信息被保护不受破坏、泄露、更改的能力。信息安全广义来讲，是指组织或个人的信息的安全，如机密性的个人资料、财产信息、企业的技术图纸、重大计划等的安全。它们需要保存在一个秘密的地方，并且有严密的保护措施，以防止被盗和破坏等信息损失的发生。狭义来讲，现在信息一般保存在计算机系统（终端或网络服务器）中，是指计算机信息系统抵御意外事件或恶意行为的能力，即信息系统（包括硬件、软件、数据、人、物理环境及其基础设施）受到保护，不受偶然的或者恶意的原因影响而遭到破坏、更改、泄露，系统连续可靠正常地运行，信息服务不中断，最终实现业务连续性。这里主要探讨狭义的信息安全。

信息安全主要包括可用性、机密性、完整性、非否认性、真实性和可控性 6 个方面的属性。

① 可用性（Availability）：即使在突发事件下，依然能够保障数据和服务的正常使用，如网络攻击、计算机病毒感染、系统崩溃、战争破坏、自然灾害等。

② 机密性（Confidentiality）：能够确保敏感或机密数据的传输和存储不遭受未授权的浏览，甚至可以做到不暴露保密通信的事实。

③ 完整性（Integrity）：能够保障被传输、接收或存储的数据是完整的和未被篡改的，在被篡改的情况下能够发现篡改的事实或者篡改的位置。

④ 非否认性（Non-repudiation）：能够保证信息系统的操作者或信息的处理者不能否认其行为或者处理结果，这可以防止参与某次操作或通信的一方事后否认该事件曾发生过。

⑤ 真实性（Authenticity）：也称可认证性，能够确保实体（如人、进程或系统）身份或信息来源的真实性。

⑥ 可控性（Controllability）：能够保证掌握和控制信息与信息系统的基本情况，可对信息和信息系统的使用实施可靠的授权、审计、责任认定、传播源追踪和监管等进行控制。

1.5.3　信息安全的威胁

所谓信息安全威胁，是指某人、物、事件、方法或概念等因素对某些信息资源或系统的安全使用可能造成的危害。一般把可能威胁信息安全的行为称为攻击。在现实中，常见的信息安全威胁有以下几类：

① 信息泄露：信息被泄露或透露给某个非授权的实体（如人、进程或系统）。泄露的形式主要包括窃听、截收、侧信道攻击和人员疏忽等。其中，截收泛指获取保密通信的电波、网络数据等；侧信道攻击是指攻击者不能直接获取这些信号或数据，但可以获得其部分信息或相关信息，而这些信息有助于分析出保密通信或存储的内容。

② 篡改：指攻击者可能改动原有的信息内容，但信息的使用者并不能识别出被篡改的事实。在传统的信息处理方式下，篡改者对纸质文件的修改可以通过一些鉴定技术识别修改的痕迹，但在数字环境下，对电子内容的修改不会留下这些痕迹。

③ 重放：指攻击者可能截获并存储合法的通信数据，以后出于非法的目的重新发送它们，而接受者可能仍然进行正常的受理，从而被攻击者所利用。

④ 假冒：指一个人或系统谎称是另一个人或系统，但信息系统或其管理者可能并不能识别，这可能使得谎称者获得了不该获得的权限。

⑤ 否认：指参与某次通信或信息处理的一方事后可能否认这次通信或相关的信息处理曾

经发生过，这可能使得这类通信或信息处理的参与者不承担应有的责任。

⑥ 非授权使用：指信息资源被某个未授权的人或系统使用，也包括被越权使用的情况。

⑦ 网络与系统攻击：由于网络与主机系统难免存在设计或实现上的漏洞，攻击者可能利用它们进行恶意的侵入和破坏；或者，攻击者仅通过对某一信息服务资源进行超负荷的使用或干扰，使系统不能正常工作。后面这一类的攻击一般被称为拒绝服务攻击。

⑧ 恶意代码：指有意破坏计算机系统、窃取机密或隐蔽地接受远程控制的程序，它们由怀有恶意的人开发和传播，隐蔽在受害方计算机系统中，自身也可能进行复制和传播，主要包括木马、病毒、后门、蠕虫、僵尸网络等。

⑨ 灾害、故障与人为破坏：由于自然灾害、系统故障或人为破坏而遭到的损坏。

以上威胁可能危及信息安全的不同属性。信息泄露危及机密性，篡改危及完整性和真实性，重放、假冒和非授权使用危及可控性和真实性，否认直接危及非否认性，网络与系统攻击、灾害、故障与人为破坏危及可用性，恶意代码依照其意图可能分别危及可用性、机密性和可控性等。以上情况也说明，可用性、机密性、完整性、非否认性、真实性和可控性 6 个属性在本质上反映了信息安全的基本特征和需求。

1.5.4 信息安全技术

从当前人们对信息安全技术的认知程度来看，现有的主要信息安全技术可归纳为 5 类：核心基础安全技术（包括密码技术、信息隐藏技术等），安全基础设施技术（包括标识与认证技术、授权与访问控制技术等），基础设施安全技术（包括主机系统安全技术、网络系统安全技术等），应用安全技术（包括网络与系统攻击技术、网络与系统安全防护及应急响应技术、安全审计与责任认定技术、恶意代码检测与防范技术、内容安全技术等），支撑安全技术（包括信息安全保障技术框架、信息安全测评与管理技术等）。图 1-7 显示了信息安全技术体系。

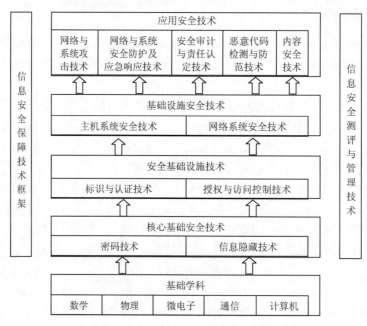

图 1-7　信息安全技术体系

下面简要介绍上述各类技术的基本内容。

（1）信息安全保障技术框架

信息安全保障技术框架定义了对一个系统进行信息安全保障的过程，以及该系统中硬件和软件的安全要求，遵循这些要求可以对信息基础设施进行深度防御。其基本内容是深度防御策略、信息保障框架域和信息系统安全工程。相对于信息安全保障的丰富内涵而言，深度防御策略只是一个思路，由保护网络与基础设施、保护区域边界和外部连接、保护计算环境及支持性基础设施这 4 个框架域所共同组成的技术细节和渗透其中的众多操作与管理细则才是信息安全保障得以有效实施的基石。信息系统安全工程集中体现了信息安全保障的过程化要求，使信息安全保障呈现一个多维的、多角度的操作场景，将其视为信息安全保障可以遵循的基础方法论。

（2）密码技术

密码技术主要包括密码算法和密码协议的设计与分析技术。密码算法包括分组密码、序列密码、公钥密码、杂凑函数、数字签名等，它们在不同的场合分别用于提供机密性、完整性、真实性、可控性和非否认性，是构建安全信息系统的基本要素。密码协议是在消息处理环节采用了密码算法的协议，它们运行在计算机系统、网络或分布式系统中，为安全需求方提供安全的交互操作。密码分析技术指在获得一些技术或资源的条件下破解密码算法或密码协议的技术。其中，资源条件主要指分析者可能截获了密文、掌握了明文或能够控制和欺骗合法的用户等。密码分析可被密码设计者用于提高密码算法和协议的安全性，也可被恶意的攻击者利用。

（3）信息隐藏技术

信息隐藏技术是指将特定用途的信息隐藏在其他可公开的数据或载体中，使得它难以被消除或发现。信息隐藏主要包括隐写（Steganography）、数字水印（Watermarking）与软硬件中的数据隐藏等。其中水印又分为鲁棒水印和脆弱水印。在保密通信中，加密掩盖保密的内容，而隐写通过掩盖保密的事实带来附加的安全。在对数字媒体和软件的版权保护中，隐藏特定的鲁棒水印标识或安全参数可以既让用户正常使用内容或软件、又不让用户消除或获得它们而摆脱版权控制，也可通过在数字媒体中隐藏购买者标识，以便在盗版发生后取证或追踪。脆弱水印技术可将完整性保护或签名数据隐藏在被保护的内容中，简化了安全协议并支持定位篡改。与密码技术类似，信息隐藏技术也包括相应的分析技术。

（4）标识与认证技术

在信息系统中出现的主体包括人、进程或系统等。从信息安全的角度看，需要对实体进行标识和身份鉴别，这类技术称为标识与认证技术。所谓标识（Identity）是指实体的表示，信息系统把标识对应到一个实体。标识的例子在计算机系统中比比皆是，如用户名、用户组名、进程名、主机名等，没有标识就难以对系统进行安全管理。认证技术就是鉴别实体身份的技术，主要包括口令技术、公钥认证技术、在线认证服务技术、生物认证技术与公钥基础设施 PKI 技术等，还包括对数据起源的验证。随着电子商务和电子政务等分布式安全系统的出现，公钥认证及基于它的 PKI 技术在经济和社会生活中的作用越来越大。

（5）授权与访问控制技术

为了使合法用户正常使用信息系统，需要给已通过认证的用户授予相应的操作权限，这个过程称为授权。在信息系统中，可授予的权限包括读/写文件、运行程序和网络访问等，实施和管理这些权限的技术称为授权技术。访问控制技术和授权管理基础设施（Privilege Management Infrastructure，PMI）技术是两种常用的授权技术。访问控制在操作系统、数据库和应用系统的安全管理中具有重要作用。PMI用于实现权限和证书的产生、管理、存储、分发和撤销等功能，是支持授权服务的安全基础设施，可支持诸如访问控制这样的应用。从应用目的上看，网络防护中的防火墙技术也有访问控制的功能，但由于实现方法与普通的访问控制有较大不同，一般将防火墙技术归入网络防护技术。

（6）主机系统安全技术

主机系统主要包括操作系统和数据库系统等。操作系统需要保护所管理的软硬件、操作和资源等的安全，数据库需要保护业务操作、数据存储等安全，这些安全技术一般被称为主机系统安全技术。从技术体系上看，主机系统安全技术采纳了大量的标识与认证及授权与访问控制等技术，但也包含自身固有的技术，如获得内存安全、进程安全、账户安全、内核安全、业务数据完整性和事务提交可靠性等技术，并且设计高等级安全的操作系统需要进行形式化论证。当前，"可信计算"技术主要指在硬件平台上引入安全芯片和相关密码处理来提高终端系统的安全性，将部分或整个计算平台变为可信的计算平台，使用户或系统能够确信发生了所希望的操作。

（7）网络系统安全技术

在基于网络的分布式系统或应用中，信息需要在网络中传输，用户需要利用网络登录并执行操作，因此需要相应的信息安全措施。这里将它们统称为网络系统安全技术。由于分布式系统跨越的地理范围一般比较大，因此一般面临着公用网络中的安全通信和实体认证等问题。国际标准化组织（ISO）于20世纪80年代推出了网络安全体系的参考模型与系统安全框架，其中描述了安全服务在ISO开放系统互连（Open System Interconnection，OSI）参考模型中的位置及其基本组成。在OSI参考模型的影响下，逐渐出现了一些实用化的网络安全技术和系统，其中多数均已标准化，主要包括提供传输层安全的SSL/TLS（Secure Socket Layer/Transportation Layer Security）系统、提供网络层安全的IPSec系统及提供应用层安全的安全电子交易（Secure Electronic Transaction，SET）系统。值得注意的是，国际电信联盟ITU制定的关于PKI技术的ITU-T X.509标准极大地推进、支持了上述标准的发展与应用。

（8）网络与系统攻击技术

网络与系统攻击技术是指攻击者利用信息系统的弱点破坏或非授权地侵入网络和系统的技术。主要的网络与系统攻击技术包括网络与系统调查、口令攻击、拒绝服务攻击（Denial of Services，DoS）、缓冲区溢出攻击等。其中，网络与系统调查是指攻击者对网络信息和弱点的搜索与判断；口令攻击是指攻击者试图获得其他人的口令而采取的攻击；DoS是指攻击者通过发送大量的服务或操作请求使服务程序难以正常运行的情况；缓冲区溢出攻击属于针对主机的攻击，它利用了系统堆栈结构，通过在缓冲区写入超过预定长度的数据造成所谓的溢出，破坏了堆栈的缓存数据，使程序的返回地址发生变化。

（9）网络与系统安全防护及应急响应技术

网络与系统安全防护技术就是抵御网络与系统遭受攻击的技术，它主要包括防火墙和入侵检测技术。防火墙置于受保护网络或系统的入口处，起到防御攻击的作用；入侵检测系统IDS一般部署于系统内部，用于检测非授权侵入。另外，当前的网络防护还包括"蜜罐（Honeypot）"技术（所谓"蜜罐"是指故意让人攻击的目标，引诱黑客前来攻击，看似漏洞百出却尽在网络管理员掌握之中）。它通过诱使攻击者入侵"蜜罐"系统，收集、分析潜在攻击者的信息。当网络或系统遭到入侵并遭到破坏时，应急响应技术有助于管理者尽快恢复网络的正常功能并采取必要的应对措施。

（10）安全审计与责任认定技术

为抵制网络攻击、电子犯罪和数字版权侵权，安全管理或执法部门需要相应的事件调查方法与取证手段，这种技术被称为安全审计与责任认定技术。审计系统普遍存在于计算机和网络系统中，它们按照安全策略记录系统出现的各类审计事件，主要包括用户登录、特定操作、系统异常等与系统安全相关的事件。安全审计记录有助于调查与追踪系统中发生的安全事件，为诉讼电子犯罪提供线索和证据，但在系统外发生的事件也需要新的调查与取证手段。随着计算机和网络技术的发展，数字版权侵权的现象在全球都比较严重，需要对这些散布在系统外的事件进行监管。当前，已经可以将代表数字内容购买者或使用者的数字指纹和可追踪码嵌入内容中，在发现版权侵入后进行盗版调查和追踪。

（11）恶意代码检测与防范技术

对恶意代码的检测与防范是普通计算机用户熟知的概念，但其技术实现起来比较复杂。在原理上，防范技术需要利用恶意代码的不同特征来检测并阻止其运行，但不同的恶意代码的特征可能差别很大，这往往使特征分析困难。如今已有了一些能够帮助发觉恶意代码的静态和动态特征技术，也出现了一系列在检测到恶意代码后阻断其恶意行为的技术。目前，一个很重要的概念就是僵尸网络（BotNet），指采用一种或多种恶意代码传播手段，使大量主机感染所谓的僵尸程序，从而在控制者和被感染主机之间形成一对多的控制。控制者可以一对多并隐蔽地执行相同的恶意行为，阻断僵尸程序的传播是防范僵尸网络威胁的关键。

（12）内容安全技术

计算机和网络的普及方便了数字内容的传播，但也使得不良和侵权内容大量散布。内容安全技术是指监控数字内容传播的技术，主要包括网络内容的发现和追踪、内容的过滤和多媒体的网络发现等技术，它们综合运用了面向文本和多媒体模式识别、高速匹配和网络搜索等技术。在一些文献中，内容安全技术在广义上包括所有涉及保护或监管内容制作和传播的技术，因此包括各类版权保护和内容认证技术，但狭义的内容安全技术一般仅包括与内容监管相关的技术。

（13）信息安全测评技术

为了衡量信息安全技术及其所支撑的系统安全性，需要进行信息安全测评，它是指对信息安全产品或信息系统的安全性等进行验证、测试、评价和定级，以规范它们的安全特性。信息安全测评技术就是能够系统、客观地验证、测试和评估信息安全产品和信息系统安全性质和程度的技术。前面已提到有关密码和信息隐藏的分析技术及对网络与系统的攻击技术，它们也能从各个方面评判算法或系统的安全性质，但安全测评技术在目的上一般没有攻击的含义，而在实施上一般有标准可以遵循。当前，发达国家或地区及我国均建立了信息安全测评制度和机构，并颁布了一系列测评标准或准则。

（14）信息安全管理技术

信息安全技术与产品的使用者需要系统、科学的安全管理技术，以帮助他们使用好的安全技术与产品、能够有效地解决所面临的信息安全问题。当前，安全管理技术已经成为信息安全技术的一部分，它涉及安全管理制度的制定、物理安全管理、系统与网络安全管理、信息安全等级保护及信息资产的风险管理等内容，已经成为构建信息安全系统的重要环节之一。

习　题

一、选择题

1. 现代信息技术最基础的部分是_____。
   　A. 通信电缆　　　B. 显示设备　　　C. 芯片　　　　D. 输入设备
2. 信息资源的开发和利用已经成为独立的产业，即_____。
   　A. 第二产业　　　B. 第一产业　　　C. 信息产业　　　D. 新能源产业
3. 目前应用广泛的 U 盘属于_____技术。
   　A. 刻录　　　　　B. 移动存储　　　C. 网络存储　　　D. 直接连接存储
4. 若已知"X"的 ASCII 码值为 58H，则可推断出"Z"的 ASCII 码值为_____。
   　A. 60H　　　　　B. 5AH　　　　　C. 50H　　　　　D. 6AH
5. 通常，信息（Information）是指_____。
   　A. 数据
   　B. 人们关心的事情的消息
   　C. 反映物质及其运动属性及特征的原始事实
   　D. 记录下来的可鉴别的符号
6. 信息处理进入现代信息技术发展阶段的标志是_____。
   　A. "信息爆炸"现象的产生　　　B. 电子计算机的发明
   　C. 互联网的出现　　　　　　　D. 电话的普及
7. 操作系统的主要功能是_____和用户界面管理。
   　A. 文件管理　　　B. 资源管理　　　C. 安全管理　　　D. 图标管理
8. CPU 即中央处理器，包括_____。
   　A. 内存和外存　　　　　　　　B. 运算器和控制器
   　C. 控制器和存储器　　　　　　D. 运算器和存储器
9. 将二进制数 $(10110)_2$ 转换成十进制数是_____。
   　A. 22　　　　　　B. 44　　　　　　C. 11　　　　　　D. 1011
10. 将十进制数 $(61)_{10}$ 转换成十六制数是_____。
   　A. 313　　　　　B. 3D　　　　　　C. D3　　　　　　D. 133

二、简答题

1. 什么是计算机？
2. 在计算机内部，数据和程序是采用几进制形式来表示和处理的？为什么？
3. 什么是冯·诺依曼计算机？根据冯·诺依曼设计思想，计算机的硬件组成由哪 5 个基本部件组成？
4. ASCII 码全称是什么？一个 ASCII 码占几位，可以表示多少个字符？
5. 什么是信息安全？信息安全主要包括哪 6 个方面？

第2章　Windows 10 操作系统

操作系统的主要功能是资源管理、程序控制和人机交互等。操作系统是协调和控制计算机各部分进行和谐工作的一个系统软件，是计算机所有软、硬件资源的管理者和组织者。常用的操作系统种类很多，例如 Windows、iOS、Android、Linux、UNIX 等。其中，微软公司的 Windows系列操作系统因其界面友好、使用方便在世界范围内普遍流行。

2.1　Windows 概述

2.1.1　Windows 的发展

Windows 是由 Microsoft 公司开发的基于图形用户界面（Graphic User Interface，GUI）的多任务操作系统。Windows 支持多线程、多任务与多处理，它的即插即用特性使得安装各种支持即插即用的设备变得非常容易，它还具有出色的多媒体和图像处理功能以及方便安全的网络管理功能。

20 世纪 90 年代初 Windows 一出现，即成为 20 世纪 90 年代最流行的微型计算机操作系统，并逐渐取代 DOS 成为微机的主流操作系统。之后历经 Windows 95、Windows 98、Windows 2000、Windows XP、Windows 7、Windows 8 直至今天的 Windows 10。

2015 年 7 月 29 日，美国微软公司正式发布计算机和平板电脑操作系统 Windows 10。Windows 10 操作系统在易用性和安全性方面有了极大的提升，除了针对云服务、智能移动设备、自然人机交互等新技术进行融合外，还对固态硬盘、生物识别、高分辨率屏幕等硬件进行了优化、完善与支持。

2.1.2　Windows 10 的简介

1. Windows 10 的版本

Windows 10 共有家庭版、专业版、企业版、教育版、移动版、移动企业版和物联网核心版七个版本，以适应不同用户群的需求。

① 家庭版（Windows 10 Home）：此版本简单、便宜，功能最少，对硬件要求低，适用于低端机型的用户。

② 专业版（Windows 10 Professional）：以家庭版为基础，增添了管理设备和应用，保护敏感的企业数据，支持远程和移动办公，使用云计算技术。

③ 企业版（Windows 10 Enterprise）：以专业版为基础，增添了大中型企业用来防范针对设备、身份、应用和敏感企业信息的现代安全威胁的先进功能，供微软的批量许可（Volume

Licensing）客户使用，用户能选择部署新技术的节奏，其中包括使用 Windows Update for Business 的选项。

④ 教育版（Windows 10 Education）：以企业版为基础，面向学校职员、管理人员、教师和学生。它将通过面向教育机构的批量许可计划提供给客户，学校将能够升级 Windows 10 家庭版和 Windows 10 专业版设备。

⑤ 移动版（Windows 10 Mobile）：面向尺寸较小、配置触控屏的移动设备，例如智能手机和小尺寸平板电脑，集成有与 Windows 10 家庭版相同的通用 Windows 应用和针对触控操作优化的 Office。

⑥ 移动企业版（Windows 10 Mobile Enterprise）：以 Windows 10 移动版为基础，面向企业用户。它将提供给批量许可客户使用，增添了企业管理更新，以及及时获得更新和安全补丁软件的方式。

⑦ 物联网核心版（Windows 10 IoT Core）：面向小型低价设备，主要针对物联网设备。目前已支持树莓派 2 代/3 代，Dragonboard 410c（基于骁龙 410 处理器的开发板），MinnowBoard MAX 及 Intel Joule。

2. Windows 10 的新特性

Windows 10 具有以下新特性：

生物识别技术：Windows 10 新增的 Windows Hello 功能将带来一系列对于生物识别技术的支持。除了常见的指纹扫描之外，系统还能通过面部或虹膜扫描进行登录。当然需要使用新的 3D 红外摄像头来获取到这些新功能。

分离 Cortana 和搜索功能：在任务栏上，搜索功能可以用来搜索硬盘内的文件、系统设置、安装的应用，甚至是互联网中的其他信息。Cortana 打造成为了一个更实用、更高效的虚拟语音助手，还能像在移动平台那样设置基于时间和地点的备忘。

平板模式：Windows 10 提供了针对触控屏设备优化的功能，同时还提供了专门的平板电脑模式，"开始"菜单和应用都将以全屏模式运行。如果设置得当，系统会自动在平板电脑与桌面模式间切换。

桌面应用：微软放弃激进的 Metro 风格，回归传统风格，用户可以调整应用窗口大小，久违的标题栏重回窗口上方，最大化与最小化按钮也给了用户更多的选择和自由度。

多桌面：如果用户没有多显示器配置，但依然需要对大量的窗口进行重新排列，那么 Windows 10 的虚拟桌面应该可以帮到用户。在该功能的帮助下，用户可以将窗口放进不同的虚拟桌面当中，并在其中进行轻松切换，使原本杂乱无章的桌面变得整洁起来。

"开始"菜单进化：微软在 Windows 10 中带回了用户期盼已久的"开始"菜单功能，并将其与 Windows 8 "开始"屏幕的特色相结合。单击屏幕左下角的 Windows 按钮，即"开始"按钮打开"开始"菜单，会在左侧看到系统关键设置和应用列表，标志性的动态磁贴也会出现在右侧。

任务切换器：Windows 10 的任务切换器不再仅显示应用图标，而是通过大尺寸缩略图的方式对内容进行预览。

任务栏的微调：在 Windows 10 的任务栏中，新增了 Cortana 和任务视图按钮。与此同时，系统托盘内的标准工具也匹配了 Windows 10 的设计风格。可以查看可用的 WiFi 网络，或是对系统音量和显示器亮度进行调节。

贴靠辅助：Windows 10 不仅可以让窗口占据屏幕左右两侧的区域，还能将窗口拖到屏幕的四个角落使其自动拓展并填充 1/4 的屏幕空间。在贴靠一个窗口时，屏幕的剩余空间内还会显示出其他开启应用的缩略图，单击之后可将其快速填充到这块剩余的空间中。

通知中心：Windows Phone 8.1 的通知中心功能也被加入 Windows 10 中，让用户可以方便地查看来自不同应用的通知。此外，通知中心底部还提供了一些系统功能的快捷开关，比如平板模式、便签和定位等。

文件资源管理器升级：Windows 10 的文件资源管理器会在主页面显示出用户常用的文件和文件夹，让用户可以快速获取自己需要的内容。

新的 Edge 浏览器：为了追赶 Chrome 和 Firefox 等热门浏览器，微软淘汰掉了老旧的 IE，带来了 Edge 浏览器。Edge 浏览器虽然尚未发展成熟，但它的确带来了诸多的便捷功能，比如和 Cortana 的整合以及快速分享功能。

设置和控制面板：Windows 8 的设置应用同样被沿用到 Windows 10 中，该应用提供系统的一些关键设置选项，用户界面也和传统的控制面板相似。而从前的控制面板也依然存在于系统中，因为它依然提供一些设置应用所没有的选项。

兼容性增强：只要能运行 Windows 7 操作系统，就能更加流畅地运行 Windows 10 操作系统。Windows 10 针对固态硬盘、生物识别、高分辨率屏幕等都进行了优化支持与完善。

安全性增强：除了继承旧版 Windows 操作系统的安全功能之外，还引入了 Windows Hello、Microsoft Passport、Device Guard 等安全功能。

新技术融合：在易用性、安全性等方面进行了深入的改进与优化。针对云服务、智能移动设备、自然人机交互等新技术进行融合。

2.1.3　Windows 10 的安装

Windows 10 的安装更简单，下面介绍其运行环境及安装方式。

1. Windows 10 运行环境

下面给出安装 Windows 10 的最低系统需求。

① 处理器：主频 1 GHz，或更快的处理器，或 SoC。

② 内存：1 GB（32 位）或 2 GB（64 位）。

③ 显卡：DirectX 9 或更高版本（包含 WDDM 1.0 驱动程序）。

④ 硬盘空间：16 GB（32 位操作系统）或 20 GB（64 位操作系统）。

⑤ 显示器：要求分辨率在 800×600 像素及以上，或可支持触摸技术的显示设备。

2. 确定安装方式

安装方式有升级安装和全新安装。升级安装即覆盖原有的操作系统；全新安装则是在计算机上没有任何操作系统的情况下安装 Windows 10 操作系统。用户可以使用光盘安装，也可以将 U 盘制作为系统盘，进行安装。

 ## 2.2　Windows 10 的基本操作

2.2.1　鼠标操作

鼠标是操作计算机过程中使用最频繁的输入设备之一。按照用户的一般使用习惯，鼠标的基本操作有 5 种，可协助用户完成不同的动作，如表 2-1 所示。

表 2-1　鼠标的基本操作

鼠标操作	完 成 方 法 及 功 能
指向	移动鼠标，将鼠标指针放在某一对象上
单击	在屏幕上把鼠标指针指向某一个对象，然后快速地按下并释放鼠标的左键一次。通过单击，用户可以选择屏幕上的对象或执行菜单命令
双击	在屏幕上把鼠标指针指向某一个对象，然后快速地按下并释放鼠标的左键两次。通常用双击一个文件或快捷方式图标来运行相应的程序或打开文档
右击	在屏幕上把鼠标指针指向某一个对象，然后快速地按下并释放鼠标的右键一次。通过右击，可以弹出该对象的快捷菜单
拖动	在屏幕上把鼠标指针指向某一个对象，然后在保持按住鼠标左键的同时移动鼠标。用户可以使用拖动操作来选择数据块、移动并复制正文或对象等

2.2.2　窗口操作

窗口是人机交互的主要方式和界面，大多数程序都以窗口的形式呈现在用户面前。

1. 窗口类型

Windows 窗口一般分为 4 类。

① 应用程序窗口：是最常见的一种窗口，它可以是一个应用软件、Windows 实用程序或附件窗口。

② 文件夹窗口：用来存放文件和子文件夹。

③ 文档窗口：是出现在应用程序窗口内的一种子窗口，隶属于应用程序。

④ 对话框窗口：在此用户可输入较多的信息或进行某些参数设置。

2. 窗口组成

窗口的外观基本上是一样的。图 2-1 所示是"计算机"窗口及窗口的组成。

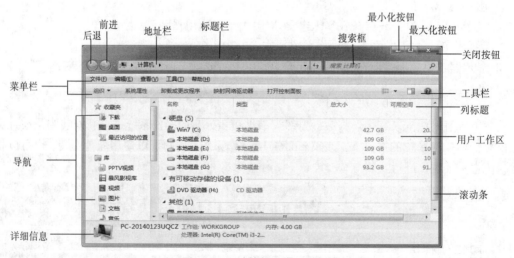

图 2-1　"计算机"窗口及组成

3. 窗口操作

窗口操作可以通过鼠标使用窗口上的各种命令进行，或者通过键盘使用快捷键来进行。其基本的操作包括打开、移动、缩放、切换、排列、关闭窗口等。

2.2.3　菜单操作

在 Windows 10 图形用户界面系统中，菜单是各种应用程序命令的集合，是一张命令表。

1. 菜单类型及操作

①　"开始"菜单：单击"开始"按钮或同时按下【Ctrl+Esc】组合键，打开"开始"菜单。

②　控制菜单：单击窗口标题栏最左端的控制菜单图标或右击标题栏空白位置，也可按下【Alt+Space】组合键，可打开控制菜单。

③　下拉菜单：单击菜单栏中某一菜单项。

④　级联菜单：又称子菜单，选择带"▶"标记的菜单项可弹出级联菜单。

⑤　快捷菜单：通常右击某对象弹出快捷菜单，列出对该对象在当前状态下常用操作命令。

2. 菜单的关闭

单击菜单以外的任何地方或按下【Esc】键即可关闭或消除该菜单。

2.3　Windows 10 桌面操作

桌面是用户启动计算机登录 Windows 10 系统后，呈现在用户面前的整个屏幕区域，是用户与计算机进行交流的窗口，主要由桌面背景、桌面图标和任务栏构成。

1. 桌面图标

（1）图标含义

"图标"是一个带有文字名称和图形的标志。如果用户把鼠标放在图标上停留片刻，会在图标旁边出现对图标所表示内容的说明或文件存放的路径。

（2）图标分类

图标大致分为 3 类。系统图标，由微软公司开发 Windows 时定义，专门用来代表特定的 Windows 文件和程序。程序图标，是各类软件公司开发软件时定义的安装该软件后会生成的图标。用户自定义类图标，其实是前面两类图标的变形，用户可以将系统图标或程序图标的图形或名称更换为自己喜欢的图标，而这类被更换的图标称为用户自定义类图标。

（3）图标操作

Windows 10 中图标的操作主要是创建、选定、打开、移动、排列和删除等。

2. 个性化

Windows 10 操作系统为了满足不同的用户需求，已内置了一些不同显示效果的桌面主题。

一般来讲，更改桌面主题就是更改 Windows 为用户提供的桌面配置方案。

设置和修改桌面主题的操作方法是：右击桌面空白处，在弹出的快捷菜单中选择"个性化"命令，进入图 2-2 所示的"个性化"窗口。

在"个性化"窗口中，用户可以单击左侧栏"主题"选项，在右侧区域选择 Windows 10 自带的主题，进行个性化设置。当然用户也可以自定义主题，设置桌面背景和图标、屏幕保护程序、窗口外观、屏幕分辨率、颜色质量等内容。

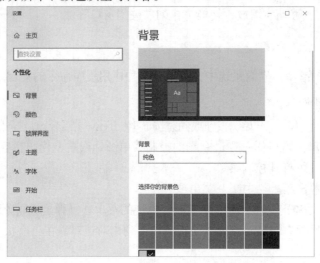

图 2-2　Windows 10 的"个性化"窗口

3. 屏幕分辨率

屏幕分辨率指屏幕像素的点阵，即屏幕的横向像素和纵向像素之积。该数值越大，屏幕显示信息越多，图像质量越好。颜色的二进制位数越多则颜色数量越大，显示图像质量越高。

4. "开始"菜单

"开始"菜单是 Windows 操作系统中的重要元素。使用"开始"菜单可以访问计算机中的程序、文件夹，进行计算机设置等。单击屏幕左下角的"开始"按钮，即可弹出如图 2-3 所示的"开始"菜单。

图 2-3　"开始"菜单

5. 任务栏

任务栏一般位于屏幕底部，其组成如图 2-4 所示。

"开始"按钮　　　任务按钮区　　　语言栏　通知区域　"显示桌面"按钮

图 2-4　任务栏组成

2.4　文件及文件夹

文件是具有名称的一组相关信息的集合。它可以是用户创建的文档，也可以是可执行的应用程序或一张图片、一段声音等。文件分为两类，一类是存储在外存储器上的文件，称为磁盘文件；另一类是系统的标准设备，称为设备文件。

文件夹（在 DOS 操作系统中称为目录）是系统组织和管理文件的一种形式，是为方便用户查找、维护和存储而设置的，用户可将文件分门别类地存放在不同的文件夹中。文件夹还可以存储其他文件夹。文件夹中包含的文件夹通常称为"子文件夹"。用户可以创建任意数量的子文件夹，每个子文件夹中又可以容纳任意数量的文件和其他子文件夹。

1. 文件命名

文件名的一般形式为：

[<盘符：>]<主文件名>[<.扩展名>]

2. 文件和文件夹的命名规则

文件和文件夹命名时，应尽量做到既能够清楚地表达内容又比较简短，同时必须注意以下问题：

① Windows 环境下，文件或文件夹的名字最多可达 255 个西文字符，但有些早期的操作系统不能识别很长的文件名。

② 可使用多分隔符，最后一组才是文件的扩展名。

③ 可使用多种字符。组成文件或文件夹名的字符可以是英文字母、数字及¥、@、&、+、（、）、下画线、空格、汉字等。但不能使用下列 9 个字符：\、/、：、*、?、"、<、>、|。

④ 在同一文件夹内不允许有同名文件，或同名文件夹。

⑤ 不区分大小写，例如，Mydocument.doc 和 mydocument.doc 被认为是同一个文件名。但文件名保留命名时输入的大小写状态。

⑥ 文件名中除开头外都可以用空格。

⑦ 不能使用系统保留的设备名：CON、AUX、COM1、COM2、COM3、COM4、PRN、LPT1、LPT2、LPT3、LPT4、NUL。

2.4.1　文件夹及文件的创建

1. 创建文件夹

用户可以在指定的驱动器或文件夹中创建文件夹，并可在子文件夹下再创建子文件夹，以实现文件夹的树形结构。其操作步骤如下：

① 在"资源管理器"窗口中，打开要创建新文件夹的磁盘或目的文件夹。

② 在"文件和文件夹任务"窗格中，单击"文件"→ "新建"→ "文件夹"命令，或在空白处右击，在弹出的快捷菜单中选择"新建"→"文件夹"命令。

③ 系统则在指定位置新建一个文件夹，其默认名称为"新建文件夹"。在新建的文件夹名称框中输入新的文件夹的名称，按【Enter】键或单击窗口的其他位置，新文件夹创建完毕。

2. 创建文件

创建文件基于用户使用的程序，不同程序创建出的文件类型不同。新建文本文档文件的操作过程如下：

① 通过"资源管理器"窗口打开某文件夹，新建的文件将创建于该文件夹下。

② 单击"文件"→"新建"→"文本文档"命令，或在该文件夹窗口工作区的空白处右击，选择快捷菜单的"新建"→"文本文档"命令。

③ 在该文件夹窗口中出现一个默认名为"新建文本文档"的文件，此时用户在编辑状态下为新文档输入名称，即建立了一个新的文本文档。

3. 创建快捷方式

快捷方式是一种扩展名为".lnk"的特殊文件。该文件中存放的是指向某对象的地址。快捷方式文件的图标左下角有一个小箭头。打开或运行快捷方式即可打开或运行它所指向的对象。可以在不同的位置分别创建指向同一个文件的快捷方式。快捷方式的名字可以和原文件同名，也可以不同。创建或删除快捷方式不会影响到它所指向的对象。下面介绍创建快捷方式的方法。

（1）利用鼠标拖动创建快捷方式

① 左键拖动创建快捷方式：首先找到相应的程序，然后用鼠标左键直接将其拖动至桌面上（或某个文件夹中），就在桌面上（或该文件夹中）建立了以该程序名为名称的快捷方式。

② 右键拖动创建快捷方式：首先找到相应的程序，然后用鼠标右键直接将其拖动至桌面上（或某个文件夹中），在弹出的快捷菜单中选择"建立快捷方式"，则在桌面上（或该文件夹中）建立了以该程序名为名称的快捷方式。

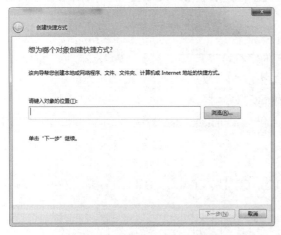

图 2-5 "创建快捷方式"对话框

（2）利用向导创建快捷方式

在桌面空白处（或某个文件夹窗口的空白处中）右击，选择快捷菜单中的"新建"→"快捷方式"命令，弹出"创建快捷方式"对话框，如图 2-5 所示。在文本框中输入要创建快捷方式的对象的位置和名称，或通过"浏览"对话框找到要创建快捷方式的对象，单击"下一步"按钮，在弹出的提示用户输入快捷方式名字的对话框中输入快捷方式的名称，一般与原对象同名，接着单击"完成"按钮即可。

2.4.2 文件类型

根据文件中存储信息的不同以及功能的不同，文件分为不同的类型。不同类型的文件使用不同的扩展名。在 Windows 中，一般新建文件时，根据文件类型系统会自动给出其扩展名，并且赋予相应图标。表 2-2 列出了常用文件扩展名及其含义。

表 2-2　常用文件扩展名及其含义

扩 展 名	含 义	扩 展 名	含 义
.com	系统命令文件	.doc、.docx	Word 文档
.sys	系统文件	.xls、.xlsx	Excel 文档
.exe	可执行文件	.ppt、.pptx	PowerPoint 文档
.txt	文本文件	.htm、.html	网页文件
.rtf	带格式的文本文件	.zip	ZIP 格式的压缩文件
.bas	BASIC 源程序	.rar	RAR 格式的压缩文件
.c	C 语言源程序	.avi	视频文件
.swf	Flash 动画发布文件	.bmp	位图文件
.bak	备份文件	.wav	声音文件

2.4.3　文件及文件夹的查看及排序方式

1. 查看

在"资源管理器"窗口单击"查看"菜单项，弹出"查看"下拉菜单，如图 2-6 所示。此外，也可以在文件夹空白处右击，在弹出的快捷菜单中选择"查看"命令，还可以单击"视图"按钮后的 ▼，利用滑动块在各个视图选项间进行微调。

若要在视图之间快速切换，请单击"视图"按钮。

2. 排序方式

为便于用户从多个项目中查找某个具体文件或文件夹，"资源管理器"提供了多种排序方式。打开"查看"菜单，单击"排序方式"按钮，在下拉菜单中选择排序方式，如图 2-6 所示。或在文件夹空白处右击，在弹出的快捷菜单中选择"排序方式"命令。

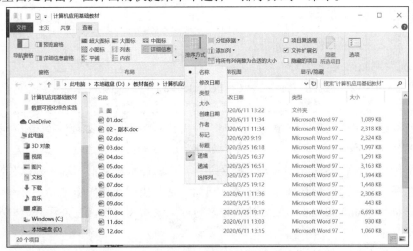

图 2-6　"查看"菜单

如果希望用其他方式来排序，可以选择"选择列"命令，弹出"选择详细信息"对话框。

在其中选择需要的排序方式后，单击"确定"按钮，该排序方式即出现在"排序方式"的子菜单中。

2.4.4 文件及文件夹的选定

为了能够快速选定一个或多个对象，Windows 10 提供了多种选定方法。

① 选定一个文件或文件夹：单击对象图标即可。

② 选定多个连续的文件或文件夹：先选定第一个对象，然后按住【Shift】键不放，单击最后一个对象，这时在两个对象之间的所有文件或文件夹都被选定。或在文件夹窗口中按住鼠标左键拖动，就会形成一个矩形区域，释放鼠标后，被这个矩形区域包围的所有对象都会被选定。

③ 选定多个不连续的文件或文件夹：单击要选定的第一个对象，按住【Ctrl】键不放，用鼠标依次单击其他要选定的对象，最后松开【Ctrl】键。

④ 选定所有文件或文件夹：单击"编辑"→"全选"命令，或按【Ctrl+A】组合键。

⑤ 反向选择文件或文件夹：先选中不想要的对象，单击"编辑"→"反向选择"命令，则刚才选中的对象处于未选中状态，而未选中的对象处于选中状态。

⑥ 取消文件或文件夹的选定：要取消某一个对象的选定，按住【Ctrl】键，再单击该对象即可；要取消所有选定，在当前窗口空白处单击即可。

2.4.5 文件及文件夹的重命名

在 Windows 10 系统中，用户可以随时根据需要更改文件或文件夹的名称。重命名文件和文件夹的操作方法如下：

① 选定需要重命名的文件或文件夹，单击"文件"→"重命名"命令。

② 选定需要重命名的文件或文件夹，单击"组织"→"重命名"命令。

③ 右击对象，在弹出的快捷菜单中选择"重命名"命令。

④ 选定需要重命名的对象，按【F2】键。

当文件名处于编辑状态时，输入新的文件或文件夹名称，然后按【Enter】键确认。

2.4.6 文件及文件夹的删除

删除文件或文件夹的操作步骤如下：

① 选定需要删除的文件或文件夹。

② 选择"文件"→"删除"命令，或者按【Delete】键，则删除文件。

说明： 上述删除操作并没有把该文件真正删除，只是将文件移到了"回收站"中，这种删除是可恢复的，称为逻辑删除。若要恢复误删除的文件，打开"回收站"，选中需要恢复的文件，单击"还原选定的项目"，则文件恢复到被删除前的所在目录。

③选定文件后，按住【Shift+Delete】组合键，将弹出提示对话框"确实要永久性删除此文件吗？"，选择"否"撤销删除操作；命令，选择"是"执行删除操作。

注意： 若执行【Shift+Delete】组合键操作，则对象被永久删除，无法再从"回收站"中恢复，称为物理删除。

若将某个文件夹删除，则该文件夹下的所有文件和子文件夹将同时被删除。

温馨提示： 当按【Delete】键进行逻辑删除的文件很大时，以及删除移动设备上的文件时，文件将被直接彻底删除，不会放入回收站中。

2.4.7　文件及文件夹的属性

每一个文件和文件夹都有自己的属性，有的属性信息只能查看不能修改，而有的属性则可以根据用户的需要进行设置。如图 2-7 所示为文件夹"nn 属性"对话框。

① 文件或文件夹的属性包括只读、隐藏、存档（"高级"按钮中设置）3 种。

② 查看和修改文件或文件夹属性：选定要查看或修改属性的文件或文件夹。单击"文件"→"属性"命令，或单击"组织"→"属性"命令，或右击对象从快捷菜单中选择"属性"命令，弹出"属性"对话框。

③ 修改文件或文件夹属性，要使文件具有某种属性，只需选定相应的复选框。要取消文件某种属性，只需清除相应的复选框的选定。

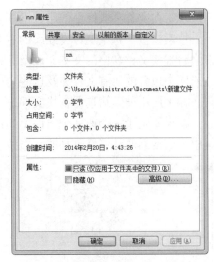

图 2-7　文件夹"nn 属性"对话框

2.4.8　文件及文件夹的复制和移动

文件和文件夹的复制和移动操作的相同之处是：都要在目的地位置生成一个选定的对象（文件或文件夹）；不同之处是：移动操作不保留原位置的对象，而复制操作则保留了原位置的对象。

温馨提示：剪切和复制命令可通过 3 种方法实现：单击工具栏上的"剪切"或"复制"按钮；使用"编辑"→"剪切"或"复制"命令；使用组合键【Ctrl+X】或【Ctrl+C】。

粘贴命令也可通过 3 种方法实现：单击工具栏上的"粘贴"按钮；使用"编辑"菜单下的"粘贴"命令；使用快捷组合键【Ctrl+V】。

将信息存放到剪贴板的方法主要有：

- 使用"剪切"和"复制"命令，将已选定的对象信息存放到剪贴板中。
- 使用【PrintScreen】键，可将整个桌面的图形界面信息存放到剪贴板中。
- 使用【Alt＋PrintScreen】组合键，将当前活动窗口的图形界面信息存放到剪贴板中。

由于整个系统共用一块剪贴板，所以移动和复制操作不仅可以在同一应用程序和文档的窗口中进行，也可以在不同应用程序和文档的窗口中进行。

2.4.9　文件及文件夹的搜索

当用户要查找一个文件或文件夹而又记不得它的存放位置时，可以使用 Windows 10 提供的"搜索"功能。Windows 10 将要查找的内容做了详细的归类，分为图片、音乐或视频，以及所有文件和文件夹、计算机或人等多种选项。用户只要找到相应的类别，然后在其类别下查找会缩小搜索范围，节约时间。

（1）使用"开始"菜单上的搜索框查找程序或文件

使用"开始"菜单上的搜索框来查找存储在计算机上的文件、文件夹、程序和电子邮件。该搜索是基于文件名中的文本、文件中的文本、标记以及其他文件属性。

单击"开始"按钮，打开"开始"菜单，然后在搜索框中输入字词或字词的一部分。输入后，与所输入文本相匹配的项将出现在"开始"菜单上。

注意：从"开始"菜单搜索时，搜索结果中仅显示已建立索引的文件。计算机上的大多数文件会自动建立索引。例如，包含在库中的所有内容都会自动建立索引。

（2）在文件夹或库中使用搜索框来查找文件或文件夹

搜索框位于每个文件夹或库的右上方，如图 2-8 所示。它根据所输入的文本筛选当前视图。搜索将查找文件名中的文本，以及标记等文件属性中的文本。在文件夹或库中，搜索包括文件夹或库中包含的所有文件夹及这些文件夹中的子文件夹。

（3）使用搜索筛选器查找文件

如果要基于一个或多个属性（如标记或上次修改文件的日期）搜索文件，则可以在搜索工具中指定搜索属性：修改日期、类型、大小、其他属性，如图 2-9 所示。

图 2-8　搜索框

图 2-9　搜索筛选器

（4）搜索的高级选项

如果在特定库或文件夹中无法找到要查找的内容，则可以单击"高级选项"下拉列表框，选择"更改索引位置"。还可以选择"高级选项"→"文件内容"，将搜索范围扩大到文件内容。

2.5　控制面板及其他

2.5.1　控制面板

用户可以使用控制面板调整计算机的设置，可以根据自己的爱好对桌面、鼠标、键盘、输入法、系统时间等众多组件和选项进行设置。刚安装 Windows 10 系统的朋友会发现，在设置中找不到"控制面板"，安装好系统后，我们可以把"控制面板"等常用功能添加到桌面图标，方便使用。方法如下：在桌面空白处右击，选择"个性化"，在左侧单击"主题"，右侧鼠标下拉到底部，如图 2-10 所示，选择"桌面图标设置"。

在弹出窗口（见图 2-11）中勾选"控制面板"，将"控制面板"添加到桌面。

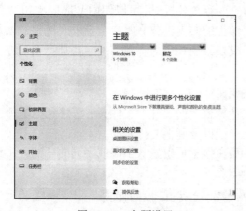

图 2-10　主题设置

图 2-11　桌面图标设置

1. 外观和个性化设置

单击"开始"按钮，在"开始"菜单中选择"Windows 系统"→"控制面板"命令，打开"控制面板"窗口；或者单击上述方式添加后的桌面图标"控制面板"，如图 2-12 所示。

图 2-12　所有控制面板项

"控制面板"窗口有 3 种查看方式：类别、大图标、小图标。用户可以通过单击"控制面板"窗口右侧的"查看方式"按钮打开子菜单，选择"控制面板"的查看方式。

如果习惯了之前的 Windows 系统查看方式，可以单击地址栏的"控制面板"；或者选择"查看方式"→"按类别"，回到之前版本的界面，如图 2-13 所示。

图 2-13　按类别查看的"控制面板"窗口

在图 2-13 所示的"控制面板"窗口中单击"外观和个性化"链接，打开如图 2-14 所示的"外观和个性化"窗口，可以看到详细的"外观和个性化"设置项目，如设置主题、桌面背景、任务栏和"开始"菜单等。

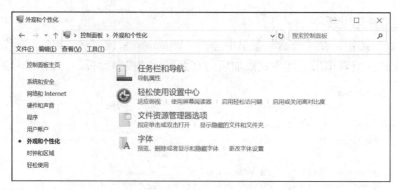

图 2-14　"外观和个性化"窗口

2. 设置日期和时钟

设置系统日期和时间的操作方法为：

① 在按类别显示的"控制面板"窗口中单击"时钟和区域"链接，打开窗口，单击"日期和时间"链接，弹出"日期和时间"对话框，如图 2-15 所示。

② 在"日期和时间"对话框中：

- 选择"日期和时间"选项卡，可以更改时区、日期和时间。
- 选择"附加时钟"选项卡，可以附加显示其他时区时间的时钟。
- 选择"Internet 时间"选项卡，可以将计算机时间设置为与 Internet 时间同步。

3. 系统和安全

在图 2-13 所示按类别显示的"控制面板"窗口中单击"系统和安全"链接，打开如图 2-16 所示的"系统和安全"窗口。这里主要提供了计算机硬件、软件信息以及相应安全方面的很多设置。

图 2-15　"日期和时间"对话框　　　　　图 2-16　"系统和安全"窗口

（1）了解系统硬件基本情况

在图 2-16 所示的"系统和安全"窗口中单击"系统"链接，打开如图 2-17 所示的"系统"窗口，可以查看本计算机的操作系统版本、处理器类型、内存容量等信息。

在"系统"窗口中单击"设备管理器"链接，打开如图 2-18 所示的"设备管理器"窗口。

在窗口中单击每个项目左边的三角图标▷，即可查看本计算机处理器、网卡、显卡等设备型号的基本情况。

图 2-17　"系统"窗口　　　　　　　　　　图 2-18　"设备管理器"窗口

（2）关于"电源选项"

在"系统和安全"窗口中单击"电源选项"链接，打开如图 2-19 所示的窗口，用户可以根据需要选择"更改计划设置"，打开如图 2-20 所示的窗口。

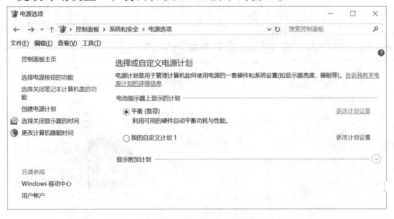

图 2-19　电源选项设置

4. 账户管理

Windows 10 是一个多任务和多用户的操作系统，但在某一时刻只能有一个用户使用机器，可以在不同的时刻供多人使用。因此，不同的人可创建不同的用户账户及密码。

在安装 Windows 10 时，系统首先自动创建一个名为 Administrator 的账户，这是本机的管理员，是身份和权限最高的账户。Windows 10 中的用户账户有"标准"和"管理员"两种账户类型。不同类型的用户账户，具有不同的权限。系统管理员账户可以看到所有用户的文件，标准账户则只能看到和修改自己创建的文件。

计算机应用基础

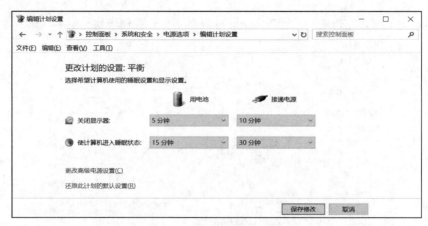

图 2-20 编辑电源计划设置

图 2-21 "用户账户"窗口 1

（1）创建用户账户

以管理员或者管理员组成员身份登录到计算机后，可以创建、更改和删除用户账户。其操作步骤如下：

① 在"控制面板"窗口中单击"用户账户"链接，打开如图 2-21 所示的窗口。

② 在"用户账户"窗口中单击"用户账户"链接，打开如图 2-22 所示"用户账户"管理窗口。

③ 在窗口中单击"管理其他账户"链接，在如图 2-23 所示窗口中单击"在电脑设置中添加新用户"链接。

图 2-22 "用户账户"窗口 2

在新窗口中选择"家庭和其他用户"→"将其他人添加到这台电脑"→"我没有此人的登录信息"，然后在下一页上选择"添加一个没有 Microsoft 账户的用户"，输入用户名、密码和密码提示，或选择安全问题，然后单击"下一步"按钮，添加成功。

（2）管理用户账户

管理员可以对计算机中的所有账户进行管理，操作方法如下：

① 在"用户账户"窗口中单击"用户账户"链接，打开如图 2-24 所示的"更改账户"窗口。

图 2-23　"管理账户"窗口

② 选择要更改的账户，打开账户窗口。在该窗口中可以对账户进行更改账户名称、更改密码、更改账户类型、删除账户等操作。

③ 单击"登录选项设置"链接，可以在如图 2-25 所示窗口中管理登录设备的方式，在硬件设备允许的前提下，可以进行人脸登录设置、指纹登录设置、使用 PIN 登录设置、安全密钥设置、密码设置、图片密码设置等操作。

图 2-24　"更改账户"窗口　　　　　　　　　图 2-25　"登录选项"设置

在 Windows 10 中，所有用户账户可以在不关机的状态下随时登录。用户也可以同时在一台计算机上打开多个账户，并在打开的账户之间进行快速切换。

2.5.2　附件

当用户要处理一些要求不是很高的工作时，可以使用 Windows 10 附件中的工具来完成。这些工具软件都是非常小的程序，运行速度比较快，用户可以节省很多的时间和系统资源，提高工作效率。

1. 画图

"画图"程序是一个位图编辑器，用户可以使用该软件自己绘制图画，也可以对已有的图片进行编辑修改。

（1）"画图"程序的启动

单击"开始"→"所有程序"→"Windows 附件"→"画图"命令，即可打开"画图"程序窗口，如图 2-26 所示。

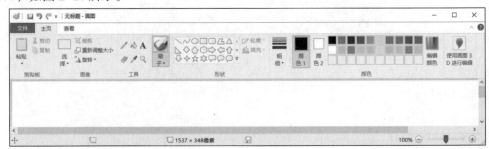

图 2-26　"画图"窗口

（2）"画图"窗口的组成

"画图"窗口由快速访问工具栏、菜单栏、功能区、绘图区和状态栏构成。下面介绍其部分组成元素。

① 移动和复制对象：选择对象后，可以剪切或复制选定项。这样便可以重复使用图片中的某个对象，或将对象（选中后）移动到图片中的新位置。

② 图像：在"画图"中，可以对图片或对象的某一部分进行更改。选择图片中要更改的部分，然后进行编辑。用户可以进行的更改包括：调整对象大小、移动或复制对象、旋转对象或裁剪图片使之只显示选定的项。使用"重设大小""调整大小"功能可以调整整个图像、图片中某个对象或某部分的大小，还可以扭曲图片中的某个对象，使之看起来呈倾斜状态。

③ 工具：在"画图"中可以使用多个不同的工具绘制线条，每个工具又有不同的选项。使用不同的工具可以绘制规则或不规则的各种线条，如"铅笔"工具、"刷子"工具、"直线"工具、"曲线"工具等。此外利用"文本"工具还可以在图片中添加文本或消息。

④ 形状：使用"画图"可以在图片中添加其他形状。已有的形状除了传统的矩形、椭圆、三角形和箭头之外，还包括一些有趣的特殊形状，如心形、闪电形或标注等。如果用户希望自定义形状，可以使用"多边形"工具。

⑤ 颜色："画图"中的颜色可以用很多工具处理，如颜料盒、颜色选取器、用颜色填充、编辑颜色等。

⑥ 绘图区：处于整个界面的中间，为用户提供画布。

2. 记事本

"记事本"是一个用来创建简单文档的文本编辑器，适于编写一些篇幅短小、简单的文本文件或创建网页。它没有排版格式，因此有广泛的兼容性，很容易被其他类型的程序打开和编辑。用"记事本"建立的文件默认扩展名为".txt"，所以常称为"txt 文件"。

单击"开始"→"所有程序"→"Windows 附件"→"记事本"命令，即可打开"记事本"窗口，如图 2-27 所示。

3. 写字板的使用

"写字板"是一个使用简单，但功能较全面的文字处理程序。用户可以使用"写字板"创建或编辑简单文本文档和有复杂格式、图形的文档。可以将信息从其他文档链接或嵌入写字板文档，而且可以使用"写字板"进行编辑或创建网页。

　　利用"写字板"创建的文件可以保存为文本文件、多信息文本文件、MS-DOS 文本文件或者 Unicode 文本文件。当用于其他程序时，这些格式可以向用户提供更大的灵活性。应将使用多种语言的文档保存为多信息文本文件（.rtf）。

　　单击"开始"→"所有程序"→"Windows 附件"→"写字板"命令，即可打开"写字板"窗口，如图 2-28 所示。

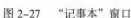

图 2-27　"记事本"窗口

图 2-28　"写字板"窗口

　　"写字板"与 Word 相比是一个方便、快捷而且系统资源占用较少的文字处理软件。另外 Word 默认的文档类型保存的文件，必须在安装有 Word 的计算机上才能打开，而"写字板"默认的文档为.rtf 格式，这种格式在所有 Window 系统中都可以打开，因此 rtf 格式的文档更加适合在不同计算机之间实现信息的交换。

4. 计算器的使用

　　"计算器"是 Window 自带的应用程序。不仅可以进行如加、减、乘、除这样简单的运算，还提供了编程计算器、科学型计算器和统计信息计算器的高级功能。

　　在程序列中滚动到"J"开头的程序中，就可以看到计算器，即可打开"计算器"程序窗口。如图 2-29 所示为"标准计算器"窗口。与 Windows 7 的计算器相比，Windows 10 下的计算器增加了历史记录功能。如要进行复杂运算，可以单击左上角的"打开导航"功能键，打开"导航"菜单，从中选择所需的计算器类型：标准、科学、程序员、日期计算以及多种转换器，如图 2-30 所示。

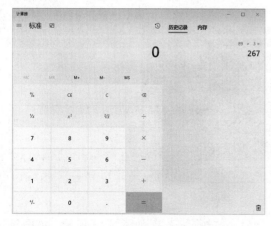

图 2-29　"标准计算器"窗口

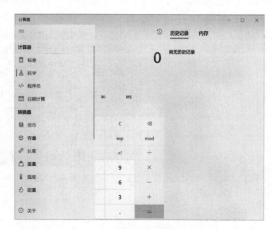

图 2-30　计算器"导航"菜单

【例 2-1】用"计算器"程序将十进制数 123 转换为二进制数。

操作方法为：在"计算器"窗口中单击"打开导航"功能键→"程序员"，进入"程序员计算器"窗口，如图 2-31 所示。会看见左上角有四种不同进制的表示（HEX 十六进制、DEC 十进制、OCT 八进制、BIN 二进制）。单击"DEC"，表示当前处于十进制状态下，单击输入"123"，会看见十进制的 123 的四种进制的不同表示，单击"BIN"，则在文本框中自动出现二进制结果为"1111011"。

用户在运行其他 Window 应用程序过程中，如果需要进行有关的计算，可以随时调用 Windows 的"计算器"程序。

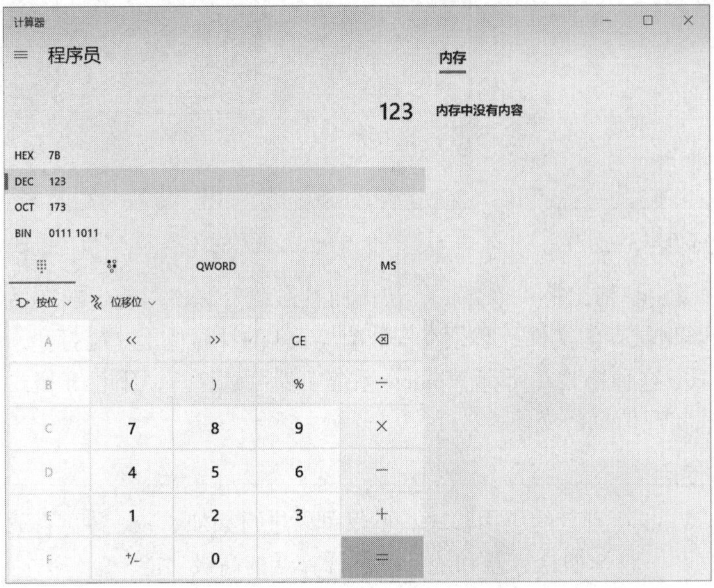

图 2-31　"程序员计算器"窗口

2.5.3　搜索功能

Windows 10 跟之前的 Windows 系统相比，有很多程序存放的位置发生了很大改变，有时候找程序要费很大精力。这里推荐一个很好用的方法，那就是充分利用 Windows 10 系统的搜索功能。

① 打开"开始"菜单，如图 2-32 所示。

图 2-32　打开"开始"菜单

② 在左下角搜索框内输入你要搜索的内容，例如"控制面板"，如图 2-33 所示，就会显

示出系统搜索到的内容，直接单击相应内容就能打开相应程序。

图 2-33　系统搜索功能窗口

2.5.4　虚拟桌面

Windows 10 中新增了一项虚拟桌面功能，用户可以在系统中使用多个桌面。如果用户没有多显示器配置，但依然需要对大量的窗口进行重新排列，可以使用虚拟桌面功能。

操作方法：按下【▦+Tab】组合键可以打开虚拟桌面，单击左上角的"新建桌面"，可以新建一个桌面，用户可以将窗口放进不同的虚拟桌面当中，并在其中进行轻松切换，使原本杂乱无章的桌面变得整洁起来。这个功能有点像安卓或者 iOS 系统中的多屏功能，大家可以去体验。Windows 10 更多新功能期待自己去解锁，这里不再赘述。

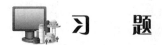 习　　题

一、选择题

1. Windows 10 操作系统是一个_____操作系统。
  A. 单用户、单任务　　　　　　B. 多用户、多任务
  C. 多用户、单任务　　　　　　D. 单用户、多任务
2. 在 Windows 10 系统中操作时，右击对象，则_____。
  A. 可以打开一个对象的窗　　　B. 激活该对象
  C. 复制该对象的备份　　　　　D. 弹出针对该对象操作的快捷菜单
3. 当一个应用程序的窗口被最小化后，该应用程序将_____。
  A. 继续在桌面运行　　　　　　B. 仍然在内存中运行
  C. 被终止运行　　　　　　　　D. 被暂停运行
4. Windows 10 操作系统中，经常会用到剪切、复制和粘贴功能，其中粘贴功能的组

合键_____。

    A．【Ctrl+C】   B．【Ctrl+S】   C．【Ctrl+X】   D．【Ctrl+V】

5．直接永久删除文件而不是将其移至回收站的组合键是_____。

    A．【Esc+Delete】   B．【Alt+Delete】

    C．【Ctrl+Delete】   D．【Shift+Delete】

6．要关闭没有响应的程序，最确切的方法是按_____。

    A．主机 Reset 按钮   B．【Ctrl+F4】组合键

    C．【Ctrl+Alt+Del】组合键   D．【Alt+Tab】组合键

7．在资源管理器窗口中，若要选定连续的几个文件或文件夹，可以在选中第一个对象后，用按_____键+单击最后一个对象的方法完成选取。

    A．【Tab】   B．【Shift】   C．【Alt】   D．【Ctrl】

8．Windows 10 的整个显示器屏幕称为_____。

    A．窗口   B．桌面   C．任务栏   D．选项卡

9．在 Windows 10 中，要进入当前对象的帮助框，可以按_____键。

    A．【F1】   B．【F2】   C．【F3】   D．【F5】

10．Windo ws 10 的文件系统规定_____。

    A．同一文件夹中的文件可以同名

    B．不同文件夹中，文件不可以同名

    C．同一文件夹中，子文件夹可以同名

    D．同一文件夹中，子文件夹不可以同名

二、简答题

1．请简述 Windows 10 系统的特点。

2．请简述逻辑删除和物理删除的区别。

3．请简述文件复制的几种方法。

4．请简述文件和文件夹的命名规范。

5．请简述创建快捷方式的几种方法。

第3章　计算机网络基础

计算机网络和 Internet 发展迅速，其应用已越来越广泛。了解、学习计算机网络基本知识对每一个学习计算机的人来说都必不可少。本章主要介绍计算机网络的基本概念、网络协议、局域网、网络安全与防护、互联网技术及应用等内容。

3.1　网络技术基础

3.1.1　计算机网络的基本概念

1. 计算机网络的发展

计算机网的形成与发展从技术角度来划分，大致可以分为以下 4 个阶段：

（1）第一阶段（以主机为中心）

在第一代计算机网络中，计算机是网络的控制中心，终端围绕着中央计算机（主机）分布在各处，而主机的主要任务是进行实时处理、分时处理和批处理。人们利用物理通信线路将一台主机与多台用户终端相连接，用户通过终端命令以交互方式使用主机，从而实现多个终端用户共享一台主机的各种资源。这就是"主机—终端"系统，这个阶段的计算机网络又称为"面向终端的计算机网络"，它是计算机网络的雏形。

（2）第二阶段（多台计算机通过线路互联）

面向资源子网的计算机网络兴起于 20 世纪 60 年代后期，它利用网络将分散在各地的主机经通信线路连接起来，形成一个以众多主机组成的资源子网，网络用户可以共享资源子网内的所有软硬件资源。

（3）第三个阶段（网络体系结构标准化）

由于不同的网络体系结构是无法互连的，不同厂家的设备也无法达到互连（即使是同一家产品在不同时期也是如此），阻碍了大范围网络的发展。为实现更大范围网络的发展以及使不同厂家的设备之间可以互连，国际标准化组织 ISO 于 1984 年正式发布了一个标准框架 OSI（ Open System Interconnection Reference Model，开放系统互连参考模型），使不同的厂家设备、协议达到全网互连。这样，就形成了具有统一的网络体系结构并遵守国际标准的开放式和标准化的计算机网络。

（4）第四个阶段（以下一代互联网络为中心的新一代网络）

进入 20 世纪 90 年代后，随着数字通信技术和光纤等接入方式的出现，计算机网络呈现出网络化、综合化、高速化及计算机网络协同能力等特点。"信息时代""信息高速公路"、Internet

等成为网络新时代的典型特征。

2. 计算机网络的定义

"计算机网络"并没有一个严格的定义，从不同的角度、不同的发展阶段对计算机网络都可以有不同的定义。总之，计算机网络就是将地理位置不同且具有独立功能的多个计算机系统，通过通信设备和线路相互连接起来，并配以功能完善的网络软件，实现网络上数据通信和资源共享的系统。图 3-1 给出了一个简单的计算机网络系统示意图，它将若干台计算机、打印机和其他外围设备通过集成器互连成一个整体。连接在网络中的计算机、外围设备、通信控制设备等称为网络结点。

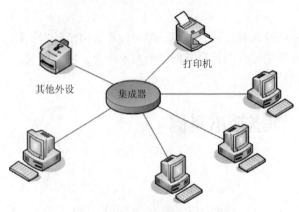

图 3-1　一个简单的计算机网络系统示意图

3. 计算机网络的分类

计算机网络有不同的分类标准和方法，具体介绍如下：

（1）按照覆盖的地理范围分类

① 局域网（Local Area Network，LAN）：其覆盖范围一般不超过几十公里，通常将一座大楼或一个校园内分散的计算机连接起来构成 LAN。局域网典型的单段网络吞吐率为 10~100 Mbit/s。现代局域网单段网络吞吐率已达到 1 Gbit/s。为适应多媒体传输的需要，利用桥接或交换技术实现多个局域网段组成的网络，总吞吐率可达数 10 Gbit/s，甚至数 T bit/s。

② 城域网（Metropolitan Area Network，MAN）：介于 LAN 和 WAN 之间，其覆盖范围通常为一个城市或地区，距离从几十公里到上百公里。

③ 广域网（Wide Area Network，WAN）：是指实现计算机远距离连接的计算机网络，可以把众多的城域网、局域网连接起来，也可以把全球的区域网、局域网连接起来。广域网涉及的范围较大，一般从几百公里到几万公里。

（2）按公用与专用分类

所谓公用网是指由电信部门或从事专业电信运营业务的公司提供的面向公众服务的网络，如中国电信提供的以 X.25 协议为基础的分组交换网 CHINAPAC。

所谓专用网是指政府、行业、企业和事业单位为本行业、本企业和本事业单位服务而建立的网络。

（3）按网络拓扑结构分类

网络的拓扑结构是指网络中通信线路和站点（计算机或设备）间相互连接的物理结构。计算机网络按网络的拓扑结构可分为总线、星状、环状、网状、树状和星环状等类型。

4. 计算机网络的组成

计算机网络是计算机技术与通信技术密切结合的产物，也是继报纸、广播、电视之后的第四种媒体。其逻辑组成和物理组成如下所述：

（1）计算机网络的逻辑组成

计算机网络按逻辑功能可分为资源子网和通信子网两部分，如图 3-2 所示。

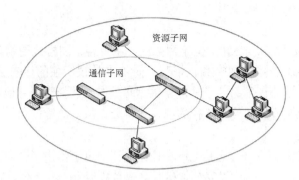

图 3-2　通信子网和资源子网

　　资源子网是计算机网络中面向用户的部分，负责数据处理工作。它包括网络中独立工作的计算机及其外围设备、软件资源和整个网络共享数据。

　　通信子网则是网络中的数据通信系统。它由用于信息交换的网络节点处理机和通信链路组成，主要负责通信处理工作，如网络中的数据传输、加工、转发和变换等。

　　若只是访问本地计算机，则只在资源子网内部进行，无须通过通信子网。若要访问异地计算机资源，则必须通过通信子网。

　　（2）计算机网络的物理组成

　　计算机网络按物理结构可分为网络硬件和网络软件两部分。在计算机网络中，网络硬件对网络的性能起着决定性作用，它是网络运行的实体。而网络软件则是支持网络运行、提高效率和开发网络资源的工具。

3.1.2　计算机网络协议

　　在计算机网络中，为了使计算机之间能够正确地传送信息，必须有一套关于信息传输顺序、信息格式等的约定，这一套约定称为通信协议，或称网络协议。简单地说，网络协议就是计算机网络中任何两个节点间的通信规则。

　　协议通常由三部分组成：

　　① 语法：规定通信双方"讲什么"，即确定协议元素的类型。如发出何种控制信息、执行什么动作、返回的应答等。

　　② 语义：规定通信双方"如何讲"，即确定协议元素的格式。如数据信息的格式、控制信息的格式等。

　　③ 同步：规定通信双方信息传递的顺序，即先传什么，后传什么。

　　TCP/IP 协议（Transmission Control Protocol/Internet Protocol，传输控制协议/网际协议），是目前最常用的一种网络协议。它是计算机世界里的一个通用协议，在 OSI 参考模型出现前 10 年就存在了，实际上是许多协议的总称，包括 TCP 和 IP 协议及其他 100 多个协议。而 TCP 和 IP 是这众多协议中最重要的两个核心协议。

　　TCP/IP 协议由网络接口层、网间层、传输层、应用层等 4 个层次组成。其中，网络接口层是最底层，面向硬件，包括各种硬件协议；应用层面向用户，提供一组常用的应用程序，如电子邮件、文件传输等。

　　因特网就是通过路由器将不同类型的物理网互连在一起的虚拟网络，它采用 TCP/IP 协议控制各网络之间的数据传输，采用分组交换技术传输数据。

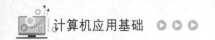

（1）网际协议

网际协议（Internet Protocol，IP）位于网际层，主要将不同格式的物理地址转换为统一的 IP 地址，将不同格式的帧转换为 "IP 数据报"，向 TCP 协议所在的传输层提供 IP 数据报，实现无连接数据报传送。IP 协议的另一个功能是数据报的路由选择。简单地说，路由选择就是在网上从一个节点到另一个节点的传输路径的选择，将数据从一地传输到另一地。

（2）传输控制协议

传输控制协议（Transmission Control Protocol，TCP）位于传输层，向应用层提供面向连接的服务，确保网上所发送的数据可以完整地接收。一旦数据丢失或破坏，则由 TCP 负责将被丢失或破坏的数据重新传输一次，实现数据的可靠传输。

（3）文件传输协议

文件传输协议（File Transfer Portocol，FTP）用于控制两个主机之间的文件交换。

（4）简单邮件传送协议

Internet 标准中的简单邮件传送协议（Simple Mail Transfer Protocol，SMTP）是一个简单的面向文本的协议，用来有效、可靠地传送邮件。

3.1.3　局域网基本技术

局域网（LAN）产生于 20 世纪 60 年代末。20 世纪 70 年代出现一些实验性的网络，到 20 世纪 80 年代，局域网的产品已经大量涌现，其典型代表就是 Ethernet（以太网）。本节主要介绍局域网的基本概念、拓扑结构及常见硬件等相关知识。

1. 局域网概述

（1）局域网的定义

局域网是一种在一定区域内将大量 PC 及各种设备互连在一起，实现资源共享、数据传递和彼此通信的目的。它由计算机、网络连接设备和通信线路等硬件按照某种网络结构连接而成，并配有相应软件。

（2）局域网的基本特点

局域网是一个通信网络，它仅提供通信功能。局域网包含了物理层和数据链路层的功能，所以连到局域网的数据通信设备必须加上高层协议和网络软件才能组成计算机网络。数据通信设备，包括个人计算机（Personal Computer，PC）、工作站、服务器等大、中小型计算机，终端设备和各种计算机外围设备。

由于局域网传输距离有限，网络覆盖的范围小，因而具有以下主要特点：

① 局域网覆盖的地理范围较小。

② 数据传输率高（可达 10 000 Mbit/s）。

③ 传输延时小。

④ 误码率低。

⑤ 价格便宜。

⑥ 一般是某一单位组织所拥有。

2. 局域网的拓扑结构

局域网按网络拓扑结构的不同，可分为：总线、星状、环状、树状、网状等。

（1）总线拓扑结构

总线结构是指各工作站和服务器均连接在一条总线上，无中心结点控制，公用总线上的信息多以基带形式串行传递，其传递方向总是从发送信息的结点开始向两端扩散，如同广播电台发射的信息一样，因此又称广播式计算机网络。各结点在接收信息时都进行地址检查，看是否与自己的工作站地址相符。若相符则接收网上的信息。图 3-3 所示是总线网络拓扑结构的示意图。

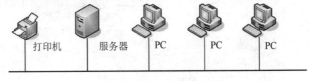

图 3-3　总线网络拓扑结构

总线拓扑结构的局域网采用集中控制、共享介质的方式。所有结点都可以通过总线发送和接收数据，但在某一时间段内只允许一个结点通过总线以广播方式发送数据，其他结点以收听方式接收数据。

（2）星状拓扑结构

星状结构是指各工作站以星型方式连接成网。网络有中央结点，其他结点（工作站、服务器）都与中央结点直接相连，这种结构以中央结点为中心，因此又称为集中式网络，如图 3-4 所示。

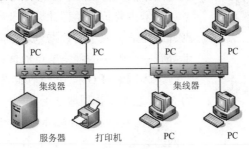

图 3-4　星状网络拓扑结构

（3）环状拓扑结构

环状结构是由网络中若干结点通过点到点的链路首尾相连形成一个闭合的环，这种结构使公共传输电缆组成环型连接，数据在环路中沿着一个方向在各个结点间传输，信息从一个结点传到另一个结点。数据信号通过每台计算机，而计算机的作用就像一个中继器，增强数据信号，并将其发送到下一台计算机上。图 3-5 所示是环状网络拓扑结构的示意图。

（4）树状拓扑结构

树状拓扑结构从总线拓扑结构演变而来，其形状像一棵倒置的树，顶端是树根，树根以下带分支，每个分支还可再带子分支，如图 3-6 所示。树状拓扑结构易于扩展、较容易隔离故障，但各个结点对根的依赖性太大。

（5）网状拓扑结构

网状拓扑结构如图 3-7 所示。网状结构不受瓶颈问题和失效问题的影响，其可靠性高，但结构比较复杂，成本也比较高。

3. 局域网的硬件设备

局域网网络系统由软件和硬件设备两部分组成。网络操作系统实现网络的控制与管理。目前，在局域网上流行的网络操作系统有 Windows NT Sever、NetWare、UNIX 和 Linux 等。下面主要介绍常见的局域网网络硬件设备。

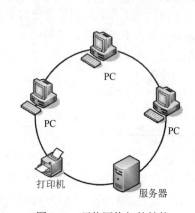

图 3-5　环状网络拓扑结构

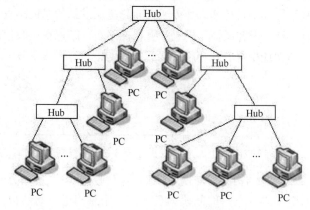

图 3-6　树状网络拓扑结构

（1）网络连接设备

① 网卡：又称"网络适配器"，简称 NIC，是局域网中最基本的部件之一，它是连接计算机与网络的硬件设备，如图 3-8 所示。

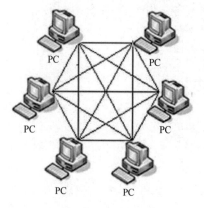

图 3-7　网状网络拓扑结构

网卡主要负责整理计算机上需要发送的数据，并将数据分解为适当大小的数据包之后向网络发送出去。每块网卡都有一个唯一的网络节点地址，它是网卡生产厂家在生产时烧入网卡 ROM（只读存储芯片）中的，我们把它称为 MAC 地址（物理地址）。

② 调制解调器（Modem）：是 PC 通过电话线接入因特网的必备设备，它具有调制和解调两种功能，一般分外置和内置两种。外置调制解调器是在计算机机箱之外使用的，一端用电缆连接在计算机上，另一端与电话插口连接，外观如图 3-9 所示。内置调制解调器是一块电路板，插在计算机或终端内部，价格比外置调制解调器便宜。

（a）PC 网卡

（b）无线网卡

（c）笔记本式计算机的网卡

图 3-8　常见的网卡

在通信过程中，信息的发送端和接收端都需要调制解调器。发送端的调制解调器将数字信号调制成模拟信号送入通信线路。接收端的调制解调器再将模拟信号解调还原成数字信号进行接收和处理。

③ 集线器（Hub）：主要功能是对接收到的信号进行再生整形放大，以扩大网络的传输距离，同时把所有结点集中在以它为中心的结点上。集线器与网卡、网线等传输介质一样，属于局域网中的基本连接设备。常见集线器如图 3-10 所示。

图 3-9　调制解调器外观

图 3-10　常见集线器

④ 交换机（Switch）：从广义上来看，交换机分为两种：广域网交换机和局域网交换机。广域网交换机主要应用于电信领域，提供通信用的基础平台。局域网交换机应用于局域网络，用于连接终端设备，如 PC 及网络打印机等。图 3-11 所示是局域网交换机示例。

交换机可以完成数据的过滤、学习和转发任务。比 Hub 拥有更快的接入速度，支持更大的信息流量。数据过滤可以帮助降低整个网络的数据传输量，提高效率。当然交换机的功能还不止如此，它可以把网络拆解成网络分支、分割网络数据流，隔离分支中发生的故障，这样就可以减少每个网络分支的数据信息流量，从而使每个网络更有效，提高整个网络的效率。

⑤ 路由器（Router）：把处于不同地理位置的局域网通过广域网进行互连是当前网络互连的一种常见方式。路由器是实现局域网与广域网互连的主要设备，是一种连接多个网络或网段的网络设备。它能将不同网络或网段之间的数据信息进行"翻译"，以使它们能够相互"读"懂对方的数据，从而构成一个更大的网络。常见路由器如图 3-12 所示。

图 3-11　局域网交换机

图 3-12　常见路由器

（2）传输介质

传输介质是指网络连接设备间的中间介质，也是信号传输的媒体。常用的传输介质有双绞线、同轴电缆、光缆等。

① 双绞线：双绞线外观及其连接 PC 所用水晶头如图 3-13 所示，是现在最普通的传输介质。双绞线由按规则螺旋结构排列的两根绝缘线组成。双绞线分为屏蔽双绞线（Shielded Twisted Pair，STP）和无屏蔽双绞线（Unshielded Twisted Pair，UTP）两种。双绞线成本低，易于铺设，既可以传输模拟数据也可以传输数字数据，但其抗干扰能力较差。

图 3-13　双绞线与水晶头

② 同轴电缆：同轴电缆以硬铜线为芯，外包一层绝缘材料，如图 3-14 所示。有两种广泛

使用的同轴电缆：一种是 50 Ω 基带电缆，用于数字传输；另一种是 75 Ω 宽带电缆，既可以使用模拟信号发送，也可以传输数字信号。

同轴电缆内导体为铜线，外导体为铜管或网状材料，电磁场封闭在内外导体之间，故辐射损耗小，受外界干扰影响小。同轴电缆的这种结构，使它具有高带宽和极好的噪声抑制特性，常用于传送多路电话和电视。同轴电缆的带宽取决于电缆长度。1 km 的电缆可以达到 1～2 Gbit/s 的数据传输速率。目前，同轴电缆大量被光纤取代，但仍广泛应用于有线电视和某些局域网。

③ 光缆：是利用置于包覆护套中的一根或多根光纤（光导纤维）作为传输介质并可以单独或成组使用的通信线缆组件。光导纤维是软而细的、利用内部全反射原理来传导光束的传输介质，有单模和多模之分。单模光纤多用于通信业，多模光纤多用于网络布线系统。

光缆为圆柱状，由纤芯、包层和护套 3 个同心部分组成，如图 3-15 所示。每一路光缆包含两根，一根接收，一根发送。用光缆作为网络介质的局域网技术主要是光纤分布式数据接口（Fiber Distributed Data Interface，FDDI）。与同轴电缆比较，光缆可提供极宽的频带且功率损耗小、传输距离长（2 km 以上）、传输速率高（可达数千 Mbit/s）、抗干扰性强，并且有极好的保密性。

图 3-14　同轴电缆

图 3-15　光缆

④ 其他：由于受空间技术、军事等应用场合的机动性要求不便采用硬缆连接，需采用微波、红外线、激光和卫星等通信媒介。微波传输和卫星传输这两种传输方式均以空气为传输介质，以电磁波为传输载体，连网方式较为灵活。

4. 以太网

以太网（Ethernet）是指各种采用 IEEE 802.3 标准组建的局域网。以太网是有线局域网，具有性能高、成本低、技术最为成熟和易于维护管理等优点，是目前应用较为广泛的一种计算机局域网。

IEEE 802.3 标准采用载波侦听多路访问/冲突检测（Carrier Sense Multiple Access/Collision Detect，CSMA/CD）控制策略工作，是一种常用的总线局域网标准。待发数据包的结点首先监听总线有无载波，若没有载波说明总线可用，该结点就将数据包发往总线。如果总线已被其他结点占用，则该结点须等待一定的时间，再次监听总线。当数据包发往总线时，该结点继续监听总线，以了解总线上数据是否有冲突，如果出现冲突将导致传输数据出错，须重发数据。

以太网优点：网络廉价而高速。以太网以高达 100、1 000 Mbit/s 的速率（取决于所使用的电缆类型）传输数据。

以太网缺点：必须将以太网双绞线通过每台计算机，并连接到集线器、交换机或路由器。

5. 无线局域网

无线局域网（Wireless LAN，WLAN）是指采用 IEEE 802.11 标准组建的局域网，它是局域网与无线通信技术相结合的产物。无线局域网采用的主要技术有蓝牙、红外、家庭射频和符合 IEEE 802.11 系列标准的无线射频技术等。其中，蓝牙、红外和家庭射频由于通信距离短，传输速率不高，主要用于覆盖范围更小的无线个人局域网（Wireless Personal Area Network，WPAN）。IEEE 802.11 系列标准是无线局域网的主流，目前应用的多数无线局域网技术标准为 IEEE 802.11g（兼容 IEEE 802.11b，以最大速率 54 Mbit/s 传输数据）和 IEEE 802.11n（兼容 IEEE 802.11g，从理论上说，802.11n 的数据传输速率可达 150 Mbit/s、300 Mbit/s、450 Mbit/s 或 600 Mbit/s）。无线局域网作为有线局域网的补充，在许多不适合布线的场合有较广泛的应用。

组建无线局域网需要的设备有无线网卡、无线接入点（Access Point，AP）、计算机及其他有关设备。无线接入点是数据发送和接收的设备，如无线路由器等设备。通常一个接入点能够在几十米至上百米的范围内连接多个无线用户。

无线网络的优点：由于没有电缆的限制，移动计算机十分方便。安装无线网络通常比安装以太网更容易。

无线网络的缺点：无线技术的速度通常比其他技术的速度慢，在所有情况（除理想情况之外）下，无线网络的速度通常是其标定速度的一半。无线网络可能会受到某些物体的干扰，如无线电话、微波炉、墙壁、大型金属物品和管道等。

6. 局域网的使用

局域网是人们接触最多的网络类型，家庭或宿舍中有两台或两台以上计算机就可以组建以太网或者无线网络。在 Windows 系统中可以选择家庭网络、工作网络、公用网络等不同的网络位置。

 ## 3.2　网络安全与防护

3.2.1　网络安全的概念

网络安全是指网络系统的硬件安全、软件安全和数据安全。从本质上讲，网络安全就是网络上的信息安全。信息安全包括数据安全和计算机设备安全，它的目的是保护信息的机密性、完整性和可用性等。

3.2.2　网络系统的安全威胁

网络系统的安全威胁主要来自黑客攻击、病毒及木马攻击、操作系统安全漏洞、网络内部安全威胁等几个方面。

1. 黑客攻击

① 黑客的定义。

计算机黑客（Hacker）是指未经许可擅自进入某个计算机网络系统的非法用户。计算机黑客往往具有一定的计算机技术，主要利用操作系统软件和网络的漏洞、缺陷，采取截获账户名和口令密码等方法，从网络外部非法入侵某个计算机系统，肆意攻击网络系统，窃取、破坏或篡改网络系统中的信息，破坏系统运行等活动，对计算机网络造成很大的损失和破坏。

② 黑客的攻击方法。

黑客的攻击方法大致可以分为 7 类：口令入侵，放置特洛伊木马程序，WWW 欺骗技术，电子邮件攻击，网络监听，安全漏洞攻击，端口扫描攻击。

我国新修订的《刑法》，增加了有关利用计算机犯罪的条款，非法制造、传播计算机病毒和非法进入计算机网络系统进行破坏都是犯罪行为。

2. 病毒及木马攻击

（1）计算机病毒

《中华人民共和国计算机信息系统安全保护条例》（1994 年）第 28 条中将计算机病毒定义为：计算机病毒是指编制或者在计算机程序中插入的破坏计算机功能或者毁坏数据，影响计算机使用，并能自我复制的一组计算机指令或者程序代码。

大部分的病毒感染系统之后一般不会马上发作，它可长期隐藏在系统中，只有在满足其特定条件时才启动其表现（破坏）模块，只有这样它才可进行广泛地传播。

① 计算机病毒的主要特征有寄生性、潜伏性、感染性、破坏性等。

寄生性：病毒一般不以独立文件的形式存在，而是隐藏在系统区或其他文件内。

潜伏性：寄生在系统区或文件内的病毒一般处于潜伏状态，不会立刻发作，当满足一定条件（如某日、某事件等）时，就被触发、激活，开始起传染和破坏作用。

感染性：病毒程序运行时，开始不断地自我复制，并把这些复制品隐藏或嵌入到其他健康的程序和文档中，从而造成其他程序和文档也被感染。

破坏性：恶性病毒被触发时会表现一定的破坏性，如损坏、篡改和丢失系统中的程序和数据，甚至破坏硬件（如 CIH 病毒每年 4 月 26 日发作时会烧毁计算机主板）。

② 计算机病毒的分类方法有多种，可以按病毒对计算机破坏的程度、传染方式、按连接方式等来分类。

按病毒对计算机破坏的程度：可将病毒分为良性病毒与恶性病毒。良性病毒是指那些只表现自己而不破坏系统数据的病毒。恶性病毒的目的在于人为地破坏计算机系统的数据、删除文件或对硬盘进行格式化。

按病毒的传染方式：可以将计算机病毒分为引导区型病毒、文件型病毒、混合型病毒。

③ 计算机感染病毒的途径有很多，常见的有：从网上下载软件，运行电子邮件中的附件，通过交换磁盘交换文件，在局域网中复制文件等。

（2）计算机木马

利用计算机程序漏洞侵入后窃取文件的程序被称为木马。计算机木马也是一种与计算机病毒类似的指令集合，它寄生在普通程序中，并暗中破坏或窃取使用者的重要文件数据资料。它与计算机病毒的区别是：木马不进行自我复制，即不会感染其他程序。

3. 操作系统安全漏洞

任何计算机操作系统都会存在漏洞，这些漏洞大致可分为两类：一类是由于设计缺陷所致；一类是由于使用不当造成。因系统管理不善而引发的安全漏洞主要是系统资源或账户权限设置不当。例如共享资源的权限设置不当，或账户密码太过简单等。

4. 网络内部的安全威胁

网络内部的安全威胁主要是指内部人员有意或无意地泄密重要信息、非授权地浏览机密信息、更改网络配置信息和记录信息、破坏网络系统和设备等行为。

3.2.3　常用的网络安全技术

网络安全技术从应用角度来讲，主要有以下 6 个方面的技术：实时硬件安全技术、软件系统安全技术、网络站点安全技术、数字加密技术、病毒防治技术、防火墙技术。其中，数字加密技术、病毒防治技术、防火墙技术是网络安全技术的三大核心。

1. 数字加密技术

数据加密技术是指采用某种密钥算法进行的数字加密与解密的技术。加密是指按某种密钥（即算法）将数据重新编码，使之成为一种不可理解的形式，即密文。但密文到达接收方后，必须被解密后才能被理解和使用。图 3-16 所示为加密与解密的工作过程。

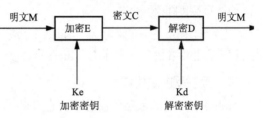

图 3-16　加密与解密的工作过程

2. 病毒防治技术

做好计算机病毒的防治是减少其危害的有力措施。防范网络病毒应从两个方面着手，一是从管理上防范，对内部网与外界进行的数据交换进行有效的控制和监督；二是从技术上防范，使用保护计算机系统安全的防病毒软硬件产品。

（1）管理方面的防范措施

- 不随意使用外来的闪存盘和各种可移动硬盘，在使用时务必先用杀毒软件对其扫描。
- 不随意复制和使用来源不明的、未经安全检测的软件或资料，尤其是游戏程序。
- 不随意打开来历不明的邮件。
- 不浏览不知底细的网站。
- 不将重要数据存储在系统盘上。
- 定期对重要数据文件进行备份。

（2）技术方面的防范措施

- 安装杀毒软件：世界上公认的比较著名的杀毒软件有卡巴斯基、F-SECURE、MACFE、诺顿、趋势科技、熊猫等。国产杀毒软件也有很多，比如瑞星、百度杀毒、金山毒霸、360 安全卫士等。
- 安装防病毒卡：防病毒卡是用硬件的方式保护计算机免遭病毒的感染。
- 选用合适防病毒软件实时监测，并及时更新。
- 及时升级系统软件，以防病毒利用软件漏洞。

3. 防火墙技术

防火墙（Firewall）一般是由计算机硬件和软件组成的，用于将因特网的子网与因特网的其余部分相隔离，以达到网络和信息安全效果的软件或硬件设施。防火墙可以被安装在一个单独的路由器中，用来过滤不想要的信息包，也可以被安装在路由器和主机中。它在企业内部网络和外部互联网之间设置了一道屏障，对进出内部网的数据进行分析与检查，从而防止有害信息的侵入和非法用户的闯入，达到保护内部网络安全的目的。

防火墙的功能主要体现在以下几个方面：

① 安全策略的检查站：只有满足安全策略的信息才能通过。

② 网络安全的屏障：过滤不安全的服务，极大地提高内部网络安全性。

③ 对网络存取和访问进行监控审计：对网络使用情况进行监测、统计，并记录访问日志，从而对网络的运行情况进行异常报警、流量统计，以及对网络需求和威胁进行分析。

3.3　互联网技术及应用

3.3.1　互联网

1. 互联网的概念

因特网（Internet）又称为"互联网"或"国际计算机互联网"，是由全人类共有、规模最大的国际性网络集合。实际上，Internet 本身不是一种具体的物理网络，而是一种逻辑概念。

2. 互联网的服务功能

Internet 是全球数字化信息库，它提供了全面的信息服务，如浏览、访问、检索、阅读、电子邮件、文件传输、交流信息等。这些服务的主要功能可划分为 5 个方面：万维网信息浏览（WWW）、电子邮件（E-mail）、文件传输（FTP）和远程登录（Telnet）、即时通信（IM）。

（1）WWW 服务

万维网（World Wide Web，WWW）将位于全世界互联网上不同网址的相关数据信息有机地编织在一起，通过浏览器向用户提供一种友好的信息查询界面。WWW 遵从超文本传输协议（Hyper Text Transfer Protocol，HTTP）。

（2）电子邮件（E-mail）

用户发送和接收电子邮件与实际生活中邮局传送普通邮件的方式相似。如图 3-17 所示，先将需要发送的信息放在邮件中；再通过电子邮件系统发送到网络上的一个邮件服务器；然后通过网络传送到另一个邮件服务器；接收方的邮件服务器收到邮件后，再转发到接收者的电子邮箱中；最后接收者在自己的电子邮箱中收取电子邮件。

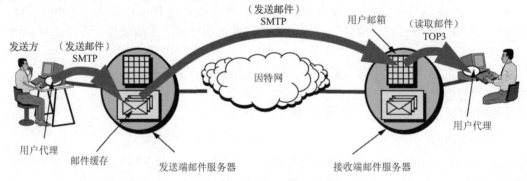

图 3-17　电子邮件的发送与接收

发送电子邮件时遵循简单邮件传输协议（Simple Mail Transfer Protocol，SMTP），而接收电子邮件时则遵循邮局协议（Post Office Protocol 3，POP3）。

（3）远程登录（Telnet）

远程登录是 Internet 提供的最基本信息服务之一。远程登录是在网络通信协议 Telnet 的支持下，使本地计算机暂时成为远程计算机仿真终端的过程。

（4）文件传输（FTP）

文件传输是指在计算机网络上的主机之间传送文件。Internet 上的两台计算机，无论地理位置相距多远，只要两者都支持 FTP 协议，就可以将一台计算机上的文件传送到另一台上。

（5）即时通信（IM）

即时通信（Instant messaging，IM）是一种基于互联网的即时交流消息的业务，是一个终端服务，允许两人或多人使用网路即时传递文字、图片、文档、语音与视频的交流方式。即时通信服务往往都具有 Presence Awareness 的特性——显示联络人名单，在线状态等。

按使用用途，即时通信可分为企业即时通信和网站即时通信；按装载的对象，又可分为手机即时通信和 PC 即时通信。

即时通信的常用软件有腾讯 QQ、微信、阿里旺旺、Skype、新浪 UC、米聊、移动飞信、微软 MSN、e-Link 等。

3.3.2 TCP/IP 协议

1. TCP/IP 协议的定义

TCP/IP 协议是互联网络信息交换规则、规范的集合体（包含 100 多个相互关联的协议，TCP 和 IP 是其中最为关键的两个协议）。

（1）IP

IP 协议是网际协议，它是 Internet 协议体系的核心，定义了 Internet 上计算机网络之间的路由选择。

（2）TCP

TCP 协议是传输控制协议，面向"连接"，规定了通信的双方必须先建立连接，才能进行通信；在通信结束后，终止它们的连接。

（3）其他常用协议

- Telnet：远程登录服务。
- FTP：文件传输协议。
- HTTP：超文本传输协议。
- SMTP：简单邮件传输协议。
- DNS：域名解析服务。

2. TCP/IP 层次模型

与 OSI 七层参考模型不同，TCP/IP 层次模型采用四层结构：应用层、传输层、网际层和接口层。图 3-18 所示是 TCP/IP 层次模型与 OSI 参考模型之间的对应关系。

3. IP 地址与域名系统

（1）IP 地址

IP 地址是 Internet 上一台主机或一个网络结点的逻辑地址，是用户在 Internet 上的网络身份证，由 4 个字节共 32 位二进制数字组成。在实际使用中，每个字节的数字常用十进制来表示，即每个字节数的范围是 0～255，且各数之间用点隔开。例如，32 位的 IP 地址 11001010 01110000 00000000 00100100，可以简单地表示为 202.112.0.36。

众所周知，日常生活中的电话号码包含两层信息：前若干位代表地理区域，后若干位代表电话序号。与此相同，32 位二进制 IP 地址也由两部分组成，分别代表网络号和主机号。IP 地址的结构如图 3-19 所示。

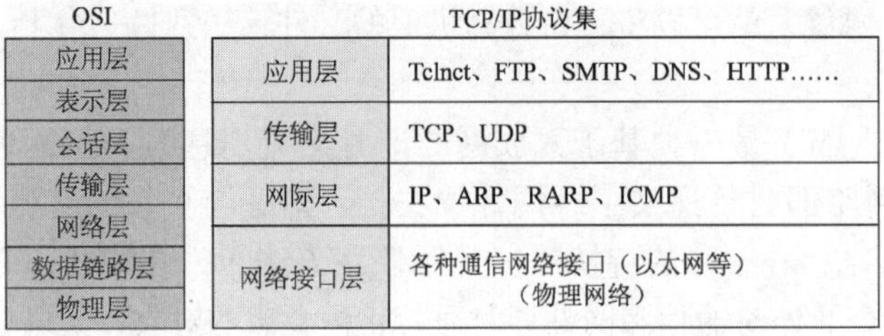

OSI	TCP/IP协议集	
应用层	应用层	Telnet、FTP、SMTP、DNS、HTTP……
表示层		
会话层	传输层	TCP、UDP
传输层	网际层	IP、ARP、RARP、ICMP
网络层		
数据链路层	网络接口层	各种通信网络接口（以太网等）（物理网络）
物理层		

网络号	主机号

图 3-18　TCP/IP 层次模型与 OSI 参考模型的对应关系 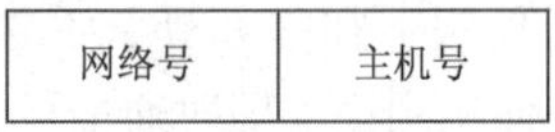　　　　图 3-19　IP 地址的结构

（2）IP 地址的分类

为了充分利用 IP 地址空间，Internet 委员会定义了 5 种 IP 地址类型以适合不同容量的网络，即 A 类～E 类，用于规划互联网上物理网络的规模，如表 3-1 所示。其中 A、B、C 三类最为常用。

表 3-1　IP 地址的分类

网络类别	第一段值	网络位	主机位	适用于
A	0～127	前 8	后 24	大型网络
B	128～191	前 16	后 16	中型网络
C	192～223	前 24	后 8	小型网络
D	224～239		多点广播	
E	240～255		保留备用	

（3）IP 地址的配置原则

① 不能将 0.0.0.0 或 255.255.255.255 配置给某一主机。这两个 32 位全 0 和全 1 的 IP 地址保留下来，用于解释为本网络和本网广播。

② 配置给某一主机的网络号不能为 127。如 IP 地址 127.0.0.1 用作网络软件测试的回送地址。

③ 一个网络中的主机号应是唯一的。如在同一个网络中，不能有两个 192.168.15.1 这样相同的 IP 地址。

（4）IPv6

目前，IP 协议的版本号是 4，简称为 IPv4，发展至今已经使用了 30 多年。IPv4 的地址位数为 32 位，也就是说最多有 2^{32} 个地址分配给联到 Internet 上的计算机等网络设备。

由于互联网的蓬勃发展和广泛应用，IP 地址的需求量愈来愈大，其定义的有限地址空间将被耗尽，地址空间的不足必将妨碍互联网的进一步发展。为了扩大地址空间，下一版本的互联网协议 IPv6 重新定义了网络地址空间。

IPv6 采用 128 位地址长度，几乎可以不受限制地提供地址，同时，IPv6 还考虑了在 IPv4 中解决不好的其他问题，主要有端到端 IP 连接、服务质量（QoS）、安全性、多播、移动性、即插即用等。IPv6 正在慢慢取代 IPv4。

4. 域名

（1）域名定义

由于 IP 地址是用一串数字来表示的，用户很难记忆，为了方便记忆和使用 Internet 上的服务器或网络系统，就产生了域名（Domain Name，又称为域名地址），也就是符号地址。相对于 IP 地址这种数字地址，利用域名更便于记忆互联网中的主机。

域名和 IP 地址是 Internet 地址的两种表示方式，它们之间是一一对应的关系。域名和 IP 地址的区别在于：域名是提供用户使用的地址，IP 地址是由计算机进行识别和管理的地址。例如，北京大学的域名就是 www.pku.edu.cn，它对应的 IP 地址为 124.205.79.6。

（2）域名层次结构

域名采用层次结构，一般含有 3～5 个字段，中间用"."隔开。从左至右，级别不断增大（若自右至左，则是逐渐具体化）。

图 3-20 所示是一个域名例子，其中，最右边的一段称为顶域名，或称一级域名，是最高级域名，它代表国家代码或组织机构。如：网易公司的域名 www.163.com 中的 .com、国务院网站的域名 www.gov.cn 中的 .cn 等。

图 3-20　域名层次结构的含义

由于 Internet 起源于美国，所以一级域名在美国用于表示组织机构，在美国之外的其他国家用于表示国别或地域。常用的域名如表 3-2 所示（注：表中仅列出了部分表示国家和地区的域名）。

表 3-2　常用域名一览表

域　　名	含　　义	域　　名	含　　义
.com	商业部门	.cn	中国
.net	大型网络	.us	美国
.gov	政府部门	.uk	英国
.edu	教育部门	.au	澳大利亚
.mil	军事部门	.jp	日本
.org	组织机构	.ca	加拿大

在一级域名下，继续按机构性和地理性划分的域名，就称为二、三级域名。如北京大学的域名 www.pku.edu.cn 中的 .edu、上海热线域名 www.online.sh.cn 中的 .sh 等。

注意：域名使用中，大写字母和小写字母是没有区别的；域名的每一部分与 IP 地址的每一部分没有任何对应关系。

（3）域名系统（Domain Name System，DNS）

虽然域名的使用为用户提供了极大方便，但主机域名不能直接用于 TCP/IP 协议进行路由选择。当用户使用主机域名进行通信时，必须首先将其转换成 IP 地址，这个过程称为域名解析。

把域名转换成对应 IP 地址的软件称为"域名系统"。装有域名系统软件的主机就是域名服务器（Domain Name Server）。DNS 提供域名解析服务，从而帮助寻找主机域名所对应的、网络可以识别的 IP 地址。

5. URL 与信息定位

WWW 的信息分布在各个 Web 站点，为了能在茫茫的信息海洋中准确找到这些信息，就必须先对互联网上的所有信息进行统一定位。统一资源定位器（Uniform Resource Locator，URL）就是用来确定各种信息资源位置的，俗称"网址"。其功能是描述浏览器检索资源所用的协议、

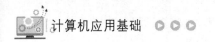

主机域名及资源所在的路径与文件名。

6. 电子邮箱

电子邮箱是用来存储电子邮件的网络存储空间，由电子邮件服务机构为用户提供。电子邮箱的地址格式为：用户名@邮件服务器主机域名。其中，符号@表示英文单词"at"，读作 at，中文含义是"在"的意思。例如，电子邮箱地址 teacher_lv@163.com 的意思就是：在 163.com 上用户名为 teacher_lv 的用户邮箱。

3.3.3　Internet 的接入方法

随着网络技术的发展和网络的普及，用户接入 Internet 的方式已从过去常用的电话拨号、ISDN 综合数字业务网等低速接入方式，发展到目前主要通过局域网、宽带 ADSL、有线电视网、光纤接入、无线接入等高速接入方式。

1. 局域网接入

通过网卡，利用数据通信专线（双绞线、光纤等）将用户计算机连接到某个已与 Internet 相连的局域网（如园区网）。

2. ADSL 接入

ADSL（Asymmetrical Digital Subscriber Loop，非对称数字用户线路）是一种利用既有电话线实现高速、宽带上网的方法。采用 ADSL 接入，需要在用户端安装 ADSL Modem 和网卡。所谓"非对称"是指与 Internet 的连接具有不同的上行和下行速度。上行是指用户向网络上传信息，而下行是指用户从 Internet 下载信息。目前 ADSL 上行传输速率可达 1 Mbit/s，下行最高传输速率可达 8 Mbit/s。

3. 有线电视接入

有线电视接入是指通过中国有线电视网（Community Antenna Television，CATV）接入 Internet，其传输速率可达 10 Mbit/s。采用 CATV 接入需要在用户端安装电缆调制解调器（Cable Modem）。

4. 光纤接入方式

光纤接入方式是为居住在已经或便于进行综合布线的住宅、小区和写字楼的较集中的用户，以及有独享光纤需求的大企事业单位或集团用户的高速上网需求提供的，传输带宽 2～155 MB 不等。可根据用户群体对不同速率的需求，实现高速上网或企业局域网间的高速互联。同时由于光纤接入方式的上传和下传都有很高的带宽，尤其适合开展远程教学、远程医疗、视频会议等对外信息发布量较大的网上应用。

5. 无线接入

无线接入是指从用户终端到网络交换结点采用或部分采用无线手段的接入技术。

无线接入 Internet 的技术分成两类，一类是基于移动通信的无线接入，如 GPRS（利用手机 SIM 卡上网，以数据流量计费）、EDGE（稍快于 GPRS，是向 3G 的过渡技术）、3G（即第三代移动通信技术，现共有四种技术标准：CDMA2000，WCDMA，TD-SCDMA，WiMAX）、4G（即第四代移动通信技术，从目前全球范围 4G 网络测试和运行的结果看，4G 网络速度大致可比 3G 网络快 10 倍）、5G；另一类是基于无线局域网技术的无线接入，无线局域网也被称为 WLAN，它作为传统布线网络的一种替代方案或延伸，利用无线技术在空中传输数据、话音和视频信号。目前，无线局域网有许多标准，比如 IEEE 802.11、IEEE 802.11b、IEEE 802.11a、IEEE 802.11g、蓝牙、HomeRF 等，其中手机和笔记本式计算机常用的 WiFi 无线上网，就是其中一个基于 IEEE 802.11 系列的技术标准。

习　题

一、选择题

1. 计算机网络按照覆盖的地理范围进行分类，不包括_____。
    A. 局域网　　　　B. 城域网　　　　　C. 广域网　　　　　D. 家庭网
2. 计算机网络协议由三部分组成，不包括_____。
    A. 语法　　　　　B. 接口　　　　　　C. 语义　　　　　　D. 同步
3. 因特网采用_____协议控制各网络之间的数据传输。
    A. Internet　　　B. FTP　　　　　　C. SMTP　　　　　　D. TCP/IP
4. 网络中各工作站和服务器均连接在一条总线上，无中心节点控制的拓扑结构是_____。
    A. 总线拓扑结构　B. 星状拓扑结构　　C. 环状拓扑结构　　D. 树状拓扑结构
5. 学校机房一般采用_____网络拓扑结构。
    A. 总线　　　　　B. 星状　　　　　　C. 环状　　　　　　D. 树状
6. 下列各项中，合法的 IP 地址是_____。
    A. 202.296.12.14.1　B. 202.196.72.140　C. 112.256.23.8　　D. 201.124.38.279
7. FTP 协议实现的基本功能是_____。
    A. 远程登录　　　B. 邮件发送　　　　C. 邮件接收　　　　D. 文件传输
8. 域名和 IP 地址的关系是_____。
    A. 一个域名对应多个 IP 地址　　　　B. 一个 IP 地址可对应多个域名
    C. 域名和 IP 地址没有任何关系　　　D. 域名和 IP 地址一一对应
9. 在计算机网络中，通常把提供并管理共享资源的计算机称为_____。
    A. 工作站　　　　B. 服务器　　　　　C. 网关　　　　　　D. 网桥
10. IPv4 地址的二进制位数是_____位。
    A. 32　　　　　　B. 64　　　　　　　C. 128　　　　　　　D. 256

二、简答题

1. 计算机网络有不同的分类标准和方法，按照覆盖的地理范围分为哪三类？各有什么特点？
2. 局域网是一种在一定区域内将大量 PC 及各种设备互连在一起，实现资源共享、数据传递和彼此通信的目的的网络。局域网具有哪些主要特点？
3. 局域网按网络拓扑结构分类可分为哪几类？各有什么特点？
4. 局域网网络系统由软件和硬件设备两部分组成。常见的局域网络连接设备有哪些？
5. 试举例说明互联网有哪些服务功能？

第4章　应用创新与新技术

新一轮信息技术创新应用风起云涌，以物联网、云计算、大数据、区块链为代表的新一代信息技术不断取得突破和应用创新，催生新兴产业快速发展。同时新技术与传统产业的融合渗透，助推产业转型升级，给人类生产生活方式带来深刻变革。协同、智能、绿色、服务等新生产方式变革深刻影响着传统产业的核心价值体现；网络众包、生产消费者、协同设计、创客、个性化定制、区块链等新模式正在构建新的竞争优势；电子商务、互联网金融、社交网络等互联网经济体的形成加速产业价值链体系的重构。

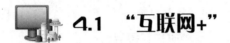

4.1.1 "互联网+"的概念

1. 定义与内涵

所谓"互联网+"，是指以互联网为主的新一代信息技术（包括移动互联网、云计算、物联网、大数据等）在经济、社会生活各部门的扩散、应用与深度融合的过程，这将对人类经济社会产生巨大、深远而广泛的影响。"互联网+"的本质是传统产业的在线化、数据化。这种业务模式改变了以往仅仅封闭在某个部门或企业内部的传统模式，可以随时在产业上下游、协作主体之间以最低的成本流动和交换。

通俗来说，"互联网+"就是"互联网+各个传统行业"，但这并不是简单的两者相加，而是利用信息通信技术以及互联网平台，让互联网与传统行业进行深度融合，创造新的发展生态。

"互联网+"概念的中心词是互联网，它是"互联网+"计划的出发点。"互联网+"计划具体可分为两个层次的内容。一方面，可以将"互联网+"概念中的文字"互联网"与符号"+"分开理解。符号"+"意为加号，即代表着添加与联合。这表明了"互联网+"计划的应用范围为互联网与其他传统产业，它是针对不同产业间发展的一项新计划，应用手段是通过互联网与传统产业进行联合和深入融合方式进行。另一方面，"互联网+"作为一个整体概念，其深层意义是通过传统产业的互联网化完成产业升级。

当前中国发展"互联网+"及其经济新业态，存在着一些问题和不足。一是技术创新体系不完善，在互联网核心芯片、基础软件和关键器件上的自主创新能力不强，大部分产品处于价值链低端，附加值较低；二是创新、创业环境营造得还不够，新形势下传统企业的互联网意识不强，地区发展不平衡问题依然突出；三是基础设施有待进一步优化提升，信息技术推广应用的深度和广度、信息资源的开发利用程度、深度融合水平有待进一步提高。

要理解"互联网+"，首先必须进一步理解实施"互联网+"行动计划的战略定位。坚持以"发展为第一要务"，认真落实"四个全面"的新要求，全面深化改革开放，以"互联网+"为抓手，坚持两化深度融合与四化同步协同发展，大力实施创新驱动，致力融合应用，着力激发"大众创业、万众创新"，突破新技术、研发新产品、开发新服务、创造新业态、改造传统产业、发展新兴产业，推动中国经济社会全面转型升级。

其次，要理解"互联网+"行动计划的目标。依据中国现有的基础和条件，互联网经济与其他产业经济的融合渗透及其转型创新进一步深化，初步确立互联网经济在中国经济中的主导地位，信息经济发展水平位于世界前列，基本建成若干有影响的"互联网+"经济深度融合示范区。

再次，基于上述战略定位和发展目标，要理解"互联网+"行动计划应着力于 3 个方面的内容：一是着力做优存量，推动现有的传统行业提质增效，包括制造、农业、物流、能源等一些产业，通过实施"互联网+"行动计划来推进转型升级；二是着力做大增量，打造新的增长点，培育新的产业，包括生产性服务业、生活性服务业；三是要推动优质资源的开放，完善服务监管模式，增强社会民生等领域的公共服务能力。

2."互联网+"的主要特征

"互联网+"的外在特征表现为：互联网+传统产业。"互联网+"是互联网与传统产业的结合，其最大的特征是依托互联网把原本孤立的各传统产业相连，通过大数据完成行业间的信息交换。事实上，目前在交通、金融、物流、零售业、医疗等行业，互联网已经展开了与传统产业的联合，并取得了一些成果。"互联网+"意味着互联网向其他传统产业输出优势功能，使互联网的优势得以运用到传统产业生产、营销、经营活动的每一个方面。传统产业不能单纯将互联网作为工具运用，要实现线上和线下的融合与协同，利用明确的产业供需关系，为用户提供精准、个性化服务。

"互联网+"内在目的是产业升级+经济转型。"互联网+"带动传统产业互联网化。所谓互联网化指的是传统产业依托互联网数据实现用户需求的深度分析。通过互联网化，传统产业调整产业模式，形成以产品为基础，以市场为导向，为用户提供精准服务的商业模式。互联网的商业模式是基于流量展开的，互联网带来的是眼球经济，注意力转变为流量，流量再变现。因此，如何吸引用户关注、了解用户需求便是互联网商业模式改革的关键点。

3."互联网+"的发展趋势

从现状来看，"互联网+"尚处于初级阶段，各领域对"互联网+"还在做论证与探索。"互联网+"的发展趋势则是大量"互联网+"模式的爆发以及传统企业的"破与立"，可表现为：

趋势一：政府推动"互联网+"落实。

趋势二："互联网+"服务商崛起。

趋势三：第一个热门职业是"互联网+"技术。

趋势四：平台（生态）型电商再受热捧。

趋势五：供应链平台更受重视。

趋势六：O2O 会成为"互联网+"企业首选。

趋势七：创业生态及孵化器深耕"互联网+"。

趋势八：加速传统企业的并购与收购。

趋势九：促进部分互联网企业快速落地。

4.1.2 "互联网+"思维

"改变人生，从改变思维开始"。"互联网+"思维的提出者李彦宏强调，"企业家们今后要有互联网思维，可能你做的事情不是互联网，但是你要逐渐以互联网的方式去想问题"。因此，要真正实现"互联网+"，需要先实现"互联网+"思维。

1. "互联网+"思维的剖析

互联网影响了人类的智慧，同样也转变了企业的经营理念。互联网强调开放与分享，"互联网+"更注重协作、融合、品质、效率。因此，冲破思维方式的局限性，激发互联网化思维活力，是拓展和创新"互联网+"实施空间的动力。

"互联网思维"一词是在 2011 年的百度峰会上由李彦宏首次提出的。其在峰会上表示：在中国，传统产业对于互联网的认识程度、接受程度和使用程度都是很有限的。在传统领域中都存在一个现象，就是他们"没有互联网思维"。在由李彦宏首先提出后，以马云、马化腾、雷军等为代表的企业家，以百度、腾讯、阿里、小米为代表的一系列互联网企业通过行动对于"互联网思维"进行了实践与发展。由此可以得出结论，"互联网思维"是一种由商品经济市场为根基，以企业为先导的思维模式，其特点是灵活、高效、讲求行动。

互联网思维是指：由"互联网+"、云计算、大数据等科技创新为主要手段，以开放、平等、协作、分享的互联网精神为基础和出发点，对于资源配置的各个环节进行重新审视、配置的思维模式以及由此产生的一系列实际行动的总称。其特点是灵活、高效、讲求行动。互联网思维结构如图 4-1 所示。

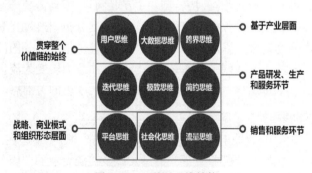

图 4-1　互联网思维结构

① 用户思维：指对经营理念和消费者的理解。

② 大数据思维：指对企业资产、核心竞争力的理解。

③ 跨界思维：指对产业边界、创新的理解。

④ 迭代思维：指对创新流程的理解。

⑤ 极致思维：指对产品和服务体验的理解。

⑥ 简约思维：指对品牌和产品规划的理解。

⑦ 平台思维：指对商业模式、组织模式的理解。

⑧ 社会化思维：指对传播链、关系链的理解。

⑨ 流量思维：指对业务运营的理解。

2. "互联网+"思维的特性

（1）便捷

互联网的信息传递和获取比传统方式快了很多，也更加丰富了。这也是为什么 PC 取代了传统的报纸、电视，而手机即将取代 PC，因为信息获取更便捷。

（2）表达（参与）

互联网让人们表达、表现自己成为可能。每个人都有表达自己的愿望，都有参与到一件事情的创建过程中的愿望。让一个人付出比给予更能让他有参与感。

（3）免费

从没有哪个时代让我们享受如此之多的免费服务，所以免费必然是互联网思维里面的一个。

（4）数据思维

互联网让数据的搜集和获取更加便捷，并且随着大数据时代的到来，数据分析预测对于提升用户体验有非常重要的价值。

（5）用户体验

用户体验就是让用户感觉便利，指精神物质方面。也就是说，任何商业模式的根本都是用户，都是让用户满意。

4.1.3　"互联网+"与大学生创新创业

1. 大众创业，万众创新

李克强总理提出"大众创业、万众创新"，以简政放权的改革为市场主体释放更大空间，让国人在创造物质财富的过程中同时实现精神追求。

2015 年 5 月 7 日，中共中央政治局常委、国务院总理李克强先后来到中国科学院和北京中关村创业大街考察调研。他强调，推动大众创业、万众创新是充分激发亿万群众智慧和创造力的重大改革举措，是实现国家强盛、人民富裕的重要途径，要坚决消除各种束缚和桎梏，让创业创新成为时代潮流，汇聚起经济社会发展的强大新动能。

众创空间是互联网时代促进创新创业的新平台。李克强来到中关村创业大街 3W 咖啡屋，与众多"创客"交流，询问他们的创业经历和创新想法，听到拉勾网介绍通过"互联网+"的方式促进 100 多万人就业，李克强予以肯定。他说，稳增长为的是保就业，创业创新是稳增长保就业的重要基础。全社会要积极创造条件，促进众创空间蓬勃兴起，推动各类创新要素融合互动，让一代"创客"的奋斗形象伴随着中国经济的升级，成为创新中国、智慧经济的重要标识。

2. 创新创业教育

创新创业教育是以培养具有创业基本素质和开创型个性的人才为目标，不仅是以培育在校学生的创业意识、创新精神、创新创业能力为主的教育，而是要面向全社会，针对那些打算创业、已经创业、成功创业的创业群体，分阶段、分层次地进行创新思维培养和创业能力锻炼的教育。创新创业教育本质上是一种实用教育。

政府高度重视高校创新创业教育活动的开展，坚持强基础、搭平台、重引导的原则，打造良好的创新创业教育环境，优化创新创业的制度和服务环境，营造鼓励创新创业的校园文化环境，着力构建全覆盖、分层次、有体系的高校创新创业教育体系。

3. "互联网+"大学生创新创业大赛

为贯彻落实《国务院办公厅关于深化高等学校创新创业教育改革的实施意见》，进一步激发高校学生创新创业热情，展示高校创新创业教育成果，搭建大学生创新创业项目与社会投资对接平台，中国"互联网+"大学生创新创业大赛于2015年设立，全国已有2 100多所高校的75万大学生直接参赛。

4.1.4 "互联网+"商业模式

纵观整个互联网的发展史，自从互联网诞生到现在，所有的互联网商业模式都是"互联网+传统商业"的模型。互联网技术不断推陈，商业模式不但出新，只是万变不离其宗，一直遵循"互联网+360行"的模式。

在2015年政府工作报告中，李克强总理8次提到了互联网，这是前所未有的数量。总理明确表态，国家将制定"互联网+"行动计划，推动移动互联网、云计算、大数据、物联网等与现代制造业结合，促进电子商务、工业互联网和互联网金融健康发展。总的来说，"互联网+"行动计划的内容无非三项：互联网+政府，如智慧城市、电子政务等；互联网+产业，就是产业互联网化，即互联网金融、互联网教育、互联网医疗等；互联网+企业四大落地系统（商业模式、管理模式、生产模式、营销模式），其中最核心的就是商业模式的互联网化，即利用互联网精神（平等、开放、协作、分享）来颠覆和重构整个商业价值链。

4.2 物 联 网

4.2.1 物联网的含义

目前，物联网（Internet of Things，IoT）概念在学术界和产业界还没有一个统一的表述，其内涵在不断地发展和完善中。但一般认为物联网可以进行如下定义：物联网是通过各种信息传感设备及系统（传感器、射频识别系统、红外感应器、激光扫描器等）、条码与二维码、全球定位系统，按约定的通信协议，将物与物、人与物、人与人连接起来，通过各种接入网、互联网进行信息交换，以实现智能化识别、定位、跟踪、监控和管理的一种信息网络。物联网上述定义包含了3个主要含义。

① 物联网是对具有全面感知能力的物体及人的互联集合。两个或两个以上物体如果能交换信息即可称为物联。使物体具有感知能力需要在物品上安装不同类型的识别装置，如电子标签、二维码等，或通过传感器、红外感应器等感知其存在。

② 为了成功地通信，物联网中的物品必须遵守相关的通信协议，同时需要相应的软件、硬件来实现这些协议规则，并可以通过现有的各种接入网与互联网进行信息交换。

③ 物联网可以实现对各种物品和人进行智能化识别、定位、跟踪、监控和管理等功能。

4.2.2　物联网的发展

1. 国外物联网的发展

物联网的实践最早可以追溯到 1990 年施乐公司的网络可乐贩售机（Networked Coke Machine）。物联网概念最早出现在 Bill Gates 在 1995 年出版的《未来之路》（The Road Ahead）一书。该书提出了"物—物"相连的雏形，只是当时由于无线网络、传感器设备等的限制，并未引起世人的重视。

1998 年,美国麻省理工学院(MIT)创造性地提出了当时被称为 EPC(Electronic Product Code) 系统的"物联网"构想。2008 年 3 月在苏黎世（Zurich）举行了全球首届国际物联网会议"物联网 2008"，探讨了"物联网"的新理念和新技术，以及如何推进物联网的发展。2009 年 1 月 28 日，奥巴马就任美国总统后，与美国工商业领袖举行了一次"圆桌会议"，作为信息产业界仅有的两名代表之一的 IBM 首席执行官彭明盛首次提出"智慧地球"这一概念，建议新政府投资新一代的智慧型基础设施。2009 年，美国将新能源和物联网列为振兴经济的两大重点。

2. 中国物联网的发展

中国科学院早在 1999 年就启动了传感网研究。该院组成了 2 000 多人的团队，先后投入数亿元，在无线智能传感器网络通信技术、微型传感器、传感器终端机、移动基站等方面取得重大进展，目前已拥有从材料、技术、器件、系统到网络的完整产业链。在世界传感网领域，与德国、美国、韩国一起，成为国际标准制订的主导国。

物联网在中国高校的研究，首先是北京邮电大学和南京邮电大学。作为"感知中国"的中心，无锡市 2009 年 9 月与北京邮电大学就传感网技术研究和产业发展签署合作协议，主要围绕传感网展开研究，涉及光通信、无线通信、计算机控制、多媒体、网络、软件、电子自动化等领域，标志中国物联网进入实际建设阶段。南京邮电大学召开物联网建设专题研讨会，及时调整科研机构和专业设置，2009 年 9 月成立了物联网学院，2009 年 9 月 10 日，全国首家物联网研究院在南京邮电大学正式成立。2010 年 6 月 10 日，江南大学为进一步整合相关学科资源，推动学科跨越式发展，提升战略型新兴产业的人才培养与科学研究水平，服务物联网产业发展，江南大学信息工程学院和江南大学通信与控制工程学院合并组建了"物联网工程学院"，也是全国第一个物联网工程学院。截止目前，中国已有几百所高校开办了物联网工程专业。

4.2.3　物联网系统的构成

物联网系统由硬件平台和软件平台 2 大系统组成。

1. 物联网硬件平台

物联网是以数据为中心的面向应用的网络，主要完成信息感知、数据处理、数据回传以及决策支持等功能，其硬件平台可由传感网（包括感知节点和末梢网络）、核心承载网和信息服务系统等部分组成。

（1）感知节点

感知节点由各种类型的采集和控制模块组成，如温度传感器、声音传感器、振动传感器、压力传感器、RFID 读写器、二维码识读器等，完成物联网应用的数据采集和设备控制等功能。

感知节点包括 4 个基本单元，即传感单元、处理单元、通信单元和电源部分。

（2）末梢网络

末梢网络即接入网络，包括汇聚节点、接入网关等，完成应用末梢感知节点的组网控制和数据汇聚，或完成向感知节点发送数据转发等功能。也就是在感知节点之间组网之后，如果感知节点需要上传数据，则将数据发送给汇聚节点（基站）。汇聚节点收到数据后，通过接入网关完成和承载网络的连接；当用户应用系统需要下发控制信息时，接入网关接收到承载网络的数据后，由汇聚节点将数据发送给感知节点，完成感知节点与承载网络之间的数据转发和交互功能。感知节点与末梢网络承担物联网的信息采集和控制任务，构成传感网，实现传感网的功能。

（3）核心承载网

核心承载网主要承担接入网与信息服务系统之间的通信任务。根据具体应用需要，可以是移动通信网、Wi-Fi、WiMAX、互联网等，也可以是企业专用网或专用于物联网的通信网。

（4）信息服务系统硬件设施

信息服务系统硬件设施主要由各种应用服务器（如数据库服务器、认证服务器、数据处理服务器等）组成，还包括用户设备（如 PC、手机）、客户端等，主要用于对采集数据的融合、汇聚、转换、分析等功能。从感知节点获取的大量原始数据经过分析处理后，由服务器根据用户端设备进行信息呈现的适配，并根据用户的设置触发相关的通知信息。

2. 物联网软件平台

软件平台是物联网的神经系统。一般来说，物联网软件平台建立在分层的通信协议体系之上，通常包括数据感知系统软件、中间件系统软件、操作系统以及物联网信息管理系统等。

（1）数据感知系统软件

该软件主要完成物品的识别和物品电子产品代码（Electronic Product Code，EPC）的采集和处理，主要由企业生产的物品、物品电子标签、传感器、读写器、控制器、物品的 EPC 等部分组成。存储有 EPC 的电子标签在经过读写器的感应区域时，其中物品的 EPC 会自动被读写器捕获，从而实现 EPC 信息采集的自动化。所采集的数据交由上位机信息采集软件进行进一步处理，如数据校对、数据过滤、数据完整性检查等。这些经过整理的数据可以为物联网中间件、应用管理系统使用。对于物品电子标签，国际上多采用 EPC 标签，用实体标示语言（Product Markup Language，PML）语言来标记每一个实体和物品。

（2）中间件系统软件

中间件是位于数据感知设施（读写器）与在后台应用软件之间的一种应用系统软件。中间件具有两个关键特征：一是为系统应用提供平台服务；二是连接到网络操作系统，并且保持运行工作状态。中间件为物联网提供一系列计算和数据处理功能，主要任务是对感知系统采集的数据进行捕获、过滤、汇聚、计算、数据校对、解调、数据传送、数据存储和任务管理，减少从感知系统向应用系统中心传送的数据量。同时，中间件还可提供与其他 RFID 支撑软件系统进行互操作等功能。

（3）操作系统

物联网通过互联网实现物理世界中的任何物品的互联，在任何地方、任何时间可识别任何物品，使物品成为附有动态信息的"智能产品"，并使物品信息流和物流完全同步，从而为物品信息共享提供一个高效、快捷的网络通信及云计算平台。网络中节点包含的硬件资源非常有限，操作系统必须节能高效地使用其有限内存、处理器和通信模块，且能够对各种特定应用提供最大的支持，使多种应用可以并发地使用系统的有限资源。

（4）物联网信息管理系统。

物联网管理类似于互联网上的网络管理。目前，物联网大多数是基于简单网络管理协议（Simple Network Management Protocol，SNMP）建设的管理系统，提供对象名称解析服务（Object Name Service，ONS）。ONS 类似于互联网的 DNS，要有授权，并且有一定的组成架构。它能对每一种物品的编码进行解析，再通过 URL 服务获得相关物品的进一步信息。

物联网管理机构包括企业物联网信息管理中心、国家物联网信息管理中心以及国际物联网信息管理中心。企业物联网信息管理中心负责管理本地物联网，它是最基本的物联网信息服务管理中心，为本地用户提供管理、规划及解析服务。国家物联网信息管理中心负责制定和发布国家总体标准，负责与国际物联网互联，并且对国内各个物联网管理中心进行管理。国际物联网信息管理中心负责制定和发布国际框架性物联网标准，负责与各个国家的物联网互联，并且对各个国家物联网信息管理中心进行协调、指导、管理等工作。

3. 物联网体系结构

（1）三层论

从技术架构上看，有的学者将物联网分为三层：感知层、网络层和应用层。

① 感知层由各种传感器以及传感器网关构成，包括二氧化碳浓度传感器、温度传感器、湿度传感器、二维码标签、RFID 标签、读写器、摄像头、GPS 等感知终端。感知层的作用相当于人的眼耳鼻喉和皮肤等神经末梢，它是物联网识别物体、采集信息的来源。

② 网络层由各种私有网络、互联网、有线和无线通信网、网络管理系统和云计算平台等组成，相当于人的神经中枢和大脑，负责传递和处理感知层获取的信息。

③ 应用层是物联网和用户（包括人、组织和其他系统）的接口，它与行业需求结合，实现物联网的智能应用。

（2）四层论

也有学者认为，物联网可分为四层：感知层、传输层、处理层和应用层。

① 感知层与"三层论"中的感知层一样，主要涉及感知技术，如 RFID、传感器、GPS、激光扫描、一些控制信号等。

② 传输层主要完成感知层采集数据的传输，涉及现代通信技术、计算机网络技术、无线传感网技术以及信息安全技术等。

③ 处理层主要进行物联网的数据处理、加工、存储和发布，涉及数字信号处理、软件工程、数据库、大数据、云计算和数据挖掘等技术。

④ 应用层是具体的各个领域相关应用服务，涉及物联网系统设计、开发、集成技术，也涉及某一个专业领域的技术（如交通、农业和环境等）。

图 4-2 给出了物联网的四层体系结构。

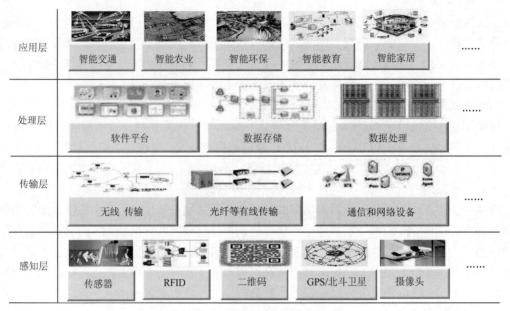

图 4-2　物联网四层体系结构

4.3　云　计　算

4.3.1　云计算的含义

由于云计算（Cloud Computing）正在发展之中，从不同角度出发就会有不同的理解。这里，不去讨论各个角度对云计算的不同理解，只说明大家比较认同的部分。维基百科上的定义基本上涵盖了各个方面的看法：云计算是一种计算模式，在这种模式下，动态可扩展而且通常是虚拟化的资源通过互联网以服务的形式提供出来。终端用户不需要了解"云"中基础设施的细节，不必具有相应的专业知识，也无须直接进行控制，而只需关注自己真正需要什么样的资源，以及如何通过网络来得到相应的服务。"云"已经为用户准备好了存储、计算、软件等资源，用户需要使用时，即可采取租赁方式使用。

4.3.2　云计算的发展

云计算并不是突然出现的，而是以往技术和计算模式发展和演变的一种结果。它也未必是计算模式的终极结果，而是适合目前商业模式需求和技术可行性的一种模式。下面简要分析一下云计算的发展历程。

1.　主机系统与集中计算

1964 年，随着世界上 IBM 的第一台大型主机 System/360 诞生，计算模式就有了云计算的影子。大型主机的一个特点就是资源、计算、存储集中，这是集中计算模式的典型代表。

2.　个人计算机与桌面计算

20 世纪 80 年代出现了个人计算机。个人计算机具备自己独立的存储空间和处理能力，虽然性能有限，但是对于个人用户来说，在一段时间内也够用了。个人计算机可以完成绝大部分的个人计算需求，这种模式也称桌面计算。

3. 分布式计算

分布式计算依赖于分布式系统。分布式系统由通过网络连接的多台计算机组成。每台计算机都拥有独立的处理器及内存。这些计算机相互协作，共同完成一个目标或者计算任务。

4. 网格技术

网格计算出现于 20 世纪 90 年代，它是随着互联网而迅速发展起来的，专门针对复杂科学计算的新型计算模式。这种计算模式利用互联网把分散在不同地理位置的计算机组成一台"虚拟的超级计算机"。其中每一台参与计算的计算机就是一个"节点"，而整个计算是由成千上万个"节点"组成的"一堆网格"实现的，所以这种计算方式称为网格计算。网格计算在 2000 年之后一度变得很火热，各大 IT 企业也都进行了许多投入和尝试，但是却一直没有找到合适的使用场景。网格计算在学术领域取得了很多进展，包括一些标准和软件平台被开发出来，但是在商业领域却没有普及。

5. SaaS

SaaS 全称为 Software as a Service，中文译为"软件即服务"，最初出现于 2000 年。SaaS 是一种通过 Internet 来提供软件的模式，厂商将应用软件统一部署在自己的服务器上，客户可以根据自己的实际需求，通过互联网厂商订购所需的软件应用服务，按订购的服务多少和时间长短向厂商支付费用，并通过互联网获得厂商提供的服务。用户不用再购买软件，而改为向提供商租用基于 Web 的软件，来管理企业经营活动，且无须对软件进行维护，服务提供商会全权管理和维护软件。软件厂商在向客户提供互联网应用的同时，也提供软件的离线操作和本地数据存储，让用户随时随地都可以使用其订购的软件和服务。对于传统的软件企业来说，SaaS 是最重大的一个转变。这种模式把一次性的软件购买收入变成了持续的服务收入，软件提供商不再计算卖了多少副本，而是时刻注意有多少付费用户。

6. 云计算的出现

纵观计算模式的演变历史，基本上可以总结为：集中→分散→集中。在早期，受限于技术条件与成本因素，只能有少数的企业能够拥有计算能力，此时的计算模式显然只能以集中为主。在后来，随着计算机小型化与低成本化，计算也走向分散。到如今，计算又走向集中的趋势，这就是云计算。

4.3.3　云计算的特征和分类

1. 云计算的特征

下面介绍云计算的几项公共特征：

① 弹性伸缩。云计算可以根据访问用户的多少，增减相应的 IT 资源（包括 CPU、存储、带宽和中间件应用等），使 IT 资源的规模可以动态伸缩，满足应用和用户规模变化的需要。

② 快速部署。云计算模式具有极大的灵活性，足以适应各个开发和部署阶段的各种类型和规模的应用程序。提供者可以根据用户的需要及时部署资源，最终用户也可按需选择。

③ 资源抽象。最终用户不知道云上的应用运行的具体物理位置，同时云计算支持用户在任意位置使用各种终端获取应用服务，用户无须了解、也不用担心应用运行的具体位置。

④ 按使用量收费。即付即用（Pay-as-you-go）的方式已广泛应用于存储和网络宽带技术中。例如，Google 的 App Engine 按照增加或减少负载来达到其可伸缩性，而其用户按照使用 CPU 的周期来付费；Amazon 的 Web 服务则是按照用户所占用的虚拟机节点的时间来进行付费（以小时为单位）。根据用户指定的策略，系统可以根据负载情况进行快速扩张或缩减，从而保证用户只使用自己所需要的资源，达到为用户省钱的目的。

2. 云计算的分类

（1）根据云的部署模式和云的使用范围

根据云的部署模式和云的使用范围进行分类，云计算可以分为：公有云、私有云和混合云。

① 公有云。当云以按服务方式提供给大众时，称为"公有云"。公有云由云提供商运行，为最终用户提供各种各样的 IT 资源。云提供商可以提供从应用程序、软件运行环境，到物理基础设施等方方面面的 IT 资源的安装、管理、部署和维护。最终用户通过共享的 IT 资源实现自己的目的，并且只需为其使用的资源付费。在公有云中，最终用户不知道与其共享使用资源的还有其他哪些用户，以及具体的资源底层如何实现，甚至几乎无法控制物理基础设施。所以云服务提供商必须保证所提供资源的安全性和可靠性等非功能性需求。云服务提供商的服务级别也因为这些非功能性服务提供的不同进行分级。特别是需要严格按照安全性和法规遵从性的云服务要求来提供服务，也需要更高层次、更成熟的服务质量保证。公有云的示例包括 Google App Engine、Amazon EC2、IBM Developer Cloud 与无锡云计算中心等。

② 私有云。商业企业和其他社团组织不对公众开放，为本企业或社团组织提供云服务（IT 资源）的数据中心称为"私有云"。相对于公有云，私有云的用户完全拥有整个云计算中心的设施，可以控制哪些应用程序在哪里运行，并且可以决定允许哪些用户使用云服务。由于私有云的服务提供对象是针对企业或社团内部，私有云上的服务可以更少地受到在公有云中必须考虑的诸多限制等手段。私有云可以提供更多的安全和私密等保证。私有云提供的服务类型也可以是多样化的，不仅可以提供 IT 基础设施的服务，也支持应用程序和中间件运行环境等云服务，比如企业内部的管理信息系统云服务。"中石化云计算"就是典型的支持 SAP 服务的私有云。

③ 混合云。混合云是把"公有云"和"私有云"结合到一起的方式。用户可以通过一种可控的方式部分拥有，部分与他人共享。企业可以利用公有云的成本优势，将非关键的应用部分运行在公有云上；同时将安全性要求高、关键性更强的主要应用通过内部的私有云提供服务。如荷兰的 iTricity 云计算中心就是混合云的例子。

（2）根据云计算的服务层次和服务类型

依据云计算的服务层次和服务类型可以将云分为三层：基础架构即服务、平台即服务和软件即服务。

① 基础架构即服务（Infrastructure as a Service，IaaS）位于云计算三层服务的最底端，提供的是基本的计算和存储能力，提供的基本单元就是服务器，包括 CPU、内存、存储、操作系统及一些软件。具体例子如 IBM 为无锡软件园建立的云计算中心以及 Amazon 的 EC2。

② 平台即服务（Platform as a Service，PaaS）位于云计算三层服务的中间，提供给终端用户基于互联网的应用开发环境，包括应用编程接口和运行平台等，并且支持应用从创建到运行整个生命周期所需的各种软硬件资源和工具。在 PaaS 层面，服务提供商提供的是经过封装的 IT 能力，或者说是一些逻辑的资源，比如数据库、文件系统和应用运行环境等。PaaS 的产品示

例包括 IBM 的 Rational 开发者云、Saleforce 公司的 Force.com 和 Google 的 Google App Engine 等。

③ 软件即服务（Software as a Service，SaaS）是最常见的云计算服务，位于云计算三层服务的顶端。用户通过标准的 Web 浏览器来使用 Internet 上的软件。服务供应商负责维护和管理软硬件设施，并以免费或按需租用的方式向最终用户提供服务。这类服务既有面向普通用户的，如 Google Calendar 和 Gmail，也有直接面向企业团体的，用以帮助处理工资单流程、人力资源管理、协作、客户关系管理和业务合作伙伴关系管理等，如 Salesforce.com 和 Sugar CRM。

4.3.4　云计算体系结构

云计算的体系结构由 5 部分组成，分别为应用层、平台层、资源层、用户访问层和管理层，如图 4-3 所示。云计算的本质是通过网络提供服务，所以其体系结构以服务为核心。

① 资源层是指基础架构层面的云计算服务，这些服务可以提供虚拟化的资源，从而隐藏物理资源的复杂性。物理资源指的是物理设备，如服务器等；服务器服务指的是操作系统的环境，如 Linux 集群等；网络服务指的是提供的网络处理能力，如防火墙、VLAN、负载等；存储服务为用户提供存储能力。

② 平台层为用户提供对资源层服务的封装，使用户可以构建自己的应用。数据库服务提供可扩展的数据库处理的能力；中间件服务为用户提供可扩展的消息中间件或事务处理中间件等服务。

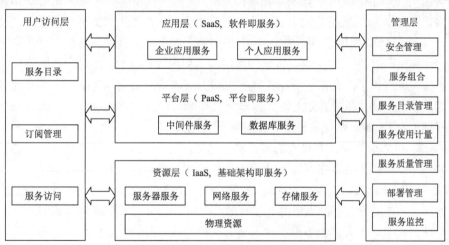

图 4-3　云计算的体系结构

③ 应用层提供软件服务。企业应用服务是指面向企业的用户，如财务管理、客户关系管理、商业智能等；个人应用服务指面向个人用户的服务，如电子邮件、文本处理，个人信息存储等。

④ 用户访问层是方便用户使用云计算服务所需的各种支撑服务，针对每个层次的云计算服务都需要提供相应的访问接口。服务目录是一个服务列表，用户可以从中选择需要使用的云计算服务；订阅管理是提供给用户的管理功能，用户可以查阅自己订阅的服务，或者终止订阅的服务；服务访问是针对每种层次的云计算服务提供的访问接口，针对资源层的访问可能是远程桌面或者 X-Windows，针对应用层的访问，提供的接口可能是 Web。

⑤ 管理层是提供对所有层次云计算服务的管理功能。安全管理提供对服务的授权控制、用户认证、审计、一致性检查等功能；服务组合提供对已有云计算服务进行组合的功能，使新的服务可以基于已有服务创建；服务目录管理提供服务目录和服务本身的管理功能，

管理员可以增加新的服务，或者从服务目录中删除已有服务；服务使用计量对用户的使用情况进行统计，并以此为依据对用户进行计费；服务质量管理提供对服务的性能、可靠性、可扩展性进行管理；部署管理提供对服务实例的自动化部署和配置，当用户通过订阅管理增加新的服务订阅后，部署管理模块自动为用户准备服务实例；服务监控提供对服务的健康状态的记录。

4.3.5　主要云计算平台介绍

1. Amazon 的 EC2

Amazon 是美国最大的在线零售商，于 2002 年开放了电子商务平台 AWS（Amazon Web Service），迄今包括四种主要的的服务：简单存储服务（Simple Storage Service，S3）、弹性计算云（Elastic Compute Cloud，EC2）、简单消息队列服务（Simple Queuing Service）、简单数据库管理（SimpleDB）。Amazon 现在通过互联网提供存储、计算、消息队列、数据库管理系统等"即插即用"服务。Amazon 是最早提供远程云计算平台的服务公司，其云计算平台 EC2 是 2006 年推出的，目前在美国科研上获得了很好的应用。

2. Google 的 App Engine

2008 年 4 月，Google 推出了 Google App Engine，它允许开发人员编写 Python 应用程序，然后把应用构建在 Google 的基础架构上。Google 能提供多达 500 MB 的免费存储空间。对于最终用户来说，Google Apps 提供了基于 Web 的电子文档、电子数据表以及其他生产性应用服务。Google 的云计算实际上是针对 Google 特定的网络应用程序而定制的。针对内部网络数据规模超大的特点，Google 提出了一套基于分布式并行集群方式的基础架构，包括 4 个相互独立又密切结合在一起的系统：建立在集群之上的文件系统 GFS（Google File System）、MapReduce 编程模式、分布式锁机制 Chubby 以及大规模分布式数据库 BigTable。

虽然 Google 可以说是云计算最大的实践者，但是，Google 的云计算平台是私有的环境，特别是 Google 的云计算基础设施还没有开放出来。除了开放有限的应用程序接口，例如 GWT（Google Web Toolkit）以及 Google Map API 等，Google 并没有将云计算的内部基础设施共享给外部的用户使用，上述的所有基础设施都是私有的。幸而 Google 开放了其内部集群环境的一部分技术，使全球的技术开发人员能够根据这一部分文档构建开源的大规模数据处理云计算基础设施，其中最有名的项目是 Apache 旗下的 Hadoop 项目。

3. Hadoop 云计算平台

Hadoop 项目的目标是建立一个能够对大数据进行可靠的分布式处理的可扩展开源软件框架。Hadoop 面向的应用环境是大量低成本计算机构成的分布式运算环境，因此它假设计算节点和存储节点会经常发生故障，为此设计了副本机制，确保能够在出现故障节点的情况下重新分配任务。同时，Hadoop 以并行的方式工作，通过并行处理加快处理速度，具有高效的处理能力。从设计之初，Hadoop 就为支持可能面对的 PB 级大数据环境进行了特殊设计，具有优秀的可扩展性。可靠、高效、可扩展这 3 大特性，加上 Hadoop 开源免费的特性，使 Hadoop 技术得到了迅猛发展，并在 2008 年成为 Apache 的顶级项目。

许多著名的互联网公司的云计算平台就是基于 Hadoop 技术架构建立的，如 Yahoo、百度、阿里巴巴、腾讯、华为、中国移动等。

4. IBM 的 Blue Cloud

IBM 的 Blue Cloud（蓝云）计算平台是一套软、硬件平台，将 Internet 上使用的技术扩展到企业平台上，使数据中心使用类似于互联网的计算环境。"蓝云"大量使用了 IBM 先进的大规模计算技术，结合了 IBM 自身的软硬件系统以及服务技术，支持开放标准与开放源代码软件。"蓝云"基于 IBM Almaden 研究中心的云基础架构，采用 Xen 和 Power VM 虚拟化软件、Linux操作系统映像以及 Hadoop 软件。

IBM "蓝云"解决方案是 IBM 云计算中心经过多年的探索和实践开发出来的先进的基础架构管理平台，已在 IBM 内部成功运行多年，并在全球范围内有众多客户案例。该解决方案可以自动管理和动态分配、部署、配置、重新配置和回收资源，也可以自动安装软件和应用。"蓝云"可以向用户提供虚拟基础架构，用户可以自己定义虚拟基础架构的构成，如服务器的配置、数量、存储类型和大小、网络配置等。用户通过服务器界面提交请求，每个请求的生命周期由平台维护。"蓝云"平台包括软件开发测试云、培训与教育云、创新协作云、高性能计算云、企业云和快速部署云等。

5. 微软的 Azure

2008 年 10 月微软推出了 Windows Azure Platform，简称蓝天（Azure）。Azure 是一个运行在微软数据中心的云计算平台，它包括一个云计算操作系统和一个为开发者提供的服务集合。开发人员创建的应用既可以直接在该平台运行，也可以使用该云计算平台提供的服务。Windows Azure Platform 延续了微软传统软件平台的特点，能够为客户提供熟悉的开发体验，用户已有的许多应用程序都可以相对平滑地迁移到该平台上运行。Windows Azure Platform 还可以按照云计算的方式按需扩展，在商业开发时可以节省开发部署的时间和费用。

Windows Azure Platform 包括 Windows Azure、SQL Azure 和 AppFabric 三部分。Windows Azure可看成是一个云计算服务的操作系统；SQL Azure 是云中的数据库；AppFabric 是一个基于 Web的开发服务，它可以把现有应用和服务与平台的连接和互操作变得更为简单。

4.3.6　云计算的关键技术

1. 虚拟化技术

云计算离不开虚拟化技术的支撑。虚拟化是一个广泛的术语，在计算机方面通常是指计算元件在虚拟的基础上而不是真实的基础上运行。虚拟化技术可以扩大硬件的容量，简化软件的重新配置过程。如 CPU 的虚拟化技术可以用单 CPU 模拟多 CPU 并行，允许一个平台同时运行多个操作系统，并且应用程序都可以在相互独立的空间（虚拟机）内运行而互不影响，从而显著提高计算机的工作效率。在 Gartner 咨询公司提出的 2009—2011 年最值得关注的十大战略技术中，虚拟化技术名列榜首。虚拟化技术为企业节能减排、降低 IT 成本都带来了不可估量的价值。虚拟化技术的优势包括部署更加容易、为用户提供瘦客户机、数据中心的有效管理等。

2. 多租户技术

多租户技术是一项云计算平台技术。该技术使大量的租户能够共享同一堆栈的软、硬件资源，每个租户能够按需使用资源，能够对软件服务进行客户化配置，而且不影响其他租户的使用。这里，每一个租户代表一个企业，租户内部有多个用户。

从技术实现难度的角度来说，虚拟化已经比较成熟，并且得到了大量厂商的支持，而多租户技术还在发展阶段，不同厂商对多租户技术的定义和实现还有很多分歧。当然，多租户技术有其存在的必然性及应用场景。在面对大量用户使用同一类型应用时，如果每一个用户的应用都运行在单独的虚拟机上，可能需要成千上万台虚拟机，这样会占用大量的资源，而且有大量重复的部分，虚拟机的管理难度及性能开销也大大增加。在这种场景下，多租户技术作为一种相对经济的技术就有了用武之地。

3. 数据中心自动化

数据中心自动化带来了实时的或者随需应变的基础设施能力，这是通过在后台有效地管理资源实现的。自动化能够实现云计算或者大规模的基础设施，让企业理解影响应用程序或者服务性能的复杂性和依赖性，特别是在大型的数据中心中，这一点尤为重要。

4. 云计算数据库

关系数据库不适合用于云计算，因此出现了用于云计算环境下的新型数据库，例如 Google 公司的 BigTable、Amazon 公司的 SimpleDB、Hadoop 的 HBase 等，都不是关系型的。这些数据库具有一些共同的特征，正是这些特征使他们适用于服务云计算的应用。这些数据库可以在分布式环境中运行，即意味着它们可以分布在不同地点的多台服务器上，从而可以有效处理大量数据。

5. 云操作系统

云操作系统即采用云计算、云存储方式的操作系统，目前 VMware、Google 和微软分别推出了云操作系统的产品。VMware 在 2009 年 4 月发布了 vSphere，并称其为第一个云操作系统；2009 年 11 月 Google 推出 Chrome OS 操作系统，该操作系统针对上网本和个人计算机的云操作系统；2008 年 10 月，微软宣布了 Windows Azure 云操作系统，是针对数据中心开发的操作系统，该操作系统于 2014 年 4 月更名为 Microsoft Azure。

6. 云安全

云安全是指基于云计算商业模式应用的安全软件、硬件、用户、机构、安全云平台的总称。"云安全"是"云计算"技术的重要分支，已经在反病毒领域中获得了广泛应用。云安全通过网状的大量客户端对网络中软件行为的异常监测，获取互联网中木马、恶意程序的最新信息，推送到服务端进行自动分析和处理，再把病毒和木马的解决方案分发到每一个客户端。

在云计算中，由于数据都存储在用户看不见、摸不着的"云"上，人们最担心数据的泄密问题。2009 年 IBM 公司的研究员 Craig Gentry 进行了一项创新，即"隐私同态"（Privacy Homomorphism）技术，使用被称为"理想格 ideal lattice"的数学对象，可以实现对加密信息进行深入和不受限制的分析，同时不会降低信息的机密性。有了该项突破，数据存储服务上将能够在不和用户保持密切互动以及不查看敏感数据的条件下帮助用户全面分析数据，可以分析加密信息并得到详尽的结果。云计算提供商可以按照用户需求处理用户的数据，但无需暴露原始数据。

4.4 区 块 链

4.4.1 区块链的定义和分类

区块链的英文是 Blockchain，字面意思就是（交易数据）块（Block）的链（Chain）。区块链技术首先被应用于比特币，如图 4-4 所示。比特币本身就是第一个，也是规模最大、应用范围最广的区块链。区块链中的每个块包含一个头部和一个正文。

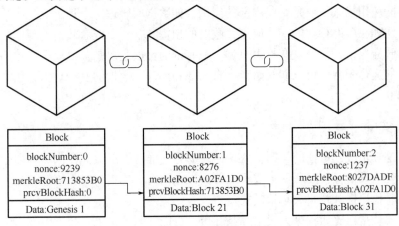

图 4-4　区块链

大部分观点认为，区块链技术是中本聪发明，从比特币开始的。其实不然，区块链技术早在 20 世纪七八十年代就有了。只不过中本聪创造性地把分布式存储和加密技术结合发明了比特币，而因为比特币的价格一路攀升才逐渐为人们所重视和熟知。

比特币不等于区块链，只是区块链技术的应用之一；区块链也不等于各种币，各种币只是区块链经济生态和模型中的一部分。区块链技术的应用不一定非要有币，但是必须承认，因为有了比特币和各种币形成的财富效应，区块链技术才得以更快、更广泛的引起人们的关注、认识，也客观上推动了实际应用的发展。

目前，关于区块链没有统一的定义，综合来看，区块链就是基于区块链技术形成的公共数据库（或称公共账本）。其中区块链技术是指多个参与方之间基于现代密码学、分布式一致性协议、点对点网络通信技术和智能合约编程语言等形成的数据交换、处理和存储的技术组合。同时，区块链技术本身仍在不断发展和演化中。

以参与方分类，区块链可以分为：公共链（Public Blockchain）、联盟链（Consortium Blockchain）和私有链（Private Blockchain）。

① 公共链对外公开，用户不用注册就能匿名参与，无需授权即可访问网络和区块链。节点可选择自由出入网络。公共链上的区块可以被任何人查看，任何人也可以在公共链上发送交易，还可以随时参与网络上形成共识的过程，即决定哪个区块可以加入区块链并记录当前的网络状态。公共链是真正意义上的完全去中心化的区块链，它通过密码学保证交易不可篡改，同时也利用密码学验证以及经济上的激励，在互为陌生的网络环境中建立共识，从而形成去中心化的信用机制。在公共链中的共识机制一般是工作量证明（PoW）或权益证明（PoS），用户对共识形成的影响力直接取决于他们在网络中拥有资源的占比。

公共链通常也称为非许可链（Permissionless Blockchain）。如比特币和以太坊等都是公共链。公共链一般适合于虚拟货币、面向大众的电子商务、互联网金融等 B2C、C2C 或 C2B 等应用场景。

② 联盟链（Consortium Blockchain）仅限于联盟成员参与，区块链上的读/写权限、参与记账权限按联盟规则来制定。联盟链是一种需要注册许可的区块链，这种区块链也称为许可链

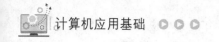

（Permissioned Blockchain）。

③ 私有链则仅在私有组织使用，区块链上的读写权限、参与记账权限按私有组织规则来制定。私有链的应用场景一般是企业内部的应用，如数据库管理、审计等。也有一些比较特殊的组织情况，比如在政府行业的一些应用：政府的预算和执行，或者政府的行业统计数据，这个一般来说由政府登记，但公众有权力监督。私有链的价值主要是提供安全、可追溯、不可篡改、自动执行的运算平台，可以同时防范来自内部和外部对数据的安全攻击，这个在传统的系统是很难做到的。

4.4.2 区块链的"共识"

区块链就是真正改变信任的机制，区块链打的是这样一个巨大无比的赌：陌生人在互联网上能不能一次就达成信任？互联网上成千上万的人在网络上连接，互相接触、互相交往，如果还像过去工业时代那样，就叫火车站模式。

火车站模式就是：比如我今天卖给你茶叶蛋，可能一辈子再也不会见到你，于是就产生了各种欺骗，各种尔虞我诈。但是在互联网，恰好陌生人的交往是常态。

这种情况下，如何保证陌生人一次就建立信任？这不是要通过道德说教，而是通过漫长的塑造才有可能达成。

今天区块链让人们已经极其接近这个社会底层的构造，建立陌生人之间的信任。在这种情形下，区块链正在让陌生人之间的信任建立在非常坚实的基础之上。

更重要的一点：区块链把财富的生产和财富的分配平衡地放在了一个巨大的账本之中。这个巨大的账本对所有参与区块链的人，是公开透明的，同时又是加密保护隐私的。所以财富的生产和分配，同时进行，这是它的伟大意义。

在这种情形下，人的创造力才能得到无穷的释放，才能进入到艺术的、创新的、创造的那种氛围当中。所以区块链让每一个人达成自己的甜蜜三角，这个甜蜜三角就是指所能、所愿和所为之间的良好匹配。

所以有人说，区块链开启了互联网的一次升维的旅程。不要把互联网理解为就是一个网站，或者你手机上的一个流量，互联网已经进入价值网络。这个价值网络，是每一个人都可能参与其中，每一个人都可能恰当地表达自己，每一个人都可以恰当地在价值交流、互换、流动的过程中，享受到价值创造的当下快乐的这样一种氛围。

4.4.3 从互联网思维到区块链思维

"区块链"作为新兴技术，短时期内得到如此多的关注，在现代科技史上并不多见。首先，区块链行业作为当前最受关注的科技创新热点之一，聚集着大量人才、资本和社会资源。区块链正处在发展的关键节点。

第一，"区块链思维"是什么？目前给"区块链思维"下定义是一件困难的事情。区块链技术目前最大的意义在于它的运行机制：通过技术的精巧组合，完成资源的公平分配，从而确保社区的目标一致、成员的行为规范。因此，关于"区块链思维"三个关键点是：一是技术架构的可靠性；二是分配过程的公平性；三是成员行为的规范性。

第二，用"区块链思维"做什么？区块链技术在很长一段时间内都被理解为"比特币技术"，比特币成了区块链的代名词。但是如果将比特币架构直接照搬套用到其他区块链技术应用场景中，难免衣不合体。"区块链思维"可以帮助人们跳出比特币架构，从内涵层面认识整个技术体系。目前，区块链技术的 2.0、3.0 版本对"比特币架构"进行了优化，这些都是"区块链思维"的具体体现。

第三，"区块链思维"怎么用？现阶段，区块链技术最显著的内涵在于使用分布式记账、非对称加密、点对点传输等技术组合，确保数据不可篡改、全程可追溯，从而解决社会交往中的信任构建难题。基于这一内涵，区块链技术要应用于各种具体场景，其外延不断拓展，例如，区块链与激励机制的结合，智能合约的发展，等等，最终都是为了通过区块链技术来确定真伪，让价值在互联网上直接流通，构建真正的价值互联网。想象是技术进步的重要驱动力。我们不妨以开放的心态，开发出区块链技术更丰富的应用，引领技术健康发展。

回顾区块链技术近十年的发展历程，会发现它与早期的互联网技术有许多惊人相似的故事。比如都是从小众的学术圈走向中间的商业圈，再走向大众的社会圈。从互联网技术的后续发展可以看出：实验室中的经典架构与现实社会结合后，将会发生改变；绝对自由是不存在的；商业的深度参与，使得早期的理想状态十分短暂；资本与技术反复博弈将会推动新技术应用螺旋式上升，如果用发展的眼光看技术，热点只是起点。

用科学的眼光看区块链标签。当下区块链之所以备受热捧，一个重要的原因是被贴上了许多特别的标签，比如：去中心化、全程可追溯、不可篡改等。但这些标签是否都经得起历史和现实检验，还不宜过早下结论。区块链经典的技术架构虽然去掉了数据结构的中心，但其运行仍受中心化节点的约束。去中心化的标签能否在区块链上贴得牢，可能还需要进一步探讨。事实上，曾经有"去中心化"标签的互联网，只是颠覆了旧的中心，形成了新的寡头。

用战略的眼光看区块链产业。任何产业能够得到长久发展，都需要推动社会进步，满足人们生产生活需求。无论区块链在当下是否真正为实体经济发展和改善人民生活提供了支持，但长远来看，以人为本，从大众的根本需求出发，为社会进步和经济发展提供高效率、低成本的解决方案，才是区块链行业发展壮大，迈向成熟的持久动力。

4.4.4　区块链的价值

去中心化信用机制是区块链技术的核心价值之一，因此区块链本身又被称为"分布式账本技术""去中心化价值网络"等。自古以来，信用和信任机制就是金融和大部分经济活动的基础，随着移动互联网、大数据、物联网等信息技术的广泛应用，以及工业 4.0 等新一代工业革命的开启，网络空间的信用作为数字化社会的基石的作用显得更加重要。传统上，信用机制是中心化的，而中心化的信任和信用机制必然导致中心化机构成为价值链的核心，也容易引发问题。而区块链技术则首先在人类历史上实现了去中心化的大规模信用机制，在消除中心机构"超级信用"的同时，保证信用机制安全、高效地运行。

人和人之间最核心的经济关系就是交易，但在没有区块链之前，人们所有的交易活动，怎么样保证交易双方真实可靠的完成一笔交易？两个人之间互相不信任。比如说人们在互联网上网购，一定要有支付宝。2003 年淘宝出来以后，首先阿里巴巴觉得没有一个支付宝，不可能在互联网上把电商做下去，需要一个支付宝担任信任中介，确保交易完成。现在人们刷的银行卡，如果不是银行发的，商户不敢收，银行是一个信用的中介。在区块链出来之前，任何的交易活动都需要有一个中介，没有一个中介，两个陌生人不可能在缺乏第三方的情况下达成一笔交易。

区块链干的事情就是信任的机器。倒过来说用一台机器人取代一个信任中介的作用，用一套数学算法确保两个陌生人不借助于第三方的情况下，使一笔交易，不管是金融的交易或者是商品的交易能够完成。这就是区块链最核心、最本质的东西，区块链是信任的机器。

区块链是去中心的。要把区块链中间的中介去掉了，在经济交易活动当中，所谓的去中心无非有这么几个意思：

① 人们在完成一笔交易的时候，不再需要第三方，这个第三方就是一个中心。

② 人们在开展经济活动的时候，需要有一个组织，这么多的公司，可能大部分来自于各种各样的商业机构、商业组织，但是在区块链上所从事的所有经济活动，不再需要像公司一样的制度，不再需要这样一个组织。

③ 不再需要这样一个商业机构，很熟悉的一个组织形式来帮助人们完成经济交换活动，来完成各种形形色色的交易。

④ 除了不需要这个组织之外，任何的经济活动都有可能，或者说在数字世界里面的数字经济活动都不再有这个组织，它的激励机制不再是一个中心化的机构建立起来的。

每个人为中心化的机构服务，那么这个中心化的机构给人们工资、奖励、职务，来激励人们更好地为这个事业服务。有一个中心化的机构来建立这样一个激励机制，但在区块链上面这个激励机制不是由中心化的机构来建立。

4.4.5 区块链的应用前景

中国在区块链技术研发应用方面走在全球前列，央行在主导法定数字货币和数字票据的研究，未来数字金融将把"平面金融折叠成立体金融"。在规模化应用方面，区块链可能还有很长的路要走。因为科技金融、数字金融有两个最基本的要求：第一就是规模化。比如外汇交易、证券交易，每秒交易可能达到几千笔、几万笔，这属于规模化的应用。目前的区块链技术有了突破，但也只能做到每秒几百笔或上千笔的交易。第二就是可靠性、安全性的要求。这个是新技术金融应用的最基本要求。比如加密系统，加密要求太严格速度就会慢下来，但如果追求较高的速度可能会牺牲可靠性方面的某些要求，既可靠又快速的系统研发仍需要一个发展过程。

区块链的诞生，将大幅降低价值传输成本，又一次极大地解放生产力。目前，区块链底层技术还不成熟，基础设施还不完善。区块链难以篡改、共享账本、分布式的特性，更易于监管接入，获得更加全面实时的监管数据。区块链的迅速发展不是偶然，它能极大地降低信息价值传输成本。区块链可以和很多行业结合，使得业务交易更安全，交易成本更低，交易效率更高。

1. 区块链+金融

区块链在金融行业无疑会得到广泛的应用。在支付、结算、清算领域，区块链可以成为"杀手级"的应用。例如在多方参与的跨地域、跨网络支付场景中，Ripple 支付就是一个很好的案例；在多方参与的结算、清算场景，R3 联盟也在利用区块链技术构建银行间的联盟链。同时在多方参与的虚拟货币发行、流通、交易、股权（私募、公募）、债券以及金融衍生品（包括期货、期权、次贷、票据）的交易（NASDAQ Linq 平台案例），以及在众筹、P2P 小额信贷、小额捐赠、抵押、信贷等方面，区块链也可以提供公正、透明、信用托管的平台。在保险方面，区块链也可以应用于互助保险、定损、理赔等业务场景。

2. 区块链+政府

区块链防伪、防篡改的特性能够广泛用于政府主管的产权、物权、使用权、知识产权和各类权益的登记方面，包括公共记录，如地契、房地产权证、车辆登记证、营业许可证、专利、商标、版权、软件许可、游戏许可、数字媒体（音乐、电影、照片、电子书）许可、公司产权关系变更记录、监管记录、审计记录、犯罪记录、电子护照、出生死亡证、选民登记、选举记录、安全记录、法院记录、法医证据、持枪证、建筑许可证、私人记录、合同、签名、遗嘱、信托、契约（附条件）、仲裁、证书、学位、成绩、账号等方面的记录登记。

3. 区块链+医疗

区块链在医疗行业中可以应用于诊断记录、医疗记录、体检记录、病人病历、染色体、基因序列的登记，也可以用在医生预约、诊所挂号等应用场景，以建立公平、公正透明的机制。另外在药品、医疗器械及配件来源追踪、审计方面也有比较好的应用场景。

4. 区块链+物联网

利用区块链的智能合约，可以通过接口和物理世界的钥匙、酒店门卡、车钥匙、公共储物柜钥匙做程序的对接，可以达到区块链上一手交钱、物理世界一手交货的原子交易效果。区块链在物联网的应用非常广泛，特别是在智能设备的自主管理，以及智能设备之间的互联、协调方面有着非常大的优势。

5. 区块链+商业

区块链在商业上的应用也非常广泛。凡是涉及交易、支付、积分等的场景都是比较适合区块链的应用场景，包括用区块链技术来实现打折券、抵用券、付款凭单、发票、预订、彩票、球票、电影票等业务流程的去中心化管理，以达到降低成本、提高效率的目的。

6. 区块链+能源

区块链在能源行业的应用前景广阔。采用区块链技术，可提供公正、透明的能源交易多边市场和碳交易市场，以达到降低对手信用风险，同时减少支付和结算成本、提高效率的目的。另外在缴费领域、分布式发电，特别是新能源微电网中发电家庭、用电家庭和电网间的电交易，区块链都是非常理想的技术。区块链也可以用来记录发电、配电、输电、调度、用电、售电记录，提供公正、可追溯、透明的审计、监管记录。更重要的是，区块链在未来智能电网、能源互联网中会扮演更重要的角色，理论上可以通过区块链智能合约实现发、输、变、配、用电的同步调控。

区块链在别的行业，像电信、教育、交通、工业制造、文化娱乐等行业都有非常广泛的应用场景。只要是有防篡改数据记录、审计需求，业务上涉及交易、结算、清算、仲裁的行业，都是区块链+的潜在应用对象。

4.5　人工智能

4.5.1　人工智能的概念

人工智能是研究让计算机来模拟人的某些思维过程和智能行为（如学习、推理、思考、规划等）的学科，主要包括计算机实现智能的原理、制造类似于人脑智能的计算机，使计算机能实现更高层次的应用。

美国斯坦福大学人工钾能研究中心的尼尔逊教授对人工智能下了这样一个定义："人工智能是关于知识的学科——怎样表示知识以及怎样获得知识并使用知识的科学"。而麻省理工学院的温斯顿教授认为："人工智能就是研究如何使计算机去做过去只有人才能做的智能工作"。这些说法反映了人工智能学科的基本思想和基本内容，即人工智能是研究人类智能活动的规律，构造具有一定智能的人工系统，研究如何让计算机去完成以往需要人的智力才能胜任的工作，也就是研究如何应用计算机的软硬件来模拟人类某些智能行为的基本理论、方法和技术。

在美国 1990 年的"沙漠风暴"行动中，人工智能技术经受了战争的检验。人工智能技术被用于导弹系统和预警显示以及其他先进武器。如今人工智能技术也越来越广泛地进入了家庭，一些面向个人计算机的应用软件，例如语音和文字识别、自动翻译等都已成为现实。人们对人工智能相关技术的更大需求促使新的进步不断出现，人工智能已经并且将继续不可避免地改变人们的生活。

1. 人工智能的定义

人工智能是通过机器实现人的头脑思维，使其具备感知、决策与行动力。广义上的人工智能泛指通过计算机实现人的头脑思维所产生的效果，通过研究和开发用于模拟、延伸和扩展人的智能的理论、方法、技术及应用系统所构建而成的其构建过程综合了计算机科学、数学、生理学、哲学等内容。人工智能技术包括凡是使用机器帮助、代替甚至部分超越人类实现认知、识别、分析、决策等功能，而产业则指包含技术、算法、应用等多方面的价值体系。

2. 人工智能研究的技术变迁

20 世纪 50 年代到 70 年代初，人们认为如果能赋予机器逻辑推理能力，机器就能具有智能，人工智能研究处于"推理期"。当人们意识到人类之所以能够判断、决策，除了推理能力外，还需要知识，人工智能在 20 世纪 70 年代进入了"知识期"，大量专家系统在此时诞生。随着研究向前进展，专家发现人类知识无穷无尽，且有些知识本身难以总结后交给计算机，于是一些学者诞生了将知识学习能力赋予计算机本身的想法。发展到 20 世纪 80 年代，机器学习真正成为一个独立的学科领域、相关技术层出不穷，如深度学习模型以及 AIphaG。增强学习的雏形"感知器"均在这个阶段得以发明。随后由于早期的系统效果不理想，美国、英国相继缩减经费支持，人工智能进入低谷。20 世纪 80 年代初期，人工智能逐渐成为产业，但又由于 5 代计算机的失败再一次进入低谷。2010 年后，相继在语音识别、计算初视觉领域取得重大进展，围绕语音、图像等人工智能技术的创业大量涌现，从量变实现质变。

3. 人工智能的技术热点

工业革命使手工业自动化，机器学习则使机器本身自动化地将样本数据输入计算机。一般算法会利用数据进行计算然后输出结果，机器学习的算法则大为不同，输入的是数据和想要的结果，输出的则为算法模型，即把数据转换成结果的算法模型。通过机器学习，计算机能够自己生成模型，进而提供相应的判断，达到某种人工智能的结果的实现。因此，在数据的"初始表示"（如图像的"像素"）与解决任务所需的"合适表示"相距甚远的时候，可尝试使用深度学习的方法。工业革命使手工业自动化，而机器学习则使机器本身自动化。近几年掀起人工智能热潮的深度学习属于机器学习的一个子集，在思想和理论上并未显著超越 20 世纪 80 年代中后期神经网络学习的研究。但得益于海量数据的出现、计算能力的提升，原来复杂度很高的算法得以落地使用，并在边界清晰的领域获得比过去更精细的结果，大大推动了机器学习在工业实践中的应用。2018 年 2 月，《麻省理工科技评论》揭晓 2018 年"全球十大突破性技术"榜单，GAN（对抗性神经网络，一种特殊的深度学习算法）位列其中。

4. 开源环境与技术壁垒

开源环境大幅降低人工智能领域的入门技术门槛。工业界和学术界先后推出了用于深度学习模型训练的开源工具和框架，包括 Caffe、Theano、Torch、TensorFlow、CNTK 等。尽管不同框架各有所长，但它们并不能真正满足企业在处理实际复杂业务时所面对的所有挑战，性能、显存支持、使用效率等不同层面的不足要求企业有针对性地调整框架以适合自身业务所需。而在数据处理、网络设计、算法模型训练、多机并行计算、应用端性能优化等若干重要环节都存在非开源技术或有已成熟方案所能解决，且极度依赖相关技术专家去探索求解的重要问题。对于前沿算法的突破创新以及算法在不同使用环境中的优化升级，不同公司的技术差异依然很大。

4.5.2　人工智能典型技术

1. 智能语音语义

智能语音语义是指语音识别、自然语言处理、语音合成等技术。人类因为具有语言的能力而区别于其他物种。自然语言处理即研究人与计算机直接以自然语言的方式进行有效沟通的各种理论和方法，涉及机器翻译、阅读理解、对话问答等。因为语言在词法、句法、语义等不同层面的不确定性及数据资源的有限性、背景知识的复杂性等各方面限制，自然语言处理技术仍有非常大的提升空间。仅在特定领域可取得较好的应用，鲁棒性存在大量挑战。在自然语言处理之前，声纹识别可根据说话人的声纹特征识别出说话人。语音识别技术可赋予机器感知能力（在深度学习的驱动下，目前近场语音识别准确率可达 98%，远场、抗噪、多人等非限定或非配合条件下的识别有待进步），将声音转为文字供机器处理，在机器生成语言之后，语音合成技术可将语言转化为声音，形成完整的自然人机语音交互，这样的语音交互系统可看作一个虚拟对话机器人。

2. 机器翻译

机器翻译指由计算机程序将一种自然语言翻译成另一种自然语言，综合了计算机、认知科学、信息论、语言学等多门学科。目前已有支持上百种语言间互译的互联网翻译工具在线提供服务。跨语言的实时沟通一旦实现，通天塔的故事也将改写。鉴于世界上诸多高质量里的信息以英文形式呈现，中英互译对于国人打开眼界、与国际接轨的意义不言而喻。1970 年起，机器翻译曾先后基于规则、实例等方法实现。1991 年，基于统计的机器翻译方法使翻译性能取得巨大提升。2014 年借助于深度神经网络技术的逐步渗透，机器翻译可以打破传统统计机器翻译，基于短语或者句法的局部解码限制，相对全面的处理整个句子的信息，再次大幅提升了翻译结果的可用性。BLEU 是一种用于评测机器翻译的文本质量的算法，也是最受欢迎的指标之一，一般人工翻译的 BLEU 值在 50～70 之间（BLEU 不考虑同义词或语义相近的表达方式，可能会导致合理翻译被否定）。目前相对领先的机器翻译系统多在 30～40 之间。同所有自然语言处理技术一样，机器翻译仍然受语义理解所限，也不具备优秀的人工译者所有的丰富人生阅历和创造性想象力，距离"信、达、雅"仍有诸多挑战。

3. 知识图谱

知识图谱技术旨在描述各种实体概念及其相互关系，一般由"实体、关系、实体"构成三元组，每个实体也拥有其相应"属性"。大规模的知识图谱往往包含数亿实体、数百亿属性和千亿关系，由大量结构化及非结构化数据挖掘而来。基于专用知识图谱及基于它构建的自然语言理解技术，机器可充分发挥推理、判断的系统性能，相对精准地回答问题，延展智能范围。

从覆盖范围的角度来说，知识图谱可分为应用相对广泛的通用知识图谱和专属于某个特定领域的行业知识图谱。通用知识图谱注重横向广度，强调融合更多的实体，主要应用于智能搜索、智能问答等领域。行业知识图谱注重纵向深度，需要考虑到不同的业务场景与使用人员，通常需要依靠特定行业（如金融、公安、医疗、电商等）的数据来构建，实体的属性与数据模式往往比较丰富。

4. 计算机视觉

视觉感知逐步实现商用价值，视觉认知仍有待探索。视觉使人类得以感知和理解周边的世界，人的大脑皮层大约有 70% 的活动在处理视觉相关信息。计算机视觉即通过电子化的方式来感知和理解影像。得益于深度学习算法的成熟应用，2012 年，采用深度学习架构的 AlexNet 模型，以超越第二名 10 个百分点的成绩在 ImageNet 竞赛中夺冠；2017 年，ImageNet 图像分类竞赛化 Top 5 的错误率降至 2.25%，侧重于感知智能的图像分类技术在工业界逐步实现商用价值，但与可结合常识做猜想和推理进而辅助识别的人类智能系统相比，现阶段的视觉技术往往仅能利用影像表层信息，缺乏常识以及对事物功能、因果、动机等深层信息的认知把握。

人脸识别是当下视觉领域热门应用的重要技术支撑。人脸识别可看成语义感知任务中针对人脸影像的分类问题，也是当下视觉领域热门应用的重要技术，各个环节都因深度学习算法的推进实现了更优的计算结果。例如，泛金融领域的远程身份认证、手机领域的刷脸解锁一般属于人脸验证，此项技术已相对成熟。安防影像分析一般为人脸识别，刑侦破案对亿级甚至十亿级比对有刚性需求，目前技术仍有很大进步空间。未来，更多新功能、新场景的解锁依赖于最先进的算法团队和相关业务领域开拓者的共同努力。

5. 智能规划决策

多学科融合，帮助人类做出复杂决策。为了做出最优（经济的或其他的）决策，决策相关理论将概率理论和效用理论结合起来，为在不确定情况下（在概率描述能适当呈现决策制定者所处环境的情况下）做出决策提供了一个形式化且完整的框架。因为理性决策的显著复杂性，历史上决策相关理论一直与人工智能研究沿着完全分离的路线向前发展，但自 20 世纪 90 年代以来，决策逐步深入人工智能系统研究，经济学、博弈论、运筹学、人工智能等多领域学科思想融合，让计算机智能处理海量数据，相对实时地解决人类专家也难以及时求解的各类问题。

6. 自动驾驶

根据自动驾驶的拟人化研发思路，自动驾驶系统原理可理解为感知、认知、决策、控制、执行五层。通过传感器实现感知作用，并根据所感知信息完成处理与融合，对信息达成一定的认知和理解，在形成全局整体理解后，通过算法得出决策结果并传递给控制系统生成执行指令。在整个过程中，汽车能够通过 V2X（Vehide to Everything）通信实现车与外界（如道路设施、其他车辆等）的信息交换，帮助车辆实时获取更大范围的环境信息，解决"我在哪儿，周围有什么，环境将发生什么变化以及我该怎么做"等 4 个问题。

自动驾驶技术大规模应用，其安全性必须优于人类司机驾驶。自动驾驶汽车主要由车辆本身、内部硬件（传感器、计算机等）以及用于做出驾驶决策的自动驾驶软件等 3 个子系统组成。车辆本身需由 OEM 认证；内部硬件也需在各种极端条件下充分测试其稳定性，达到车规级要求；自动驾驶软件方面，相关系统需经过百亿甚至千亿公里以上的测试来充分验证其安全性。据统计，人类司机平均每 1 亿公里发生致命事故 1～3 起。因此，自动驾驶技术要想大规模落地应用，其安全性上要必须优于人类司机驾驶。另外，大规模路测也是收集相关场景数据以便改进感知、决策等智能技术的必要手段。仿真环境下的虚拟路测与不涉及实际控制的影子模式可作为常规测试的补充，能够有效降低路测成本。

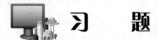

习　　题

简答题

1. 什么是"互联网+"？主要特征有哪些？
2. 什么是"物联网"？物联网软件平台主要包括哪些？请阐述物联网的关键技术。
3. 什么是"云计算"？请阐述云计算的体系结构。
4. 什么是"区块链"？请阐述区块链的应用前景。
5. 人工智能典型技术有哪些？

第2篇 计算机应用技术

第5章 Word 文字处理软件

Microsoft Office 2010 是微软推出的新一代办公软件，该软件共有 6 个版本，分别是初级版、家庭及学生版、家庭及商业版、标准版、专业版和专业高级版，此外还推出 Office 2010 免费版本，其中仅包括 Word 和 Excel 应用。Microsoft Office 2010 的新界面简洁明快，标识也改为了全橙色。Office 2010 将采用新界面主题，由于程序功能的日益增多，微软专门为 Office 2010 开发了这套界面。本章主要讲文字处理软件 Word 2010 的应用。

 ## 5.1 Word 基本组成

Word 2010 是 Office 办公软件，用于创建和编辑各类型文档的应用软件，它适合家庭、文教、桌面办公和各种专业文稿排版领域，用来制作公文、报告、信函、文学作品等文字处理。Word 2010 有一个可视化的，也是"可见即可得"的用户图形界面，能够方便快捷地输入和编辑文字、图形、表格、公式和流程图。

5.1.1 Word 窗口组成

Word 启动后，出现在用户面前的就是 Word 窗口，这是一个标准的 Windows 应用程序窗口，如图 5-1 所示。

图 5-1　Word 2010 的窗口

它延续了 Word 2007 的特点，操作界面采用"面向结果"的用户界面，即按照用户希望完成的工作来组织程序功能，将不同的命令集中到不同的选项卡中，同时将相关联的功能按钮分别归类于不同的组中，从而有效地减少了用户查找命令的时间，办公效率得到了极大的提高。Word 程序窗口主要由快速访问工具栏、标题栏、选项卡、功能区、编辑区、任务窗格、状态栏等组成。

5.1.2　Word 文档的创建

用户可以在 Word 中新建空白文档，也可以根据 Word 提供的模板来新建带有一定格式和内容的文档。下面介绍创建新文档的方法。

1. 新建空白文档

方法 1：启动 Word 后，系统会自动创建一个名为"文档 1"的空白文档。

方法 2：选择"文件"→"新建"→"空白文档"选项，单击"创建"按钮，如图 5-2 所示。

方法 3：按【Ctrl+N】组合键，新建一个空白文档。

方法 4：在"快速访问工具栏"上添加"新建"按钮，并单击该按钮。

图 5-2　新建空白文档

2. 使用模板创建新文档

Word 提供了多种类型的模板，如简历、新闻稿、信函、报表等模板。利用这些模板，可以快速创建各种专业的文档。

例如，利用"黑领结简历"模板创建新文档。

① 选择"文件"→"新建"→"样本模板"选项，如图 5-3 所示。

图 5-3　样本模板

② 在"样本模板"中选择"黑领结简历"模板，如图 5-4 所示，单击"创建"按钮后新建文档，如图 5-5 所示。

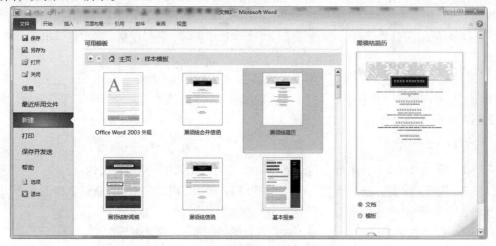

图 5-4　选择"黑领结简历"模板

图 5-5　新建的"黑领结简历"模板文档

如果更改了下载的模板，则可以将其保存在自己的计算机上以再次使用，称其为自定义模板。通过单击"新建文档"对话框中的"我的模板"，可以轻松找到所有的自定义模板。要将模板保存在"我的模板"文件夹中，请执行下列操作：

① 单击"文件"选项卡。

② 单击"另存为"选项，弹出"另存为"对话框。

③ 在"另存为"对话框中，单击"模板"。

④ 在"保存类型"列表中，单击"Word 模板"。

⑤ 在"文件名"框中输入模板名称，然后单击"保存"按钮。

5.1.3　Word 视图的使用

Word 提供了 5 种不同的视图，用多种显示方式来满足用户不同的需要。可通过单击状态栏右侧的视图切换按钮 ，或单击"视图"→"文档视图"组中的各视图按钮（见图 5-6）进行视图切换。

图 5-6　视图模式

1. 页面视图

页面视图是最常用的一种显示方式，具有"所见即所得"的显示效果。文档能按照用户设置的页面大小进行显示，显示的效果与打印效果完全相同。

2. 阅读版式视图

阅读版式视图适合对文档进行阅读和浏览。阅读版式视图可以把整篇文档分屏显示，文档中的文本可以为了适应屏幕而自动换行，功能区、功能选项卡等窗口元素被隐藏起来。在该视图中，可在不影响文件内容的前提下放大或缩小文字的显示比例，以便阅读。

3. Web 版式视图

Web 版式视图是专门用于创作 Web 页的视图方式。在此视图中，能够模仿 Web 浏览器来显示文档，可以看到文档的背景，且文档可自动换行，以适应窗口的大小，而不是以实际打印的形式显示。

4. 大纲视图

在大纲视图下，可以按照文档的标题分级显示，可以方便地在文档中进行大块文本的移动、复制、重组，以及查看整个文档的结构。

5. 草稿视图

草稿视图简化了页面布局，能够连续显示正文，页与页之间以虚线划分。在该视图下，文档只显示字体、字号、字形、段落缩进等最基本的文本格式，不显示页眉页脚、背景、图形、文本框和分栏等效果。

5.2　Word 文档编辑

创建新文档后就可以在编辑区进行文本编辑了。编辑文档最基本的工作就是输入文本，包括文字、字母、特殊符号等的输入，其次是对文档的一些修改操作，如删除、更正、替换等，以及 Word 文本的查找与替换等。

5.2.1 Word 文本输入和编辑

1. 输入普通文本

输入文本时首先要选择合适的输入法，由于 Windows 默认的语言是英语，一般情况下系统默认的是英文输入法。用户可通过键盘直接输入英文字符，输入中文时先把输入状态切换成想要的中文输入法，然后按相应的中文输入法规则来输入中文。

2. 输入特殊符号

在建立文档时，除了输入中文或英文外，还需要输入一些键盘上没有的特殊字符或图形符号，如数字符号、数字序号、单位符号和特殊符号、汉字的偏旁部首等。

有些符号没办法从键盘直接输入，例如，要在文中插入符号"★"，具体操作步骤如下：

① 确定插入点后，单击"插入"选项卡的"符号"组中的"符号"按钮后，可显示一些可以快速添加的符号按钮，如果需要的符号恰好在这里列出了，直接选择即可完成操作；如果没有找到自己想要的符号，可选择最下边的"其他符号"选项，如图 5-7 所示。

② 弹出"符号"对话框，在"符号"选项卡的"字体"下拉列表框中选择字体，在"子集"下拉列表框中选择一个专用字符集，在列表框中选中自己所需要的符号，如图 5-8 所示。

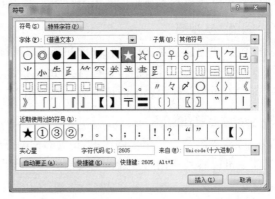

图 5-7 "符号"按钮　　　　　　　　图 5-8 "符号"对话框的"符号"选项卡

③ 单击"插入"按钮，或者在步骤②直接双击需要的符号即可在文档插入点后插入符号。

3. 插入公式

在编辑科技性的文档时，通常需要输入数理公式，其中含有许多的数学符号和运算式子。Microsoft Word 2010 包括编写和编辑公式的内置支持，可以满足人们日常大多数公式和数学符号的输入和编辑需求。

（1）插入内置公式

Word 内置了一些公式，供读者选择插入，具体操作步骤如下：

将光标置于文档中需要插入公式的位置，单击"插入"选项卡的"符号"组中的"公式"下方的下三角按钮，然后在"内置"公式下拉列表罗列的公式列表中单击选择所需公式。例如，选择"二次公式"，即可在文档光标处插入相应的公式，如图 5-9 所示。

$$x = \frac{-b \pm \sqrt{b^2 - 4ac}}{2a}$$

图 5-9 内置公式示例

（2）插入新公式

如果系统的内置公式不能满足要求，用户可以插入自己编辑的公式来满足自己的个性化需求。

【例 5-1】按图 5-10 所示的样式，建立一个数学公式。

① 决定公式输入位置：光标定位，单击"插入"选项卡的"符号"组中"公式"下方的下三角按钮，然后选择"内置"公式下拉列表的"插入新公式"命令，在光标处插入一个空白公式框，如图 5-11 所示。

$$A = \lim_{x \to 0} \frac{\int_0^x \cos^2 dx}{x}$$

图 5-10　数学公式

② 选中空白公式框，Word 会自动展开"公式工具→设计"选项卡，如图 5-12 所示。

在此处键入公式

图 5-11　空白公式框

③ 在文档光标处先输入"A="，然后选择"公式工具→设计"选项卡的"结构"组中的"极限和对数"按钮，在弹出的样式框中选择"极限"样式。

④ 利用方向键，将光标定位在 lim 下方，输入 x→0，再将光标定位在右侧。

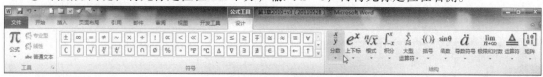

图 5-12　"公式工具→设计"选项卡

⑤ "公式工具→设计"选项卡的"结构"组中的"分数"按钮样式列表框的第一行第一列的样式，单击分母位置，输入 x，单击分子位置，选择"积分"按钮样式列表框的第一行第二列的样式。

⑥ 分别单击积分符号的下标与上标，输入 0 与 x，移动光标到右侧。

⑦ 选择"结构"组中的"上下标"按钮样式列表框的第一行第一列的样式，置位光标在底数输入框并输入 cos，置位光标在上标位置，输入 2。

⑧ 在积分公式右侧单击，输入 dx。最后效果图"专业型"的公式如图 5-10 所示。

5.2.2　Word 文本查找与替换

Word 的查找和替换功能非常强大，它既可以查找和替换普通文本，也可以查找或替换带有固定格式的文本，还可以查找或替换字符格式、段落标记等特定对象。尤其值得提出的是，它也支持使用通配符（如"Word *"或"张?"）进行查找。

（1）查找文本

查找是指从当前文档中查找指定的内容，如果查找前没有选取查找范围，Word 默认在整个文档中进行搜索；若要在某一部分文本范围内查找，则必须选定文本范围。

在"开始"选项卡的"编辑"组中单击"查找"按钮右侧的下拉箭头，在打开的列表中选择"高级查找"，弹出"查找和替换"对话框，默认显示的是"查找"选项卡，如图 5-13 所示。在"查找内容"文本框中输入要查找的内容，单击"查找下一处"按钮，完成第一次查找。被查找到的内容呈高亮显示。如果还要继续查找，单击"查找下一处"按钮继续向下查找。

（2）替换文本

按【Ctrl+H】组合键或在"开始"选项卡的"编辑"组中单击"替换"按钮，弹出如图 5-14 所示的"查找和替换"对话框，默认显示的是"替换"选项卡。在"查找内容"文本框中输入被替换的内容，在"替换为"文本框中输入用来替换的新内容。如果未输入新内容，被替换的内容将被删除。

① 有选择替换。在"替换"选项卡中，每单击一次"查找下一处"按钮，可找到被替换内容，若想替换则单击"替换"按钮；若不想替换则单击"查找下一处"按钮。

② 全部替换。单击"替换"选项卡中的"全部替换"按钮，则将查找到的所有被替换内容全部替换成新文本内容。

③ 设置替换选项。若要根据某些条件进行替换，可单击"更多"按钮，打开扩展对话框，如图 5-15 所示。在此可以对查找内容的形式进行限制。例如，选中"区分大小写"，就会只替换那些大小写与查找内容相符的文本。

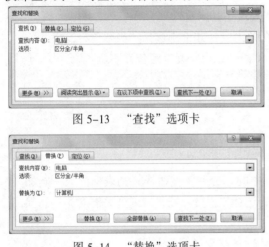

图 5-13 "查找"选项卡

图 5-15 打开扩展对话框

图 5-14 "替换"选项卡

④ 格式及特殊格式替换。Word 不仅能替换文本内容，还能替换文本格式或某些特殊字符。例如，将文档中字体为"黑体"的"计算机"全部替换为字体为"隶书"的"计算机"；将"手动换行符"替换为"段落标记"等。这些操作都可以通过图 5-15 中的"格式"按钮和"特殊格式"按钮来完成。

5.3 Word 文档格式化

文稿在输入和编辑后，要求字符格式化、段落格式化、页面格式化、插入元素的格式化等。格式化的操作涉及的设置很多，不同的设置会有不同的显示效果，需要在操作中多实践，从中体会格式化对文稿产生的不同效果。

5.3.1 Word 字体设置

文稿输入后，需要根据文稿使用场合和行文要求等，对文稿中的字符进行字体、字号、字形或其他特殊要求的字符设置，包括设定颜色等。

字符格式化可通过"开始"选项卡的"字体"组中的命令按钮进行设置，也可单击"开始"选项卡"字体"组右下角的"对话框启动器"按钮，弹出"字体"对话框，在其中的"字体"选项卡（见图 5-16）进行操作设置。

5.3.2　Word 段落设置

　　文稿中的段落编辑在文稿编辑中占有较重要的地位，因为文稿是以页面的形式展示给读者阅读的，段落设置的好坏，对整个页面的设计有较大的影响。段落设置有对段落的文稿对齐方式的设置、中文习惯的段落首行首字符的位置的设置、每个段落之间的距离的设置、每个段落里每行之间的距离的设置等。

　　段落格式化可以通过"开始"选项卡的"段落"组中的命令按钮进行设置，也可以单击"开始"选项卡"段落"组右下角的"对话框启动器"按钮，弹出"段落"对话框，在此进行设置。

图 5-16　"字体"选项卡

　　段落的对齐方式有以下几种：两端对齐、右对齐、居中对齐、分散对齐等，如图 5-17 所示，默认的对齐方式是两端对齐。要设置段落的对齐方式有两种方法，可以在"段落"组中单击相应对齐按钮，也可以在"段落"对话框中的"常规"选项卡"对齐方式"下拉列表中设置。

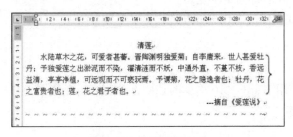

图 5-17　段落对齐方式

5.3.3　Word 分栏

　　分栏就是将文档分割成两三个相对独立的部分，如图 5-18 所示。利用 Word 的分栏功能，可以实现类似报纸或刊物、公告栏、新闻栏等的排版方式，既可美化页面，又方便阅读。

　　在文档中分栏的操作步骤如下：

① 选择要设置分栏的段落，或将光标置于要分栏的段落中。

② 在"页面布局"选项卡中单击"页面设置"组中的"分栏"按钮。

③ 在"分栏"下拉列表中可设置常用的一、二、三栏及偏左、偏右格局。如果有进一步的设置要求，可单击该列表的"更多分栏"选项，弹出"分栏"对话框，如图 5-19 所示。

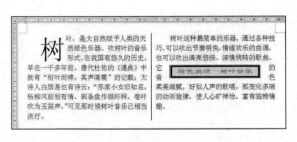

图 5-18　分栏示例

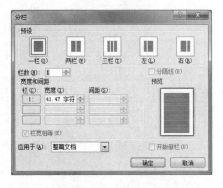

图 5-19　"分栏"对话框

5.4 Word 文档操作

5.4.1 Word 特殊文档的使用——邮件合并

在利用 Word 编辑文档时，通常会遇到这种情况：多个文档文本内容、格式基本相同，只是具体数据有所变化，如学生的获奖证书、荣誉证书、通知单、成绩报告单、信封等。

对于这类文档的处理，可以使用 Word 2010 提供的邮件合并功能，直接从源数据处提取数据，将其合并到 Word 文档中，最终自动生成一系列输出文档。

1. 操作方法

要实现邮件合并功能，通常需要如下 3 个关键步骤：

① 创建数据源。邮件合并中的数据源可以是 Excel 文件、Word 文档、Access 数据库、SQL Server 数据库、Outlook 联系人列表等。用户可以选择其中一种文件类型并建立这类文档作为邮件合并的数据源。

② 创建主文档。主文档是一个 Word 文档，包含了文档所需的基本内容并设置了符合要求的文档格式。主文档中的文本和图形格式在合并后都固定不变。

③ 关联主文档与数据源。利用 Word 2010 提供的邮件合并功能，实现将数据源合并到主文档中的操作，得到最终的合并文档。

2. 应用实例

现在以学生获取奖学金为例，说明如何使用 Word 2010 提供的邮件合并功能实现数据源与主文档的关联，最终自动批量生成一系列文档。

（1）创建数据源

采用 Excel 文件格式作为数据源。启动 Excel 2010，在表格中输入数据源文件内容。其中，第 1 行为标题行，其他行为数据行，共有 10 条数据，如图 5-20 所示，并以"获奖名单.xlsx"为文件名进行保存。其中，照片列数据为保存在文件夹"D:\邮件合并案例\Picture"中的照片文件名，文件夹之间用双反斜杠间隔。

图 5-20 Excel 数据源

（2）创建主文档

启动 Word 2010，设计获奖证书的内容及版面格式，并预留文档中相关信息的占位符。其中格式如下：全文段落格式为左右缩进各 5 个字符，单倍行距；"荣誉证书"所在行设置为华文行楷、一号、加粗并居中对齐，各字符间隔一个空格，段前 2 行，段后 1 行；"单位及日期"行设置为宋体、小四并右对齐；其余内容设置为宋体、小三并首行缩进 2 个字符；插入一个文本框，并设置文本框格式为宽度 3 厘米，高度 3.5 厘米，无边框线，文本框内部边距（上、下、左、右）均为 0 厘米，文本框中输入文本"【照片】"，并将文本框调整到合适的位

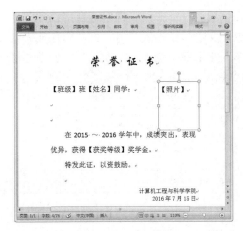

图 5-21　主文档

置，如图 5-21 所示，带"【 】"的文本为占位符。主文档设置完成后，以"荣誉证书.docx"为文件名进行保存。主文档的内容及格式设置，读者可自行操作，在此不再给出操作步骤。

（3）关联主文档与数据源

利用邮件合并功能，实现主文档与数据源的关联。基本要求为："班级""姓名""照片"及"获奖等级"用 Excel 数据源中的数据代替。如果是男生，在姓名后面同时显示"（男）"，否则显示"（女）"，各个同学的照片显示在文本框中。

详细操作步骤如下：

① 打开已创建的主文档，单击"邮件"选项卡"开始邮件合并"组中的"选择收件人"下拉按钮，在弹出的下拉列表中选择"使用现有列表"命令，弹出"选择数据源"对话框。

② 在对话框中选择已创建好的数据源文件"获奖名单.xlsx"，单击"打开"按钮。

③ 出现"选择表格"对话框，选择数据所在的工作表，默认为表 Sheet1，如图 5-22 所示，单击"确定"按钮将自动返回。

④ 在主文档中选中第 1 个占位符"班级"，单击"邮件"选项卡"编写和插入域"组中的"插入合并域"下拉按钮，在弹出的下拉列表中选择要插入的域"班级"。

⑤ 在主文档中选中第 2 个占位符"姓名"，按第④步操作，插入域"姓名"。

⑥ 将光标定位在《姓名》的后面，单击"邮件"选项卡"编写和插入域"组中的"规则"下拉按钮，弹出下拉列表。下拉列表中主要有以下可供选择的命令项：

- 询问：建立一个提示信息。
- 填充：按指定的文字进行填充。
- 如果…那么…否则…：建立一个条件，根据条件成立与否选择不同的结果。
- 合并记录：将当前记录进行合并。
- 合并序列：合并记录序列号。
- 下一记录：转到邮件合并的下一条记录。
- 下一记录条件：按条件转到邮件合并的下一条记录。
- 设置书签：为书签指定新文本。
- 跳过记录条件：在邮件合并时按条件跳过一条记录。

这里选择下拉列表中的"如果…那么…否则…"命令，弹出"插入 Word 域：IF"对话框。

在"域名"下拉列表框中选择"性别"，"比较条件"下拉列表框中选择"等于"，"比较对象"文本框中输入"男"，"则在插入此文字"文本框中输入"（男）"，"否则在插入此文字"文本框中输入"（女）"，如图 5-23 所示。单击"确定"按钮返回。

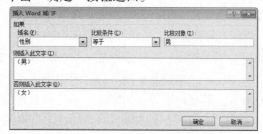

图 5-22　"选择表格"对话框　　　　　图 5-23　"插入 Word 域：IF"对话框

⑦ 按照插入域"班级"的方法插入域"获奖等级"。

⑧ 文本框中域"照片"的插入，可按下面方法进行操作。

· 选择文本框中的文本"照片"，单击"邮件"选项卡"编写和插入域"组中的"插入合并域"下拉按钮，在弹出的下拉列表中选择要插入的域"照片"。"照片"自动更改为"《照片》"，如图 5-24 所示。

· 右击文本框中的域"《照片》"，在弹出的快捷菜单中选择"切换域代码"命令，域"《照片》"变为"{ MERGEFIELD 照片 }"，拖动鼠标，选择文本"MERGEFIELD 照片"，按组合键【Ctrl+F9】添加域，则在文本"MERGEFIELD 照片"外面又增加了一对花括号。

· 手动输入域代码：INCLUDEPICTURE，并将里面的域"{ MERGEFIELD 照片 }"添加一对英文状态下的双引号""""。

· 按组合键【Alt+F9】切换域代码，显示结果与图 5-25 所示相同。

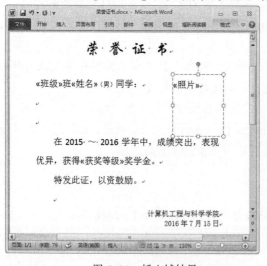

图 5-24　插入域结果　　　　　　　图 5-25　域"照片"设置

⑨ 文档中的所有占位符被插入域后，单击"邮件"选项卡"预览效果"组中的"预览结果"按钮，将显示主文档和数据源关联后的第一条数据结果，单击查看记录按钮 ◄ 1 ► ◄|，可逐条显示各记录对应数据源的数据。

⑩ 单击"邮件"选项卡"完成"组中的"完成并合并"下拉按钮，在弹出的下拉列表

中选择"编辑单个文档"命令，将弹出"合并到新文档"对话框，如图 5-26 所示。

⑪ 在对话框中选中"全部"单选按钮，然后单击"确定"按钮，Word 将自动合并文档并将全部记录放到一个新文档"信函 1.docx"中，生成一个包含 10 条数据信息的长文档，如图 5-27 所示。

图 5-26　"合并到新文档"对话框

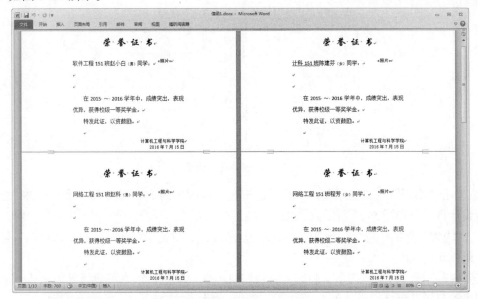

图 5-27　邮件合并文档

⑫ 其中，文本框中并没有显示学生的照片，还是以域名的方式显示，需要进行域的更新操作。单击文档"信函 1.docx"中第一位学生的文本框中的"《照片》"，按功能键【F9】，文本框中将自动显示该学生的照片。

⑬ 文档中的其余域"《照片》"按步骤⑫进行更新，将自动显示对应学生的照片，操作结果如图 5-28 所示。

⑭ 将文档"信函 1.docx"重新以"荣誉证书文档.docx"为文件名进行保存。

5.4.2　制作目录

目录是文档中各级别的标题及所在页码的列表。在书籍、论文等文档的编辑中，通常需要在文档的开头插入目录。Word 提供了方便的目录自动生成功能。通过目录，用户可以了解当前文档的内容纲要，也可以快速定位到某个标题。

在文档发生改变后，可以利用更新目录的功能来快速反映出文档中的标题内容、位置及页码的变化。

1. 插入目录

在创建目录前必须先设置文档中各标题的样式，如将各标题设置为标题 1、标题 2 等样式。插入目录的具体操作步骤如下：

① 将光标定位于需插入目录的位置。

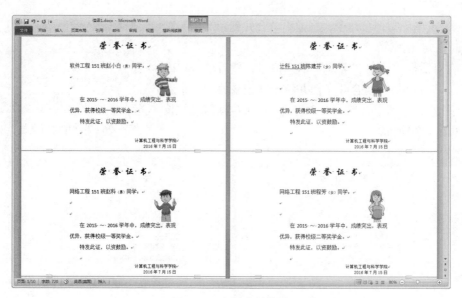

图 5-28　邮件合并结果

② 单击"引用"→"目录"→"目录"按钮，在弹出的下拉列表中选择所需的目录样式或自行设计目录，如图 5-29 所示。

③ "内置"面板中包含几种 Word 内置的目录样式，单击所需的目录样式即可插入相应样式的目录。

④ 选择"插入目录"选项，弹出"目录"对话框，在对话框中设置目录的格式、显示级别、制表符前导符等格式后，单击"确定"按钮，如图 5-30 所示，即可插入目录。

2. 更新目录

利用 Word 提供的目录生成功能所生成的目录，可以随时进行更新。单击"引用"→"目录"→"更新目录"按钮，弹出图 5-31 所示的"更新目录"对话框，在对话框中选择更新的内容后，单击"确定"按钮完成目录的更新。

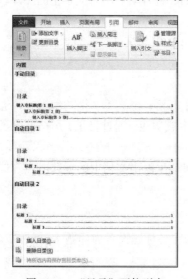

图 5-29　"目录"下拉列表

图 5-30　"目录"对话框

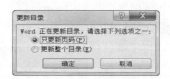

图 5-31　"更新目录"对话框

5.4.3　Word 文档的引用与审阅

1. 脚注与尾注

脚注与尾注在文档中主要用于对文本进行补充说明，例如单词解释、备注说明或提供文档中引用内容的来源等。脚注通常位于页面的底部，用来说明每页中要注释的内容。尾注位于文档结尾处，用来集中解释需要注释的内容或标注文档中所引用的其他文档名称。脚注和尾注由两部分组成：引用标记及注释内容。引用标记可自动编号或自定义标记。

在文档中，脚注和尾注的插入、修改或编辑方法完全相同，区别在于它们出现的位置不同。本节以脚注为例介绍其相关操作，尾注的操作方法类似。

（1）插入及修改脚注

在文档中，可以同时插入脚注和尾注注释文本，也可以在文档中的任何位置添加脚注或尾注进行注释。默认设置下，Word 在同一文档中对脚注和尾注采用不同的编号方案。插入脚注的操作步骤如下：

① 将光标移到要插入脚注的文本位置处，单击"引用"选项卡"脚注"组中的"插入脚注"按钮，此时即可在文档选择的位置处看到脚注标记。

② 在当前页最下方光标闪烁处输入注释内容，即可实现插入脚注操作。

插入第 1 个脚注后，可按相同操作方法插入第 2 个、第 3 个……，并实现脚注的自动编号。如果用户要修改某个脚注内容，光标定位在该脚注内容处，然后直接进行修改。也可在两个脚注之间插入新的脚注，编号将自动更新。如图 5-32 所示，文档中插入了两个脚注。

（2）修改或删除分隔符

在 Word 文档中，用一条短横线将文档正文与脚注或尾注分隔开，这条线称为注释分隔符。用户可以修改或删除注释分隔符。

① 单击 Word 窗口下面的状态栏右侧的"草稿"视图按钮，将文档视图切换到草稿视图。

② 单击"引用"选项卡"脚注"组中的"显示备注"按钮。

③ 在文档正文的下方将出现如图 5-33 所示的操作界面。在"脚注"下拉列表框中选择"脚注分隔符"或"脚注延续分隔符"。

④ 对出现的注释分隔符进行修改。如果要删除注释分隔符，按【Delete】键进行删除即可。

⑤ 单击状态栏右侧的"页面视图"按钮，将文档视图切换到页面视图，可查看操作后的效果。

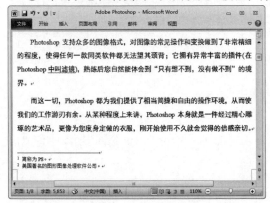

图 5-32　插入两个脚注

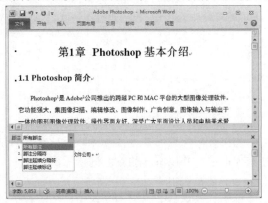

图 5-33　修改或编辑脚注

（3）删除脚注

要删除单个脚注，只需选中文本右上角的脚注标记，按【Delete】键即可删除脚注内容。Word 将自动对其余脚注编号进行更新。

要一次性删除整个文档中的所有脚注，方法是利用"查找和替换"对话框实现。操作方法为：单击"开始"选项卡"编辑"组中的"替换"按钮，将弹出"查找和替换"对话框；单击"更多"按钮，将光标定位在"查找内容"下拉列表框中，单击"特殊格式"下拉按钮，选择"脚注标记"；"替换为"下拉列表框中设为空；单击"全部替换"按钮，系统将出现替换完成对话框，单击"确定"按钮即可实现对当前文档中全部脚注的删除操作。

（4）脚注与尾注的相互转换

脚注与尾注之间可以进行相互转换，操作步骤如下：

① 将光标移到某个要转换的脚注注释内容处右击，在弹出的快捷菜单中选择"转换至尾注"命令，即可实现脚注到尾注的转换操作。

② 将光标移到某个要转换的尾注注释内容处右击，在弹出的快捷菜单中选择"转换至脚注"命令，即可实现尾注到脚注的转换操作。

除了前面介绍的插入脚注与尾注的方法外，还可以利用"脚注和尾注"对话框来实现脚注与尾注的插入、修改及相互转换操作。单击"引用"选项卡"脚注"组右下角的对话框启动器按钮 ，弹出"脚注和尾注"对话框，如图 5-34（a）所示，可以插入脚注或尾注，还可以设定各种格式。在对话框中单击"转换"按钮，将出现如图 5-34（b）所示的"转换注释"对话框，可实现脚注和尾注之间的相互转换。

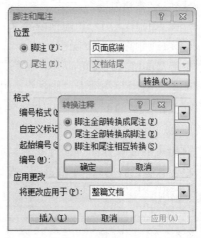

（a）"脚注和尾注"对话框　　　　　　　　　（b）"转换注释"对话框

图 5-34　脚注和尾注间转换

2. 添加批注和修订

当需要对文档内容进行特殊的注释说明时就要用到批注。Word 2010 允许多个审阅者对文档添加批注，并以不同的颜色进行标识。

（1）基本知识

批注是文档的审阅者为文档附加的注释、说明、建议、意见等信息，并不对文档本身的内容进行修改。批注通常用于表达审阅者的意见或对文档内容提出质疑。

　　修订是显示对文档所做的诸如插入、删除或其他编辑操作的标记。启用修订功能，审阅者的每一次编辑操作，例如插入、删除或更改格式等都会被标记出来，用户可根据需要接受或拒绝每处的修订。只有接受修订，对文档的编辑修改才生效，否则文档内容保持不变。

　　批注与修订的区别在于批注并不在原文的基础上进行修改，而是在文档页面的空白处添加相关的注释信息，并用带颜色的方框括起来，而修订会记录对文档所做的各种修改操作。

　　（2）批注与修订的设置

　　用户在对文档内容进行有关批注与修订操作之前，可以根据实际需要事先设置批注与修订的用户名、位置、外观等内容。

　　① 用户名设置。在文档中添加批注或进行修订后，用户可以查看批注者或修订者名称。批注者或修订者名称默认为安装 Office 软件时注册的用户名，可以根据需要对用户名进行修改。

　　单击"审阅"选项卡"修订"组中的"修订"下拉按钮，在弹出的下拉列表中选择"更改用户名"命令，将打开"Word 选项"对话框。或者在功能区任意空白处右击，在弹出的快捷菜单中选择"自定义功能区"命令。或者单击"文件"选项卡中的"选项"按钮，也可打开"Word 选项"对话框。在打开的"Word 选项"对话框的"常规"选项卡中，在"用户名"文本框中输入新用户名，在"缩写"文本框中修改用户名的缩写，单击"确定"按钮使设置生效。

　　② 位置设置。在 Word 文档中，添加的批注位置默认为文档右侧。对于修订，直接在文档中显示修订位置。批注及修订还可以被设置成以"垂直审阅窗格"或"水平审阅窗格"形式显示。

　　单击"审阅"选项卡"修订"组中的"显示标记"下拉按钮，在弹出的下拉列表中选择"批注框"中的一种显示方式。可选择"在批注框中显示修订""以嵌入式显示所有修订"或"仅在批注框中显示批注和格式"之一进行设置。

　　单击"审阅"选项卡"修订"组中的"审阅窗格"下拉按钮，在弹出的下拉列表中选择"垂直审阅窗格"命令，将在文档的左侧显示批注和修订的内容。若选择"水平审阅窗格"命令，将在文档的下方显示批注和修订的内容。

　　③ 外观设置。主要是对批注和修订标记的颜色、边框、大小等进行设置。单击"审阅"选项卡"修订"组中的"修订"下拉按钮，在弹出的下拉列表中选择"修订选项"命令，将弹出"修订选项"对话框，如图 5-35 所示。根据用户的实际需要，可以对相应选项进行设置，单击"确定"按钮完成设置。

　　Word 2010 提供的修订功能用于审阅者标记对文档中所做的编辑操作，方便用户根据这些修订来接受或拒绝所做的修订内容。对于批注，主要包括批注的添加、查看、编辑、隐藏、删除等操作；对于修订，主要包括修订功能的打开与关闭，修订的查看、审阅，比较文档等操作。

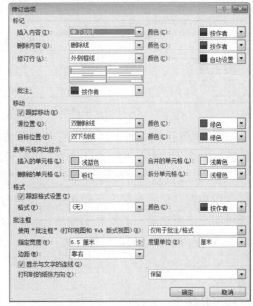

图 5-35　"修订选项"对话框

（3）批注的操作

① 添加批注。用于在文档中对选中的文本添加批注，具体的操作步骤如下：

在文档中选中要添加批注的文本（或将光标定位在要添加批注的位置，将自动选中邻近的短语），单击"审阅"选项卡"批注"组中的"新建批注"按钮 ￼。

选中的文本将被填充颜色，并且用一对括号括起来，旁边引出批注框，用户直接在批注框中输入批注内容，再单击批注框外的任何区域，即可完成添加批注操作，如图 5-36 所示。

② 查看批注。添加批注后，将鼠标指针移至文档中添加批注的对象上，鼠标指针附近将出现浮动窗口，窗口内显示批注者名称、批注日期和时间以及批注的内容。其中，批注者名称默认为安装 Office 软件时注册的用户名。在查看批注时，用户可以查看所有审阅者的批注，也可以根据需要分别查看不同审阅者的批注。

单击"审阅"选项卡"批注"组中的"上一条"或"下一条"按钮，可使光标在批注之间移动，以查看文档中的所有批注。

文档默认显示所有审阅者添加的批注，可以根据实际需要仅显示指定审阅者添加的批注。单击"审阅"选项卡"修订"组中的"显示标记"下拉按钮，在弹出的下拉列表中选择"审阅者"，级联菜单中会显示文档的所有审阅者。取消选中或选中审阅者前面的复选框，可实现隐藏或显示选中的审阅者的批注，其操作界面如图 5-37 所示。

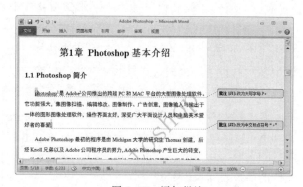

图 5-36　添加批注

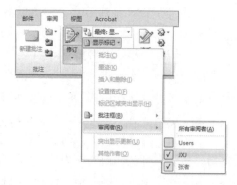

图 5-37　查看批注审阅者

③ 编辑批注。如果对批注的内容不满意，可以进行编辑和修改，其操作方法为：单击要修改的某个批注框，直接进行修改。修改后单击批注框外的任何区域，完成批注的编辑和修改。

④ 隐藏批注。可以将文档中的批注隐藏起来，其操作方法为：单击"审阅"选项卡"修订"组中的"显示标记"下拉按钮，在弹出的下拉列表中取消选择"批注"命令前面的复选框即可实现隐藏功能。若要显示批注，再次选中此项功能即可。

⑤ 删除批注。可以选择性地进行单个或多个批注删除，也可以一次性地删除所有批注。

• 删除单个批注。右击该批注，在弹出的快捷菜单中选择"删除批注"命令，或单击"审阅"选项卡"批注"组中的"删除"按钮 ￼即可，或单击"审阅"选项卡"批注"组中的"删除"下拉按钮，在弹出的下拉列表中选择"删除"命令。

• 删除所有批注。单击"审阅"选项卡"批注"组中的"删除"下拉按钮，在弹出的下拉列表中选择"删除文档中的所有批注"命令即可。

• 删除指定审阅者的批注。首先要进行指定审阅者操作，然后进行删除操作。单击"审阅"选项卡"批注"组中的"删除"下拉按钮，在弹出的下拉列表中选择"删除所有显示的批注"

命令即可删除指定审阅者的批注。

（4）修订的操作

修订的操作过程如下：

① 打开或关闭文档的修订功能。在 Word 文档中，系统默认方式是将文档的修订功能关闭。打开或关闭文档的修订功能的操作为：单击"审阅"选项卡"修订"组中的"修订"按钮即可，或者单击"修订"下拉按钮，在弹出的下拉列表中选择"修订"命令。如果"修订"按钮以加亮突出显示，形如，则打开了文档的修订功能，否则文档的修订功能为关闭状态。

在修订状态下，审阅者或作者对文档内容的所有操作，例如插入、修改、删除或格式更改等，都将被记录下来，这样可以查看文档中的修订操作，并根据需要进行确认或取消修订操作。

② 查看修订。对 Word 文档进行修订后，文档中包括批注、插入、删除、格式设置等修订标记，可以根据修订的类别查看修订。默认状态下可以查看文档中所有的修订。单击"审阅"选项卡"修订"组中的"显示标记"下拉按钮，会弹出下拉列表。在下拉列表中，可以看到"批注""墨迹""插入和删除""设置格式""标记区域突出显示"和"突出显示更新"等命令，可以根据需要取消或选择这些命令，相应标注或修订效果将会自动隐藏或显示，以实现查看某一项的修订。

单击"审阅"选项卡"更改"组中的"上一条"或"下一条"按钮，可以逐条显示修订标记。

单击"审阅"选项卡"修订"组中的"审阅窗格"下拉按钮，在弹出的下拉列表中选择"垂直审阅窗格"或"水平审阅窗格"命令，将分别在文档的左侧或下方显示批注和修订的内容以及标记修订和插入批注的用户名和时间。

③ 审阅修订。对文档进行修订后，可以根据需要，对这些修订进行接受或拒绝处理。

如果接受修订，单击"审阅"选项卡"更改"组中的"接受"下拉按钮，将弹出下拉列表，可根据需要选择相应的接受修订命令。

- 接受并移到下一条：表示接受当前这条修订操作并自动移到下一条修订上。
- 接受修订：表示接受当前这条修订操作。
- 接受所有显示的修订：表示接受指定审阅者所做出的修订操作。
- 接受对文档的所有修订：表示接受文档中所有的修订操作。

如果要拒绝修订，单击"审阅"选项卡"更改"组中的"拒绝"下拉按钮，将弹出下拉列表，可根据需要选择相应的拒绝修订命令。

- 拒绝并移到下一条：表示拒绝当前这条修订操作并自动移到下一条修订上。
- 拒绝修订：表示拒绝当前这条修订操作。
- 拒绝所有显示的修订：表示拒绝指定审阅者所做出的修订操作。
- 拒绝对文档的所有修订：表示拒绝文档中所有的修订操作。

接受或拒绝修订还可以通过快捷菜单方式来实现。右击某个修订，在弹出的快捷菜单中选择"接受修订"或"拒绝修订"命令即可实现当前修订的接受或拒绝操作。

④ 比较文档。由于 Word 2010 对修订功能默认为关闭状态，如果审阅者直接修订了文档，而没有添加修订标记，就无法准确获得修改信息。可以通过 Word 2010 提供的比较审阅后的文档功能实现修订操作前后的文档间的区别对照，具体操作步骤如下：

单击"审阅"选项卡"比较"组中的"比较"下拉按钮，在弹出的下拉列表中选择"比较"命令，弹出"比较文档"对话框。

在"比较文档"对话框中的"原文档"下拉列表框中选择要比较的原文档，在"修订的文档"下拉列表框中选择修订后的文档。也可以单击这两个下拉列表框右侧的"打开"按钮 ，在"打开"对话框中选择原文档和修订后的文档。

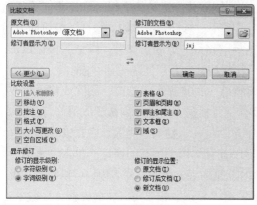

图 5-38   "比较文档"对话框

单击"更多"按钮，会展开更多选项供用户选择。用户可以对比较内容进行设置，也可以对修订的显示级别和显示位置进行设置，如图 5-38 所示。

单击"确定"按钮，Word 将自动对原文档和修订后的文档进行精确比较，并以修订方式显示两个文档的不同之处。默认情况下，比较结果将显示在新建的文档中，被比较的两个文档内容不变。

如图 5-39 所示，比较文档窗口分 4 个区域，分别显示两个文档的内容、比较的结果以及修订摘要。单击"审阅"选项卡"更改"组中的"接受"或"拒绝"下拉按钮，在下拉列表中选择所需命令，可以对比较生成的文档进行审阅操作，最后单击"保存"按钮，将审阅后的文档进行保存。

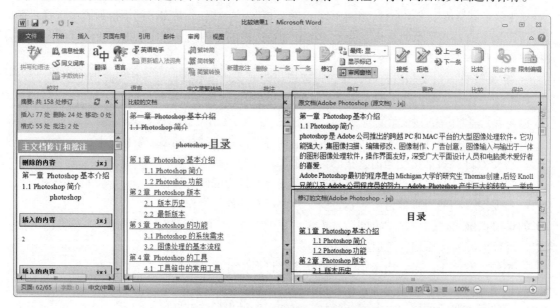

图 5-39   比较后的结果

Word 2010 还可以将多位审阅者的修订组合到一个文档中，这可以通过合并功能实现。单击"审阅"选项卡"比较"组中的"比较"下拉按钮，在弹出的下拉列表中选择"合并"命令，然后在弹出的"合并文档"对话框中实现合并功能，其操作步骤类似于比较文档。

5.4.4   Word 文档的保存

对文档的编辑或排版都只是在 Word 环境下进行的，并没有将真正编排后的文档写到磁盘上，所以完成编辑工作后，必须将文档保存到磁盘上。保存文件有以下几种方式：

（1）保存新文档

第一次保存文档时必须给该文档命名，并确定其存放的位置，以便以后查找。单击"快速访问工具栏"上的"保存"按钮，弹出"另存为"对话框。单击"保存位置"列表框的下三角按钮，从下拉列表中选择所需文件夹，指定要保存文档的位置。在"文件名"文本框中，Word会根据文档第一行的内容，自动给出文件名，用户也可输入一个新文件名取代它，如"练习.docx"。单击"保存"按钮，该文档就以"练习.docx"为文件名保存到指定的文件夹中了。保存时如果想保存为 Word 2003 兼容的 doc 类型，则需在"保存类型"下拉列表中选择"Word 97–2003 文档（*.doc）"选项。

（2）保存已有文档

对于已命名并保存过的文档，只要随时单击"快速访问工具栏"上的"保存"按钮，或者单击"文件"选项卡中的"保存"命令，系统自动将当前文档保存到同名文档中，不再显示"另存为"对话框。一般 Word 2010 为了文本的安全，会预先设置"自动保存时间间隔"，根据时间间隔，如 10 分钟把所编辑的文本自动保存一次。可以通过"文件"选项卡中的"选项"命令，在"Word 选项"对话框中的"保存"选项卡中设置自动保存时间间隔。

（3）另存文件

当要改变现有文档的名字、目录或文件格式，可单击"文件"选项卡中的"另存为"命令，这时系统会弹出"另存为"对话框。输入文件名和选择相应文件夹后单击"保存"命令，系统会在指定位置创建一个新的文件。例如，若想在 Word 2003 中打开 docx 类型的文档，可以先将该文档在 Word 2010 中打开，选择"另存为"命令，在"另存为"对话框中的"保存类型"下拉列表中选择"Word 97–2003 文档（*.doc）"选项，即将该文件另存为 Word 2003 兼容的 doc 类型。

5.4.5　自动恢复功能

"自动恢复"功能不能代替通过单击"保存"手动保存您的工作。定期保存文件是保护您所做工作的最可靠的方式，但有时 Microsoft Office 程序会在您保存对正处理的文件所做的更改之前关闭。可能的原因包括：发生了断电情况；系统受另一个程序影响而变得不稳定；Microsoft Office 程序本身出现了问题；未保存文件就关闭了它。

尽管无法总是防止上面这些问题，但您可以采取一些步骤，以便在 Office 程序异常关闭时保护您的工作。用键盘快捷方式保存文件的方法是按【Ctrl+S】组合键。

"自动恢复"选项可通过两种途径帮助您避免丢失所做的工作。

① 自动保存您的数据：如果启用"自动恢复"，您的文件将会按所需间隔自动保存。因此，如果您已经工作很长时间但忘记了保存文件，或者发生了断电问题，则您一直在处理的文件将包含您自上次保存该文件以来所完成的全部工作或至少部分工作。

② 自动保存您的程序状态：启用"自动恢复"的另一个好处是当程序在意外关闭后重新启动时，可以恢复程序状态的某些方面。

例如，假设您正在同时处理多个 Excel 工作簿。每个文件都在不同的窗口中打开，并且在每个窗口中都可以看到具体数据。在其中一个工作簿中选中了一个单元格，以帮助您跟踪您已经检查了哪些行，然后 Excel 崩溃。当您重新启动 Excel 时，它会再次打开这些工作簿，并且将所有窗口还原到 Excel 崩溃之前的样子，并且保留跟踪单元格中的信息。

尽管并非程序状态的每个方面都可以恢复，但恢复功能通常可以帮助您更快速地返回上一状态。

启用和调整"自动恢复"及"自动保存"的方法为：单击"文件"选项卡"选项"命令，在弹出的"Word 选项"对话框中单击"保存"。选中"保存自动恢复信息时间间隔 x 分钟"复选框。在"分钟"字段中，指定您希望程序保存数据和程序状态的频率。例如，如果每隔 15 分钟才保存恢复文件，则恢复文件将不包含在发生电源故障或其他问题之前最后 14 分钟所做的工作。

用户还可以更改程序自动保存您所处理的文件版本的位置（在"自动恢复文件位置"框中指定）。

启用"恢复未保存的版本"：单击"文件"选项卡"选项"命令，在弹出的"Word 选项"对话框中单击"保存"。选中"如果我没保存就关闭，请保留上次自动保存的版本"复选框。 此功能仅适用于 Word 2010、Excel 2010 和 PowerPoint 2010。若要使用此功能，必须启用自动恢复。

如果已启用"自动恢复"，则可以打开、还原或删除文件的自动保存版本。有关详细信息，请参阅恢复文件的自动保存版本。

5.4.6　Word 文档保存的类型

Word 的默认保存位置是文档库，默认的扩展名为.docx。Word 可保存的类型有文档（.docx）、Word 97-2003（.doc）、OpenDocument 文本（.odt）、模板（.dotx）、纯文本（.txt）、RTF 格式（.rtf）、单个网页（.mht、.mhtml）、PDF/XPS 文档（.pdf、.xps）等类型。

为文档设置密码可以有效防止其他人对文档的访问或未经授权的修改和查阅。当用户需要对文档进行密码保护时，Word 提供了两种方法。

（1）使用"保护文档"按钮

"保护文档"按钮提供了五种加密方式，这里以最常用的"用密码进行加密"方式进行介绍。单击"文件"选项卡，选择"信息"命令，单击"保护文档"按钮在弹出的下拉菜单中选择"用密码进行加密"选项，弹出如图 5-40 所示的对话框，用户在其中输入欲设置的密码并进行确认即可。设置完毕后，"保护文档"按钮右侧的"权限"由黑色变为红色，此后用户再想打开此文档，必须在系统弹出的"密码"对话框中输入正确的密码，否则系统会提示密码错误，无法打开文档。

（2）使用"另存为"对话框

单击"文件"选项卡，选择"另存为"选项弹出 "另存为"对话框，单击"工具"按钮，在弹出的菜单中选择"常规选项"，弹出如图 5-41 所示的"常规选项"对话框。在该对话框中可设置文档的"打开文件时的密码"和"修改文件时的密码"。

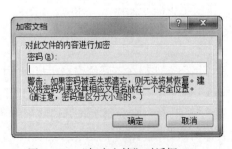

图 5-40　"加密文档"对话框

图 5-41　"常规选项"对话框

5.5　Word 图文混排

　　一篇文稿，除了字符之外，往往还需要有图形、表格、图表配合说明。如果是学术文稿，有时还需要输入公式和流程图示。此外 Word 还提供了如文本框这样的特殊的文稿输入方式，以使文稿在排版上更符合实际需要。图 5-42 所示为插入元素范例。

　　本节要求掌握图片、剪贴画、形状（绘图）、SmartArt 图形、公式、艺术字、书签、表格和文本框的建立应用。这些插入元素在文稿中的创立经常与文稿调整有密切的关系。所以要求在学习中注重多次调试，尤其要求掌握插入对象后，对对象的快捷菜单的操作应用。这个菜单的各种操作对加工、调整插入对象的最终效果有着重要的作用，如图 5-43 所示，这个菜单分上下两个。

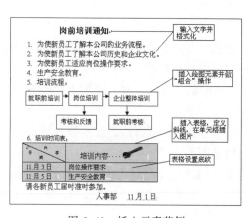

图 5-42　插入元素范例

图 5-43　对象的快捷菜单

　　插入元素如图表、SmartArt 图形、形状（绘图）、文本框、图片、表格和艺术字等元素在被选中操作时，在选项卡栏的右侧都会出现相应的该插入元素的工具选项卡，下面的功能区就是该工具选项卡的详细应用。掌握插入元素的工具选项卡的应用，才能快速准确插入各元素。

5.5.1　插入文本框

　　Word 在文稿输入操作时，在光标引导下，按从上到下、从左到右的顺序进行输入。在实际的文稿排版中，往往排版上有不同的要求，这些要求并不是可以用分栏或格式化就能完成的。引入文本框这样的操作，能较好地完成排版的特殊要求，如可以在页面的任何位置完成文稿的输入或图片、表格等元素的插入操作。

　　文本框属于一种图形对象，它实际上是一个容器，可以放置文本、表格和图形等内容。用文本框可以创造特殊的文本版面效果，实现与页面文本的环绕、脚注或尾注。文本框内的文本可以进行段落和字体设置，并且文本框可以移动，调节大小。使用文本框可以将文本、表格、图形等内容像图片一样放置在文档中的任意位置，即实现图文混排。

　　根据文稿的需要，单击"插入"选项卡"文本"组中的"文本框"按钮后，在文本框下拉列表中选择"绘制文本框"命令，光标变为十字形，在页面的任意位置拖动形成活动方框。在这个活动方框中可以输入文字或图片。

5.5.2 插入图片

Word 可在文档中插入图片，图片可以从剪贴画库、扫描仪或数码照相机中获得，也可以从本地磁盘（来自文件）、网络驱动器以及互联网上获取，还可以取自 Word 本身自带的剪贴图片。图片插入在光标处，经过图片的快捷菜单，如设置图片格式、调整图片的大小、设置与本页文字的环绕关系等，以取得合适的编排效果。

插入各种类型图片的操作都可以通过单击"插入"选项卡的"插图"组中的相应命令按钮来实现，允许用户插入包括来自文件的图片、剪贴画、现成的形状（如文本框、箭头、矩形、线条、流程图等）、SmartArt 图形（包括图形列表、流程图及更为复杂的图形）、图表及屏幕截图（插入任何未最小化到任务栏的程序图片）。

5.5.3 插入形状

1. 插入自选图形

Word 中可用的形状包括线条、基本几何形状、箭头、公式形状、流程图、星与旗帜、标注，利用这些形状可以组合成更复杂的形状。插入自选图形的操作步骤如下：

① 选择"插入"选项卡，单击"插图"组中的"形状"按钮，在打开的下拉列表中列出了各种形状。

② 选择所需图形，鼠标指针变为十字形，在文档中单击即可将所选图形插入到文档中，或在文档中按左键并拖动，松开鼠标后即可绘制出所选图形。

③ 如需要连续插入多个相同的形状，可在所需图形上右击，在弹出的快捷菜单中选择"锁定绘图模式"命令，然后在文档中连续单击即可插入多个所选形状。绘制完成后按【Esc】键取消插入。

2. 图形的编辑

对画好的图形进行操作，可以单击选择单个图形，如果要同时选中多个图形，可先按住【Shift】键，再依次单击每个图形。对于调整图形大小等操作，可通过"布局"对话框进行设置。当选中图形时，功能区上显示"绘图工具"的"格式"选项卡。

当在文档中有多个图形对象时，为了使页面整齐，也使图文混排变得容易、方便，需要进行图形对象的组合、对齐方式和层次关系的调整等操作。

① 组合图形：如果要把几个图形组合成一个整体进行操作，首先要同时选中要组合的图形，然后右击，在弹出的快捷菜单中选择"组合"，即可将多个图形组合为一个图形对象。

② 对组合图形取消组合：选中组合对象，右击，在弹出的快捷菜单中选择"取消组合"命令，即可将组合的图形对象分离为独立的图形。

③ 多图形的对齐操作：选中一组图形，选择"绘图工具→格式"选项卡，单击"排列"组中的"对齐"按钮，在打开的下拉列表中可选择相关的命令，可以安排这组图形的水平对齐方式，如左对齐、居中和右对齐，也可以对垂直对齐方式进行选择，主要有顶端对齐、垂直居中和底端对齐。

④ 设置多图形的层次关系：在文档中插入的多个图形时，若位置相同时会造成重叠，可以通过设置图形的层次关系来调整重叠图形的前后次序。选中一个图形，右击，在弹出的快捷菜单中有"置于顶层"和"置于底层"命令，其下级级联菜单中还有"上移一层"和"下移一层"命令。通过这些命令，可以对多个图形对象叠放的次序进行调整。

5.5.4　插入 SmartArt 图形

在实际工作中，经常需要在文档中插入一些图形，如工作流程图、图形列表等比较复杂的图形，以增加文稿的说服力。Word 2010 提供了 SmartArt 图形功能。SmartArt 图形是信息和观点的视觉表示形式。可以通过从多种不同布局中选择创建 SmartArt 图形，从而快速、轻松、有效地传达信息。

绘制图形可以使用 SmartArt 图形完成。SmartArt 图形是 Word 设置的图形、文字以及其样式的集合，包括列表（36 个）、流程（44 个）、循环（16 个）、层次结构（13 个）、关系（37 个）、矩阵（4 个）、棱锥（4 个）和图片（31 个）共 8 个类型 185 个图样。单击"插入"选项卡的"插图"组中的 SmartArt 按钮，会弹出"选择 SmartArt 图形"对话框，如图 5-44 所示。表 5-1 列出了"选择 SmartArt 图形"对话框中各图形类型和用途的说明。

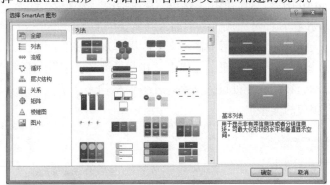

图 5-44　"选择 SmartArt 图形"对话框

表 5-1　图形类型及用途

图形类型	图形用途	图形类型	图形用途
列表	显示无序信息	图片	用于显示图片
流程	在流程或日程表中显示步骤		压缩图片
循环	显示连续的流程		文字环绕
层次结构	显示决策树，创建组织结构图		设置图片格式
关系	图示连接		设置透明色
矩阵	显示各部分如何与整体关联		重设图片
棱锥图	显示与顶部或底部最大部分的比例关系		

1. 布局考虑

为 SmartArt 图形选择布局时，要考虑该图形需要传达什么信息以及是否希望信息以某种特定方式显示。通常，在形状个数和文字量仅限于表示要点时，SmartArt 图形最有效。如果文字量较大，则会分散 SmartArt 图形的视觉吸引力，使这种图形难以直观地传达您的信息。但某些布局（如"列表"类型中的"梯形列表"）适用于文字量较大的情况。如果需要传达多个观点，可以切换到另一个布局，该布局含有多个用于文字的形状，如"棱锥图"类型中的"基本棱锥图"布局。更改布局或类型会改变信息的含义。例如，带有右向箭头的布局（如"流程"类型中的"基本流程"），其含义不同于带有环形箭头的 SmartArt 图形布局（如"循环"类型中的"连续循环"）。箭头倾向于表示某个方向上的移动或进展，使用连接线不使用箭头的类似布局表示连接，而不一定是移动。

用户可以快速轻松地在各个布局间切换，因此可以尝试不同类型的不同布局，直至找到一个最适合对信息进行图解的布局为止。可以参照表 5-1 尝试不同的类型和布局。切换布局时，大部分文字和其他内容、颜色、样式、效果和文本格式会自动带入新布局中。

2. 创建 SmartArt 图形

插入图 5-45 所示的 SmartArt 图形的操作步骤如下：

① 定位光标至需要插入图形的位置。

② 单击"插入"选项卡的"插图"组中的 SmartArt 按钮，弹出"选择 SmartArt 图形"对话框。

③ 在"选择 SmartArt 图形"对话框中，选择"层次结构"选项卡，选择"层次结构"选项。

④ 单击"确定"按钮，即可完成将图形插入到文档中的操作。

以图 5-46 为例，在 SmartArt 图形中输入文字的操作步骤如下：

① 单击 SmartArt 图形左侧的 按钮，会弹出"在此处键入文字"的任务窗格。

② 如图 5-46 所示，在"在此处键入文字"任务窗格输入文字，右边的 SmartArt 图形对应的形状部分则会出现相应的文字。

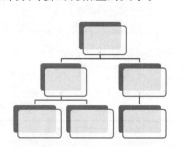

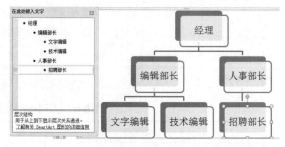

图 5-45　层次结构 SMARTART　　　　图 5-46　"在此处键入文字"任务窗格

3. 修改 SmartArt 图形

（1）添加 SmartArt 形状

默认的结构不能满足需要时，可在指定的位置添加形状。下面以图 5-46 为例，介绍添加形状的具体操作步骤。

① 插入 SmartArt 图形，并输入文字，选中需要插入形状位置相邻的形状，如本例选中内容为"招聘部长"的形状。

② 单击"SmartArt 工具→设计"选项卡"创建图形"组中的"添加形状"按钮，在弹出的下拉列表选择"在下方添加形状"命令，并在新添加的形状里输入文字"联络员"，如图 5-47 所示。

（2）更改布局

用户可以调整整个的 SmartArt 图形或其中一个分支的布局。以图 5-47 为例，进行更改布局的具体操作步骤如下：

选中 SmartArt 图形，单击 "SmartArt 工具→设计" 选项卡 "布局" 组中的 "层次结构列表" 选项，即可将原来属于 "层次结构" 的布局更改为 "层次结构列表"，如图 5-48 所示。

图 5-47　添加了形状后的 SmartArt 图形　　　　　图 5-48　更改布局后效果图

（3）更改单元格级别

以图 5-47 为例，更改单元格级别的具体操作如下：

选中图 5-47 所示 SmartArt 图形，选择 "联络员" 形状，单击 "SmartArt 工具→设计" 选项卡的 "创建图形" 组中的 "升级" 按钮，即可看到如图 5-49 所示的效果。

如果再次单击 "升级" 按钮，还可将 "联络员" 形状的级别调到第一级，与 "经理" 形状同级。

（4）更改 SmartArt 样式

以图 5-49 为例，更改 SmartArt 样式的具体操作步骤如下：

① 选中图 5-49 所示 SmartArt 图形，单击 "SmartArt 工具→设计" 选项卡的 "SmartArt 样式" 组中的 "更改颜色" 按钮，选择 "彩色" 列表的 "彩色范围 强调文字 4 至 5" 选项。

② 在 "SmartArt 样式" 单击 "三维" 列表的 "砖块场景" 选项，更改样式后的效果如图 5-50 所示。

图 5-49　更改单元格级别　　　　　　　　图 5-50　更改样式

5.5.5　插入艺术字

艺术字具有特殊视觉效果，可以使文档的标题变得更加生动活泼。艺术字可以像普通文字一样设定字体、大小、字形，也可以像图形那样设置旋转、倾斜、阴影和三维等效果。

1. 插入艺术字

（1）插入艺术字

在文档中插入艺术字，可按如下步骤操作：

① 单击"插入"选项卡的"文本"组中的"艺术字"按钮，会弹出 6 行 5 列的"艺术字"列表。

② 选择一种艺术字样式后，文档中出现一个艺术字图文框，将光标定位在艺术字图文框中，输入文本即可，如图 5-51 所示。

（2）插入繁体艺术字

① 先在文档中输入简体字符，选中相应字符，选择"审阅"选项卡，单击"中文简繁转换"组中的"简转繁"按钮。

② 选中繁体艺术字符，单击"插入"选项卡的"文本"组中的"艺术字"按钮，在随后出现的下拉列表中选择一种艺术字样式即可，如图 5-52 所示。

图 5-51　插入的艺术字

图 5-52　繁体字艺术字

2. 设置艺术字格式

在文档中输入艺术字后，用户可以对插入的艺术字进一步格式化，方法有两种：

方法 1：选中艺术字后，激活"绘制工具→格式"选项卡，按照前面所讲的设置文本框和形状及图片的操作，对艺术字进一步格式化处理，如图 5-53 所示。

方法 2：利用"开始"选项卡的"字体"组上的相关命令按钮，设置诸如字体、字号、颜色等格式。

图 5-53　"绘制工具→格式"选项卡

5.6　Word 表格处理

表格是编辑文档时常见的文字信息组织形式。它是一种简明、直观的表达方式，有时一个简单的表格要比一大段文字更具有说服力，更能表达清楚一个问题。表格的用途很广泛，除了用来将数据分门别类、有条有理、集中直观地表现出来外，还有许多其他用途，如用户可以在表格中插入图片，可以对表格内的数据进行计算和排序，还可以创建精彩的页面版式及排列文本和图形。

简单地说，表格是由水平行和垂直列组成，行和列交叉所包围的矩形区域称为单元格。单元格是表格的基本组成部分，用户可以在其中输入文本或数字，也可以插入图形。

5.6.1　创建表格

Word 提供了多种创建表格的方法，用户可以使用快速表格面板、手工绘制、"插入表格"对话框等方法来建立表格。在表格建立之前首先要把插入点定位在文档中插入表格的位置上。

1. 通过快速表格面板

选择"插入"选项卡，在"表格"组中单击"表格"按钮，弹出如图 5-54 所示的表格面板。将鼠标指向左上角的网格并向右下角移动，鼠标指针所经过的单元格会被选中并呈高亮显示，同时在顶部提示栏中会显示表格的行列数，达到需要的行
数和列数后单击鼠标左键即可在文档插入点处创建一个表格。

使用快速表格面板创建表格尽管方便快捷，但是在表格行
列数上有一定的限制，这种方法适合创建规模较小的表格。

2. 绘制表格

选择"插入"选项卡，在"表格"组中单击"表格"按钮，
在下拉列表中选择"绘制表格"命令，此时鼠标指针变成铅笔
的形状。将指针移动到空白文本区中，从要创建的表格的一角
拖动至其对角，从而确定表格的外围边框，此时功能区变为如
图 5-55 所示的"表格工具→设计"功能区。再利用笔形指针
横向拖动形成水平线来创建行，利用笔形指针纵向拖动形成垂
直线来创建列。用户可以随心所欲地绘制出不同行高、列宽的

图 5-54　表格面板

各种不同规则的复杂表格。绘制过程中如需对表格进行修改，可以单击"表格工具→设计"功
能区中"绘图边框"组的"擦除"按钮来进行擦除，也可用其中的"笔样式""笔划粗细""笔
颜色"来调整表格的格式。

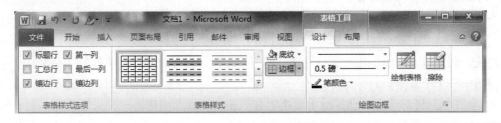

图 5-55　"表格工具→设计"功能区

3. 通过"插入表格"对话框

当用户需要创建的表格比较庞大，而且行列宽度基本固定时，可通过"插入表格"对话框
来进行创建。

在图 5-54 所示的表格面板中单击"插入表格"命令，弹出"插入表格"对话框，如图 5-56
所示。根据需要在"行数""列数"数字框中输入具体数值。表
格最多可达 32 767 行和 63 列。列宽的默认设置为"自动"，即
以正文区的宽度除以列数作为列宽。最后单击"确定"按钮即可
在插入点处建立一个空表格。

此时插入的表格中的单元格大小都一样，线条也是以 Word
预先设置的格式出现，如果用户想创建不同格式的表格，可以在
"表格工具→设计"功能区中"表格样式"组中单击"样式"按
钮的下拉箭头，弹出"表格样式"面板，在上方"内置"区域中
指向合适的表格样式，在表格中能看到所选样式的具体效果，此
时单击鼠标左键就将所选表格样式应用到了新建的表格中。

图 5-56　"插入表格"对话框

5.6.2　编辑表格

在表格最终设计完成之前，用户可能会随时调整或修改表格的结构。例如往表格中添加行、列或单元格，删除行、列或单元格，或者对一些单元格进行合并、拆分、绘制斜线表头等操作。

（1）插入行、列或单元格

在需要插入新行或新列的位置单击，或选定一行/多行或一列/多列（将要插入的行数/列数与选定的行数/列数相同），在"表格工具→布局"功能区中的"行和列"组中单击相应插入按钮即可完成。如果是插入行则可以单击"在上方插入"或"在下方插入"按钮；如果是插入列则可以单击"在左侧插入"或"在右侧插入"按钮；如果要插入的是单元格，则单击"行和列"组右下角的扩展按钮，在弹出的"插入单元格"对话框中进行具体设定，如图 5-57 所示。

（2）删除行、列、单元格或表格

先选中欲删除的行、列或单元格，然后单击"表格工具→布局"功能区中"行和列"组中的"删除"按钮，在弹出的下拉列表框中选择"删除单元格""删除列""删除行"或者"删除表格"命令即可。

需要注意的是当选择了行、列或表格后按【Del】键时，删除的是行或列中的内容，而不是表格的行或列。

（3）单元格的合并和拆分

合并单元格就是把两个或多个单元格合并为一个单元格，实际上就是将它们相邻的边线擦除。拆分单元格是把一个单元格拆分为两个以上的单元格，实际上就是在单元格中添加一条或几条边线。利用单元格的合并及拆分功能，用户可以设计出形状各异的不规则表格结构，它是表格编辑中一个非常重要的操作。

① 合并单元格：选定要合并的单元格，在"表格工具"中单击"布局"按钮，打开"表格工具→布局"功能区。在"合并"组中单击"合并单元格"按钮；或右击弹出快捷菜单，单击"合并单元格"命令。

② 拆分单元格：选定要拆分的单元格，在"表格工具→布局"功能区的"合并"组中单击"拆分单元格"按钮；或右击弹出快捷菜单，单击"拆分单元格"命令，都会弹出"拆分单元格"对话框，如图 5-58 所示，在其中的"行数"或"列数"文本框中输入拆分后的行列数，单击"确定"按钮即可。

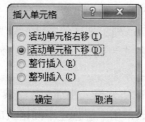

图 5-57　"插入单元格"对话框　　　　图 5-58　"拆分单元格"对话框

③ 拆分表格：将光标定位在要拆分表格的某一行处，在"表格工具→布局"功能区的"合并"组中单击"拆分表格"按钮，或按【Ctrl+Shift+Enter】组合键，Word 将在当前行的上方将表格拆分成上下两个表格。

（4）绘制斜线表头

在实际工作中，为了更清晰地指示表格中的内容，需要在表格的第一个单元格中用斜线将表中内容按类别分为多个标题，此即为斜线表头。在处理表格时，斜线表头是经常用到的一种表格格式，用户可使用 Word 提供的绘制斜线功能来轻松完成。

先将光标定位到插入斜线的单元格，然后在图 5-55 "表格工具→设计"功能区中单击"表格样式"组中的"边框"下拉按钮，在弹出的下拉列表框中选择"斜下框线"或"斜上框线"命令，此时就可以看到斜线已经插入到了单元格中。斜线画好之后，就可输入表头文字了，用户可以通过空格与【Enter】键将文字移动到合适的位置。

5.6.3　设置表格格式

完成表格的创建和编辑后，一般还应进行表格的格式化设置工作，从而达到美化表格，合理表格结构，使人赏心悦目的目的。格式化表格主要包括调整行、列以及表格的大小、边框和底纹的设定、内容的格式化处理等。

1. 调整列宽和行高

表格中不同的行或列可以具有不同高度或宽度，但一行或一列中的所有单元格必须具有相同的高度或宽度。表格的列宽和行高的调整方法基本一致。

将鼠标指针移动到表格的竖框线上，鼠标指针会变成水平分隔双向箭头，按住鼠标左键左右拖动鼠标，这时会出现一条垂直的竖线用来指示列改变的位置，到达预定位置后释放鼠标就改变了列宽。这种方法改变的是相邻两列的大小，这两列的总宽度不变，整个表格的大小也不会变化。如果拖动鼠标的同时按住【Shift】键，则只改变竖线左侧列的宽度，整个表格的大小也会相应改变。如果拖动鼠标的同时按住【Ctrl】键，则除了该竖线左侧列发生变化外，竖线右侧的各列宽度也会发生均匀的变化，而整个表格大小不变。如果拖动鼠标的同时按住【Alt】键，则在标尺上会显示具体的列宽值。

2. 表格的对齐及文字环绕设置

Word 为表格提供了强大而灵活的排版功能。用户可随心所欲地设置表格与文字之间的环绕关系。

在表格中右击，选择快捷菜单中的"表格属性"命令，或在"表格工具→布局"功能区的"表"组中单击"属性"选项，都将会打开"表格属性"对话框。选择其中的"表格"选项卡，如图 5-59 所示。在"表格"选项卡中有 "文字环绕"和"对齐方式"选择区域，在"文字环绕"区域用户可根据需要设置表格与文字之间有无环绕；在"对齐方式"区域用户可设置表格在文档中的水平对齐方式。

如果选择了"环绕"选项，用户就可以利用"定位"按钮对表格在页面放置的位置

图 5-59　"表格属性"对话框的"表格"选项卡

进行精确定位。单击"定位"按钮，用户可设定表格在水平和垂直方向上的对齐方式以及表格和正文之间的距离。

习　题

选择题

1. 在 Word 进行文字移动、复制和删除之前，首先要＿＿＿＿＿。

　　A. 复制　　　　　　　B. 选定　　　　　　　C. 删除　　　　　　　D. 剪切

2. ＿＿＿＿＿是 Word 中有关表格的正确描述。

　　A. 文本和表可以互相转化　　　　　B. 可以将文本转化为表，但表不能转成文本

　　C. 文本和表不能互相转化　　　　　D. 可以将表转化为文本，但文本不能转成表

3. 在 Word 中，使用"另存为…"，不能＿＿＿＿＿。

　　A. 为文档命名　　　　　　　　　　B. 改变文档的保存位置

　　C. 改变文档的类型　　　　　　　　D. 改变文档的大小

4. 在 Word 中，要把文档内所有文字"计算机"改为加粗显示,最有效的方法是选择＿＿＿＿＿命令。

　　A. 复制　　　　　　　B. 改写　　　　　　　C. 替换　　　　　　　D. 粘贴

5. 在 Word 中，要把 Word 文档保存为 PDF 格式，可使用＿＿＿＿＿命令并选择 PDF 类型。

　　A. 修订　　　　　　　B. 新建　　　　　　　C. 样式　　　　　　　D. 文件/另存为

6. 在 Word 中，设定了制表位后，只需要按＿＿＿＿＿键，就可以将光标移到下一个制表位上。

　　A.【Ctrl】　　　　　B.【Tab】　　　　　C.【Shift】　　　　　D.【Alt】

7. 在 Word 中，每一页都要出现的一些信息应放在＿＿＿＿＿。

　　A. 文本框　　　　　　B. 脚注　　　　　　　C. 第一页　　　　　　D. 页眉 / 页脚

8. 在 Word 中，项目符号和编号是对于＿＿＿＿＿来添加的。

　　A. 整篇文档　　　　　B. 段落　　　　　　　C. 行　　　　　　　　D. 节

9. Word 的替换功能无法实现＿＿＿＿＿的操作。

　　A. 将指定的字符变成蓝色黑体　　　B. 将所有的字母 A 变成 B，所有的 B 变成 A

　　C. 删除所有的字母 A　　　　　　　D. 将所有的数字自动翻倍

10. Word 中，"开始"选项卡"字体"组中"B"图形按钮的作用是使选定对象＿＿＿＿＿。

　　A. 变为斜体　　　B. 变为粗体　　　C. 加下画线单线　　　D. 加下画波浪线

第6章　Excel 电子表格处理软件

人们在日常生活和工作中经常会遇到各种计算问题，如商业上的销售统计，会计人员对工资、报表进行分析，教师计算学生的成绩，科研人员分析实验结果等。这些都可以通过电子表格软件 Excel 来实现。Excel 2010 是 Office 2010 的重要组成部分，它可以进行各种数据处理、统计分析和辅助决策操作，广泛应用于管理、统计财经、金融等众多领域。

 6.1　Excel 工作簿窗口的组成

和以前的版本相比，Excel 2010 的工作界面颜色更加柔和、美观，易用性更强。Excel 2010 的工作界面主要由标题栏、快速访问工具栏、功能区、编辑栏、工作区和状态栏等组成，如图 6-1 所示。

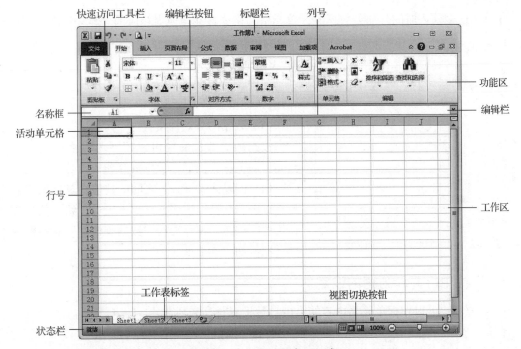

图 6-1　Excel 2010 窗口组成

6.2 Excel 表格操作

6.2.1 表格范围选取及输入

Excel 数据的输入和编辑要在当前的单元格中进行，因此输入数据前要先选定当前单元格。

1. 单元格的选择

① 选择一个单元格：单击单元格即可选中。

② 选择单元格区域：单击待选择区域左上角的单元格，按住鼠标左键不放并拖动至区域右下角，释放鼠标。或者单击待选择区域左上角的单元格，按住【Shift】键再单击区域右下角的单元格。

说明：如果选择了多个单元格，则在名称框中显示的是左上角单元格名称。

2. 输入数据

（1）数值型数据

数值型数据由数字、正负号、小数点等构成，在单元格中默认右对齐。数值数据的特点是可以进行算术运算。

（2）文本型数据

文本型数据由字母、符号、数字、汉字、空格等构成，在单元格中默认左对齐。文本型数据的特点是可以进行字符串运算，不能进行算术运算（除数字串以外）。

（3）时间日期型数据

在单元格中输入时间日期型数据时，单元格的格式自动转换为相应的"日期"或"时间"格式。

（4）逻辑型数据

逻辑型数据只有两个值：TRUE（真）、FALSE（假），在单元格中默认居中对齐。

（5）数据的有效性设置

数据的有效性命令可以控制单元格可接受的数据类型和范围。例如，学生成绩若为百分制，则成绩栏一列只能输入 0～100 之间的数值，具体操作方法为：单击"数据"选项卡"数据工具"组中的"数据有效性"按钮，在弹出的"数据有效性"对话框中进行设置，如图 6-2 所示。

图 6-2 "数据有效性"对话框

6.2.2 表格中行高和列宽的设定

Excel 中用户可以根据单元格内容的多少自行设置行高和列宽。

单击"开始"选项卡"单元格"组中的"格式"按钮，在下拉列表中选择"自动调整行高"或"行高"命令，可自行调整行高或精确设置行高。在下拉列表中选择"自动调整列宽"或"列宽"命令，可自行调整列宽或精确设置列宽。

6.2.3　表格中数据的填充

对于有规律的数据，使用 Excel 中的自动填充功能可提高输入效率。自动填充是根据当前单元格的初始值在行或列的方向上按一定规律快速填充其他单元格的数据，可以实现相同、等差、等比、自定义序列数据的快速录入。

1. 使用填充柄操作

相同或等差数据的填充可以使用填充柄。填充柄是指选定单元格区域后右下角的小黑方块。

例如，输入图 6-3 所示数据，单击 A2 单元格，输入初始数据，选中 A2 单元格，鼠标指针放在填充柄上，指针变成实心"十"形，此时按下【Ctrl】键和左键拖动可快速进行填充。

不同的数据类型，拖动填充柄得到的数据序列不同。

数值型数据的填充：纯数字的数据，直接拖动填充柄，数值不变；按下【Ctrl】键同时拖动填充柄，生成步长为 1 的等差序列，并且向右、向下拖动，数值增大，向左、向上拖动，数值减小。

表 6-1 所示为不同数据类型填充时数据序列变化的例子。

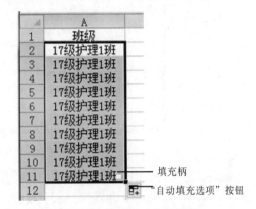

图 6-3　自动填充相同数据

表 6-1　不同数据类型填充举例

初　始　值	直接拖动填充柄	按【Ctrl】键并拖动填充柄
1	1，1，1，……	1，2，3，……
计算机	计算机，计算机，计算机，……	计算机，计算机，计算机，……
14 护理 1 班	14 护理 1 班，14 护理 2 班，14 护理 3 班，……	14 护理 1 班，14 护理 1 班，14 护理 1 班，……
2014-2-1	2014-2-1，2014-2-2，2014-2-3，……	2014-2-1，2014-2-1，2014-2-1，……
8:00	8:00，9:00，10:00，……	8:00，8:00，8:00，……

2. 自定义序列填充

在 Excel 中已经定义好了一些序列，如"星期日、星期一、星期二、……""甲、乙、丙、……"等。如果选定单元格中的内容是一个序列数据，如"星期一"，则在拖动填充柄填充数据时，系统会在后续的单元格中自动填充"星期二、星期三、……"等数据。

用户可以根据实际需要，定义自己的序列并存储起来，供以后使用。自定义序列的操作方法如下：

① 单击"文件"选项卡的"选项"命令，弹出"Excel 选项"对话框，在"高级"选项卡"常规"组中单击"编辑自定义列表"按钮，如图 6-4 所示。

② 弹出"自定义序列"对话框，在"输入序列"框中输入新的序列，每输完序列中的一项，按【Enter】键换行，单击"添加"按钮，新序列出现在"自定义序列"列表框中，如图 6-5 所示。

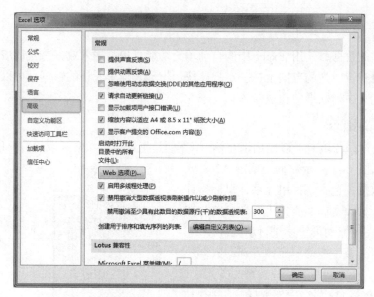

图 6-4　"Excel 选项"对话框

如果要定义的数据序列在工作表中已经存在，可在"从单元格中导入序列"框中引用数据序列所在的单元格区域，单击"导入"按钮，再单击"添加"按钮。

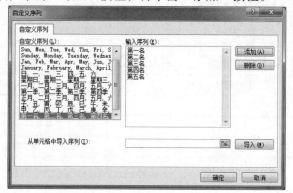

图 6-5　"自定义序列"对话框

③ 单击"确定"按钮关闭对话框。

 ## 6.3　Excel 工作表与单元格格式

6.3.1　工作表的定义

工作表是显示在工作簿窗口中的表格，由单元格、行号、列标、工作表标签、滚动条等组成。行的编号由数字组成，1～1 048 576，列的编号由字母组成，A～Z、AA～ZZ、……、XFD。每个工作表都有一个标签，显示工作表的名称。单击工作表标签，该工作表即为当前工作表。

1. 工作表的选定

对数据操作前，必须先选定工作表，可以选定一个或多个工作表，选定的工作表标签默认为白色。单击工作表标签即可选定该工作表。

2. 工作表的插入

Excel 默认在选定的工作表的左侧插入新工作表，一次可插入一个或多个工作表。单击工作表标签右侧的"插入工作表"按钮，即可在该工作表右侧插入一个新的工作表。

3. 工作表的删除

选中要删除的工作表，单击"开始"选项卡"单元格"组中的"删除"按钮，在下拉列表中选择"删除工作表"命令。也可以在工作表标签上右击，在弹出的快捷菜单中选择"删除"命令。

4. 工作表的重命名

在相应工作表标签上右击，在弹出的快捷菜单中选择"重命名"命令，或双击工作表标签，输入新的工作表名即可。

6.3.2　工作表操作

1. 工作表的移动

在要移动的工作表标签上按住鼠标左键沿标签方向向左或向右拖动工作表标签，同时会出现黑色小箭头及纸张样式图标，当黑色小箭头指向目标位置时，松开鼠标，完成工作表的移动。

2. 工作表的复制

在要复制的工作表标签上右击，在弹出的快捷菜单中选择"移动或复制"命令，弹出"移动或复制工作表"对话框。

3. 工作表窗口的拆分和冻结

当工作表中数据太多、表格太大时，显示屏只能显示工作表的部分数据，这往往会给操作带来不便。而 Excel 提供的窗口拆分与冻结功能，可以帮助用户在显示屏中比较对照工作表中相距较远的数据，使操作更为简便。

拆分工作表窗口的方法如下：

选中要拆分的行或列，单击"视图"选项卡"窗口"组中的"拆分"按钮 拆分，窗口被拆分为两个窗格。若选中当前单元格，则窗口被拆分为四个窗格。

冻结工作表窗口的方法如下：

冻结第一行或列的方法：单击"视图"选项卡"窗口"组中的"冻结窗格"按钮，在下拉列表中选择"冻结首行"或"冻结首列"命令。

4. 工作表标签颜色的设置

在要更改标签颜色的工作表标签上右击，在弹出的快捷菜单中选择"工作表标签颜色"命令，可设置工作表标签颜色。

5. 工作表的隐藏

除了对工作表进行密码保护，也可将其设为"隐藏"。工作表一旦设为隐藏，其内容是不可见的，在一定程度上也起到了保护作用。

利用"视图"选项卡"窗口"组中的"隐藏"命令可以隐藏工作簿工作表的窗口。隐藏后，屏幕上不再出现该工作表，但是可以使用工作表中的数据。利用"窗口"组中的"取消隐藏"

命令，弹出"取消隐藏"对话框，选择要显示的工作簿，单击"确定"按钮。

6. 行、列、单元格的插入

① 插入行：单击"开始"选项卡"单元格"组中的"插入"按钮，在下拉列表中选择"插入工作表行"命令。也可在相应行号上右击，在弹出的快捷菜单中选择"插入"命令。

② 插入列：单击"开始"选项卡"单元格"组中的"插入"按钮，在下拉列表中选择"插入工作表列"命令。也可在相应列标上右击，在弹出的快捷菜单中选择"插入"命令。

图 6-6 "插入"对话框

③ 插入单元格：单击"开始"选项卡"单元格"组中的"插入"按钮，选择"插入单元格"命令，弹出"插入"对话框，如图 6-6 所示，选择相应选项，单击"确定"按钮。也可在相应单元格上右击，在弹出的快捷菜单中选择"插入"命令，弹出"插入"对话框，完成单元格插入操作。

7. 行、列、单元格的删除

删除是指将选定的区域从工作表中移除，并相应调整周围单元格、行或列的位置。选定要删除的行、列或单元格，单击"开始"选项卡"单元格"组中的"删除"按钮，弹出"删除"对话框，如图 6-7 所示，选择相应项，单击"确定"按钮。

图 6-7 "删除"对话框

8. 批注的添加或删除

① 增加批注。选中要增加批注的单元格，单击"审阅"选项卡"批注"组中的"新建批注"按钮，或者右击需要增加批注的单元格，在弹出的快捷菜单中选择"插入批注"命令，在弹出的批注框中输入文字，单击工作表批注框外的区域即可完成。单元格添加批注后，单元格右上角会出现红色三角标记，当鼠标指向该标记时，显示该单元格批注内容。

② 编辑批注。选中有批注的单元格，单击"审阅"选项卡"批注"组中的"编辑批注"按钮，或者右击有批注的单元格，在弹出的快捷菜单中选择"编辑批注"命令，在弹出的批注框中对批注内容进行编辑。

③ 删除批注。选中有批注的单元格，单击"审阅"选项卡"批注"组中的"删除"按钮，或者右击，在弹出的快捷菜单中选择"删除批注"命令，或者单击"开始"选项卡"编辑"组中的"清除"按钮，在下拉列表中选择"清除批注"命令。

6.3.3 工作表格式化

工作表的格式化是对工作表及单元格进行格式化设置，使其更加直观、易读。

1. 单元格格式的设置

选中单元格或单元格区域，单击"开始"选项卡"单元格"组中的"格式"按钮，在下拉列表中选择"设置单元格格式"命令，弹出"设置单元格格式"对话框，如图 6-8 所示，在该对话框中设置单元格的数字格式、对齐方式、字体、边框、填充图案等。

2. 自动套用格式

Excel 提供了一些固定的表格模板，对数字、字体、对齐方式、边框、图案和行高与列宽做了具体的设置。用户通过自动套用格式将 Excel 提供的显示格式应用到指定的单元格区域。自动套用格式是利用"开始"选项卡"样式"组中的"套用表格格式"按钮完成的。

【例 6-1】打开新建一个"教师信息表"，在第一行前插入一行，合并后居中 A1:I1 单元格，录入文字"教师信息表"，设置字体为华文行楷，字号 20 磅，并将 A2:I32 单元格区域设置为"表样式浅色 16"表样式。

图 6-8　"设置单元格格式"对话框

具体操作步骤如下：

① 在行号 1 处右击，在弹出的快捷菜单中选择"插入"命令，选中 A1:I1 单元格区域，单击"开始"选项卡"对齐方式"组中的"合并后居中"按钮，输入"教师信息表"，设置字体为华文行楷，字号 20 磅。

② 选中 A2:I32 单元格区域，单击"开始"选项卡"样式"组中的"套用表格格式"按钮，在下拉列表中选择"表样式浅色 16"命令，如图 6-9 所示，弹出"套用表格式"对话框，如图 6-10 所示，选中"表包含标题"复选框，单击"确定"按钮，结果如图 6-11 所示。

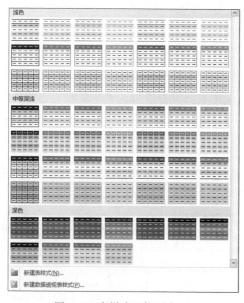

图 6-9　表样式下拉列表

图 6-10　"套用表格式"对话框

3. 条件格式

条件格式是根据某种条件来决定应用于单元格的格式。例如，将教师信息表中职称为教授的显示为红色。可以使用内置的条件规则快速格式化，也可以自定义规则实现高级格式化。条件格式的设置是利用"开始"选项卡"样式"组中的"条件格式"按钮完成的。

职工号	姓名	性别	部门	身份证号	学历	职称	入职时间	基本工资
				教师信息表				
001	赵志军	女	外语学部	110108196301020×××	硕士研究生	副教授	2001年2月	3061
002	于铭	男	公共教学部	110105198903040×××	本科	副教授	2012年3月	2471
003	许炎辉	男	艺术学部	310108197121212×××	本科	教授	2003年7月	3380
004	王嘉	男	文学部	372208197510090×××	硕士研究生	副教授	2003年7月	2825
005	李新江	男	经济管理学部	110101197209021×××	博士研究生	教授	2001年6月	2849
006	郭海英	男	理学部	110108197812120×××	本科	讲师	2005年9月	2782
007	马谖恩	男	文学部	410205196412278×××	硕士研究生	副教授	2001年3月	3191
008	王金科	男	艺术学部	110102197305120×××	本科	副教授	2001年10月	3030
009	李东慧	男	法政学部	551018198607311×××	本科	副教授	2010年5月	3214
010	张宁	男	理学部	372208197310070×××	硕士研究生	副教授	2006年5月	2395
011	王孟	女	公共教学部	410205197908278×××	硕士研究生	讲师	2011年4月	2763
012	马会真	女	理学部	110106198504040×××	硕士研究生	副教授	2013年1月	2668
013	史晓鹃	女	理学部	370108197202213×××	硕士研究生	讲师	2003年8月	3239
014	刘燕凤	男	文学部	610308198111020×××	博士研究生	教授	2009年5月	3592
015	齐飞	女	外语	420316197409283×××	硕士研究生	讲师	2006年12月	3326
016	张娟	男	法学部	327018198310123×××	硕士研究生	副教授	2010年2月	2524
017	潘成文	男	艺术学部	110105196410020×××	硕士研究生	副教授	2001年6月	2852
018	邢易	男	文学部	110103198111090×××	博士研究生	副教授	2008年12月	2425
019	谢朵蕾	女	外语学部	210108197912031×××	硕士研究生	讲师	2007年1月	3366
020	胡洪静	女	外语学部	302204198508090×××	硕士研究生	讲师	2010年3月	3127
021	李云飞	男	外语学部	110106197809121×××	博士研究生	副教授	2010年3月	3189
022	张奇	女	文学部	110107198010120×××	博士研究生	副教授	2010年3月	2791
023	夏小波	男	理学部	412205196612280×××	硕士研究生	副教授	2010年3月	2942
024	王琛	女	信息工程学部	110108197507220×××	本科	副教授	2010年3月	2800
025	张丽	女	信息工程学部	551018198107210×××	本科	讲师	2011年1月	3135
026	孙帅	女	经济管理学部	372206197810270×××	本科	副教授	2011年1月	3148
027	卜蓉娟	女	信息工程学部	410205197908078×××	本科	讲师	2011年1月	2941
028	李辉玲	女	信息工程学部	110104198204140×××	硕士研究生	副教授	2011年1月	2509
029	刘亚静	女	经济管理学部	270108197302283×××	硕士研究生	讲师	2011年1月	2767
030	尹娴	男	理学部	610008197610020×××	本科	讲师	2011年1月	3505

图 6-11 自动套用格式设置完成后效果

6.4 Excel 公式应用

6.4.1 公式的定义

1. 公式的形式

公式的一般形式为"=<表达式>",其中表达式可以为算术表达式、关系表达式或字符串表达式等。表达式可由运算符和操作数组成。操作数一般为数值、单元格地址、区域名称、函数或其他公式等。

2. 运算符

运算符用于对公式中的数据进行特定类型的运算,常用的运算符有算术运算符、比较运算符、文本运算符和引用运算符。运算符具有优先级,表 6-2 为常用运算符。

表 6-2 常用运算符

运 算 符	功 能	示 例	运 算 符	功 能	示 例
:(冒号)	区域运算符	A1:A10	&	字符串连接	"A"&"B"即"AB"
(单个空格)	交叉运算符	A7:E7 E1:E8	=	等于	1=2 值为假
,(逗号)	联合运算符	SUM(A7:D7,E1:E8)	<>	不等于	1<>2 为真
–	负号	–1	<	小于	1<2 为真
%	百分比	10%	<=	小于等于	1<=2 为真
^	乘方	5^2 即 25	>	大于	1>2 为假
* 和 /	乘和除	2*3、8/2	>=	大于等于	1>=2 为假
+ 和 –	加和减	5+9、9–4			

说明:若公式中包含相同优先级的运算符,则从左到右进行运算。

3. 公式的输入

公式的输入可以在数据编辑栏中进行，也可以双击该单元格在单元格中进行，类似于一般文本的输入，只是必须以“=”开头，然后是表达式。公式中所有的符号都是英文半角符号。其操作步骤如下：

① 选定要输入公式的单元格。

② 在单元格或编辑栏中输入“=”。

③ 输入公式，按【Enter】键或单击编辑栏左侧的“输入”按钮进行确认。

4. 公式的复制

选定含有公式的单元格，单击“开始”选项卡“剪贴板”组中的“复制”按钮，鼠标指针移到目标单元格，右击，在弹出的快捷菜单中选择“粘贴公式”命令。还可以拖动被复制单元格的自动填充柄完成相邻单元格公式的复制。

【例 6-2】制作下面的表格，填充“暖气费”工作表“应交暖气费”一列。应交暖气费=建筑面积*0.85*单价。

具体操作步骤如下：

① 单击 D3 单元格，在编辑框内输入公式“=C3*0.85*$E$1”，按【Enter】键。

② 用鼠标拖动 D3 单元格的自动填充柄至 D18 单元格，松开鼠标，完成数据填充，结果如图 6-12 所示。

D3 =C3*0.85*$E$1

	A	B	C	D	E
1				每平米（m²）单价	22
2	单元号	房号	建筑面积（m²）	应交暖气费	
3	1	101	95.5	1785.85	
4	1	102	132.3	2474.01	
5	1	201	95.5	1785.85	
6	1	202	132.3	2474.01	
7	1	301	95.5	1785.85	
8	1	302	132.3	2474.01	
9	1	401	95.5	1785.85	
10	1	402	132.3	2474.01	
11	1	501	95.5	1785.85	
12	1	502	132.3	2474.01	
13	2	101	102	1907.4	
14	2	102	131	2449.7	
15	2	201	102	1907.4	
16	2	202	131	2449.7	
17	2	301	102	1907.4	
18	2	302	131	2449.7	

图 6-12 复制公式后的工作表

6.4.2 单元格的引用

数据计算时常用到单元格数据，Excel 中往往用单元格的地址代表单元格内的数据，这种数据的表示方法称为单元格引用。掌握并正确使用不同的单元格引用类型是熟练应用公式和函数的基础。

1. 相对引用

相对引用是指在复制公式或函数时，参数单元格地址会随着结果单元格地址的变化而发生相应变化的地址引用方式。即引用的单元格地址不是固定的，而是相对公式所在单元格的相对位置。相对地址的表示形式为 A1、B2 等。

例如，在 Sheet1 工作表中 E2 单元格含公式“=A2+B2+C2-D2”，当把公式复制到 E3 单元格时，公式自动调整为“=A3+B3+C3-D3”。原因是公式的位置向下移动了一行，公式中所引用的单元格地址也相应向下移动一行。

2. 绝对引用

绝对引用是指在复制公式或函数时，参数单元格地址不会随着结果单元格地址的变化而发生变化的地址引用方式。绝对地址的表示形式为$A$1、$B$2 等。

例如，在 Sheet1 工作表中 E2 单元格含公式“=$A$2+$B$2+$C$2-$D$2”，当把公式复制到

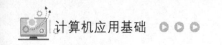

E3 单元格时，公式仍为"=$A$2+$B$2+$C$2–$D$2"，公式中单元格地址不变。

快捷输入绝对引用的方法：选中含有公式的单元格，将光标定位在单元格编辑栏中的单元格名称上，按【F4】键。

3. 混合引用

混合引用是指在单元格引用的列标和行号中，一部分是相对引用，另一部分是绝对引用的地址引用方式。混合引用的表示形式为"列标$行号"或"$列标行号"，如 A$1、$B2 等。快捷输入混合引用的方法：按两次或三次【F4】键。

4. 跨工作表的单元格地址引用

单元格的一般形式为"[工作簿文件名]工作表名! 单元格地址"。当引用当前工作簿的各工作表单元格地址时，"[工作簿文件名]"可以省略；引用当前工作表单元格时，"工作表名!"可以省略。

用户可以引用同一工作簿中多个连续工作表的单元格或单元格区域数据，这种引用方法称为三维引用，其表示形式为"工作表名:工作表名! 单元格地址"。例如，"=SUM(Sheet1:Sheet3!A1:A5)"，表示的是对 Sheet1、Sheet2、Sheet3 三个工作表的 A1:A5 单元格求和。

5. 名称与引用

为了更直观地引用单元格或单元格区域，可以给单元格或单元格区域自定义一个名称。当公式或函数中引用了该名称时，就相当于引用了该单元格或该区域的所有单元格。

6.5　Excel 数据处理

6.5.1　数据排序

数据排序一般是指依据某列或某几列的数据顺序，重新调整数据清单中各数据行的位置，数据顺序可以是从小到大，即升序；也可以是从大到小，即降序。如有特殊需要，也可按自定义序列、单元格颜色、字体颜色或单元格图标对数据清单进行排序。

1. 简单排序

利用"数据"选项卡"排序和筛选"组中的"升序"按钮 或"降序" 按钮进行排序。

2. 多重条件的排序

多重条件排序是指数据清单中的数据先按主关键字排序，主关键字相同时再按次要关键字排序。如对数据清单按部门降序、姓名升序、职工号升序排序，即是指先按部门降序排序，当部门相同时，按姓名升序排序，当姓名相同时，再按职工号升序排序。利用"数据"选项卡"排序和筛选"组中的"排序"按钮进行多重条件的排序。

6.5.2　数据筛选

数据的筛选是指在工作表的数据清单中查找满足条件的记录，它是一种用于查找数据的快速方法。使用"筛选"功能可在数据清单中显示满足条件的记录，而不满足条件的记录则被暂时隐藏。对记录进行筛选有两种方式："自动筛选"和"高级筛选"。

1. 自动筛选

自动筛选是指通过筛选按钮进行简单条件的数据筛选。操作步骤为：

① 选中数据清单中任一单元格，单击"数据"选项卡"排序和筛选"组中的"筛选"按钮，数据清单中所有字段名右侧都会出现一个筛选按钮。如果选中某一列，则只在该列字段名右侧出现一个筛选按钮。

② 单击筛选条件对应的筛选按钮，打开筛选列表，列表下方显示当前列含的所有值。当列中数据格式为文本时，显示"文本筛选"命令；当列中数据格式为数值时，显示"数字筛选"命令，在筛选子菜单中选择相应命令，弹出相应筛选对话框，在其中设置筛选条件即可。

2. 高级筛选

高级筛选主要用于多字段条件的筛选，同时可在保留原数据清单显示的情况下，将筛选出来的记录复制到工作表的其他位置。高级筛选前必须先建立条件区域，用来编辑筛选条件。条件区域应遵循以下规则：

条件区域的第一行为所涉及的字段名，必须与数据清单中的字段名完全一样；每个条件的字段名和条件值都应写在同一列中；多个条件之间构成"与"关系时，条件值应写在同一行；构成"或"关系时，条件值应写在不同行；条件区域内不能包含空行。

【例 6-3】设置筛选的条件起始位置为 M10，筛选结果显示的起始位置为 M15。

部门	职称
文学部	教授
信息工程学部	教授

图 6-13　条件区域设置

具体操作步骤如下：

① 以 M10 为起始位置，设置条件区域，如图 6-13 所示。

② 单击数据清单任一单元格，单击"数据"选项卡"排序和筛选"组中的"高级"按钮，弹出"高级筛选"对话框，如图 6-14 所示，选择列表区域、条件区域、筛选方式后，单击"确定"按钮。

说明：

① 条件区域所涉及的字段名最好从数据清单中直接复制粘贴。

② 条件区域所涉及的符号，如大于号、小于号，都应为英文半角符号。

图 6-14　"高级筛选"对话框

6.5.3　分类汇总

分类汇总是在数据清单中快速汇总各项数据的方法。在进行分类汇总前，必须根据分类字段对数据清单进行排序。操作步骤为：

① 按分类字段对数据清单进行排序。

② 利用"数据"选项卡"分级显示"组中的"分类汇总"按钮快速汇总相应数据项。

6.5.4　数据图表

图表是 Excel 最常用的对象之一，它是根据工作表中的一些数据系列生成的，是工作表数据的图形表示方法。与工作表相比，图表可以清晰地显示各类数据之间的关系和数据的变化情况，以便用户对比和分析数据。

1. 图表的类型与结构

（1）图表类型

Excel 内置了大量图表标准类型，每种图表类型又分为多个子类型，可以根据需要选择不同图表类型表现数据。常用的图表类型有柱形图、条形图、折线图、饼图、XY 散点图、面积图、圆环图、雷达图、曲面图、气泡图、股价图等。常用图表类型及用途如表 6-3 所示。

表 6-3　常用图表类型及用途

图 表 类 型	用 途 说 明
柱形图	用于比较一段时间中两个或多个项目的相对大小
条形图	在水平方向上比较不同类别的数据
折线图	按类别显示一段时间内数据的变化趋势
饼图	在单组中描述部分与整体的关系
XY 散点图	描述两种相关数据的关系
面积图	强调一段时间内数值的相对重要性
圆环图	以一个或多个数据类别来对比部分与整体的关系
雷达图	表明数据或数据频率相对于中心点的变化
曲面图	当第三个变量变化时，跟踪另外两个变量的变化，是一个三维图
气泡图	突出显示值的聚合，类似于散点图
股价图	综合了柱形图的折线图，专门设计用来跟踪股票价格

（2）图表的构成

一个图表主要由以下部分构成：

① 图表区：整个图表及其包含的元素。

② 绘图区：以坐标轴为界的区域。

③ 图表标题：描述图表的名称。

④ 坐标轴：为图表提供计量和比较的参考线，一般包括 X 轴和 Y 轴。

⑤ 数据系列：图表上的一组相关数据点，来自工作表的某行或某列。

⑥ 图例：包含图表中相应的数据系列的名称和数据系列在图中的颜色。

⑦ 网格线：图表中从坐标轴刻度线延伸开来并贯穿整个绘图区的可选线条系列。

⑧ 数据表：在图表下方，以表格的形式显示每个数据系列的值。

⑨ 背景墙和基底：三维图表中会出现，是包围在许多三维图表周围的区域，用于显示图表的维度和边界。

2. 图表的创建

图表按显示位置不同可分为嵌入式图表和独立图表。嵌入式图表是位于原始数据工作表中的一个图表对象。独立图表是独立于数据源工作表而单独以工作表形式出现在工作簿中的特殊工作表，即图表与数据分开，一个图表就是一张工作表。无论哪种图表都与创建它们的工作表数据源相关联，修改工作表数据时，图表会随之自动更新。

创建图表主要应用"插入"选项卡"图表"组完成。图表生成后选中图表，功能区会出现"图表工具"选项卡，利用该选项卡完成图表修改、格式设计、布局等相关操作。

3. 图表的编辑与格式化

图表创建后，如果对图表的显示效果不满意或者需要修改数据源生成新的工作表，可利用"图表工具"选项卡中"类型""数据""图表布局""图表样式""位置""标签""坐标轴""背景""形状样式""艺术字样式"等组编辑和修改图表，也可以在图表任意位置右击，在弹出的快捷菜单中选择相应命令对图表进行编辑和修改。

（1）更改图表类型

图表创建完成后，可以对图表类型进行修改，便于不同类型数据的查看和分析。操作方法如下：

选中要更改的图表，功能区出现"图表工具"选项卡，单击"设计"选项卡"类型"组中的"更改图表类型"按钮，如图 6-15 所示，选择图表类型，单击"确定"按钮。

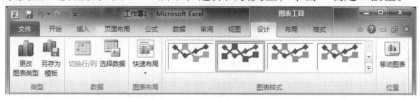

图 6-15　"图表工具→设计"选项卡

（2）移动图表位置

图表创建完成后，可以移动图表的位置。操作方法如下：

选中要更改的图表，单击"图表工具→设计"选项卡"位置"组中的"移动图表"按钮，弹出"移动图表"对话框，选择图表位置，单击"确定"按钮。

（3）修改图表源数据

图表创建完成后，可以添加或删除图表源数据。操作方法如下：

选中要更改的图表，单击"图表工具→设计"选项卡"数据"组中的"选择数据"按钮，在"选择数据源"对话框中利用"添加""编辑"和"删除"按钮添加或删除数据，用 按钮调整系列顺序。

（4）修饰图表

图表创建完成后，利用"图表工具→布局"或"格式"选项卡中的命令可对图表进行修饰。

4. 迷你图的创建

迷你图是 Excel 2010 中的一个新增功能，它是绘制在单元格中的一个微型图表，可以直观地反映数据系列的变化趋势。迷你图包含折线图、柱形图和盈亏图。与图表不同的是，当打印工作表时，单元格中的迷你图会与数据一起进行打印。创建迷你图后还可以根据需要对迷你图进行自定义设置。

创建迷你图可使用"插入"选项卡"迷你图"组中的命令完成。选中迷你图后，会出现"迷你图工具"选项卡，利用该选项卡中的"迷你图""类型""显示""样式""分组"组可编辑迷你图数据范围、更改迷你图类型、突出显示数据点、更改迷你图样式、清除迷你图等操作。

6.5.5　数据透视表与数据透视图

数据透视表可以对数据进行多角度分析，即按多个字段分类汇总，从而快速地对工作表中的数据进行汇总分析。

图 6-16 "创建数据透视表"对话框

1. 创建数据透视表

具体操作步骤如下:

① 单击"插入"选项卡"表格"组中的"数据透视表"按钮,在下拉列表中选择"数据透视表"命令,弹出"创建数据透视表"对话框,如图 6-16 所示,选择数据区域及放置数据透视表的位置,单击"确定"按钮,打开"数据透视表字段列表"窗格。

② 在"数据透视表字段列表"窗格中设置数据透视表布局。拖动右侧"选择要添加到报表的字段"列表框中相应字段到"列标签""行标签""报表筛选"或"数值"框中,完成数据透视表的创建。

2. 编辑数据透视表

单击数据透视表中任一单元格,功能区会出现"数据透视表工具"选项卡,如图 6-17 所示,利用该选项卡完成数据透视表的编辑及格式设置。右击数据透视表,在弹出的快捷菜单中选择"数据透视表选项"命令,弹出"数据透视表选项"对话框,如图 6-18 所示,利用该对话框的选项可以改变数据透视表的布局、格式、汇总、筛选项以及显示方式等。

图 6-17 "数据透视表工具→选项"选项卡

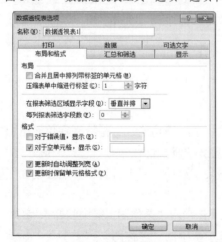

图 6-18 "数据透视表选项"对话框

 **6.6 Excel 常用函数**

函数是 Excel 内部预先定义的特殊公式,它可以对一个或多个数据进行数据操作,并返

回一个或多个值。为了方便用户使用，Excel 提供了大量不同种类的函数，包括数学和三角函数、统计函数、日期与时间函数、逻辑函数、财务函数、文本函数、查找与引用函数和工程函数等。

函数的一般形式为"函数名(参数 1,参数 2,[参数 3],...)"。其中，函数名指定要执行的运算，参数指定运算所使用的数值或单元格，返回的计算值称为函数值。括号中的参数可以有多个，不带方括号的参数为必需的，带方括号的参数为可选的。函数中的参数可以是常量、单元格地址、数组、已定义的名称、公式函数等。

6.6.1 函数的使用

如果用户特别熟悉函数的格式，可以直接在单元格中输入函数，但是更多的是使用"插入函数"功能，其操作方法如下：

① 选中目标单元格，单击编辑栏左侧的"插入函数"按钮 *fx*，或单击"公式"选项卡"函数库"组中的"插入函数"按钮，弹出图 6-19 所示的"插入函数"对话框。

② 在"插入函数"对话框中选择所需要的函数，单击"确定"按钮弹出"函数参数"对话框。以 IF 函数为例，如图 6-20 所示，按照提示输入正确的参数，完成函数的引用。

图 6-19　"插入函数"对话框

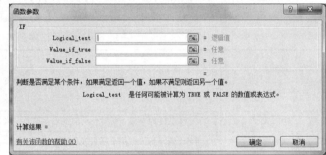

图 6-20　"函数参数"对话框

6.6.2 常用函数

下面介绍几个常用的函数。

（1）SUM(number1,number2,…)

功能：返回某一单元格区域中所有数字之和。

说明：number1,number2,…为 1～30 个需要求和的参数。

（2）AVERAGE(number1,number2,…)

功能：返回参数的平均值（算术平均值）。

说明：number1,number2,…为需要计算平均值的 1～30 个参数。

（3）COUNT(value1,value2,…)

功能：返回包含书字以及包含参数列表中的数字的单元格的数。

说明：利用函数 COUNT 可以计算单元格区域或数字数组中数字字段的输入项个数。

value1,value2,…为包含或引用各种类型数据的参数（1～30 个），但只有数字类型的数据才被计算。

（4）IF(logical_test, value_if_true, value)

功能：执行真假值判断，根据逻辑计算的真假值，返回不同结果。

说明：可以使用函数 IF 对数值和公式进行条件简测。函数 IF 可以嵌套七层，用 value_if_false 及 value_if_true 参数可以构造复杂的检测条件。

（5）MAX(number1,number2,…)

功能：number1,number2,…是要从中找出最大值的 1～30 个数参数。

说明：可以将参数指定为数字、空白单元格、逻辑值或数字的文本表达式。如果参数为错误值或不能转换成数字的文本，将产生错误。

（6）ABS(number)

功能：返回数字的绝对值。绝对值没有符号。

（7）INT(number)

功能：将数字向下舍入到最接近的整数。

说明：number 是需要进行向下舍入取整的实数。

6.6.3 公式与函数常见问题

在输入公式或函数的过程中，当输入有误的时候，单元格中往往会出现不同错误提示。为了更好地发现并修正公式或函数中的错误，需要了解常见错误。表 6-4 为常见错误列表。

表 6-4　常见错误列表

错 误 提 示	说　　明
######	当某一列的宽度不够而无法在单元格中显示所有字符时，或者单元格包含负的日期或时间值时，将显示此错误
#DIV/0!	当一个数除以 0 或不包含任何值的单元格时，将显示此错误
#N/A	当某个值不允许被用于函数或公式却被其引用时，将显示此错误
#NAME?	当 Excel 无法识别公式中的文本时，将显示此错误
#NULL!	当指定两个不相交的区域的交集时，将显示此错误
#NUM!	当公式或函数包含无效值时，将显示此错误
#REF!	当单元格引用无效时，将显示此错误
#VALUE!	如果公式所包含的单元格有不同的数据类型，将显示此错误

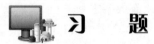

习　　题

选择题

1. 筛选就是从数据列表中显示满足符合条件的数据，筛选有＿＿＿＿＿＿＿筛选和高级筛选。

　　A. 自动　　　　　　B. 手动　　　　　　C. 低级　　　　　　D. 简单

2. ＿＿＿＿＿＿＿可以对大量数据进行快速汇总和建立交叉列表的交互式表格。

　　A. 数据透视表　　B. 分类汇总　　　　C. 筛选　　　　　　D. 排序

3. 在创建分类汇总前，必须根据分类字段对数据列表进行＿＿＿＿＿＿＿。

　　A. 筛选　　　　　　B. 排序　　　　　　C. 计算　　　　　　D. 指定

4. 下列功能中不属于 Excel 主要功能的是_____。

    A．数据图表　　　　B．排序筛选　　　　C．计算与函数　　D．文字排版

5. 在 A1、A2 单元格中分别输入第一季度、第二季度，选中 A1:A2 区域，使用填充柄功能填充，在 A4 单元格内生成的信息是_____。

    A．第一季度　　　　B．第二季度　　　　C．第三季度　　　　D．第四季度

6. 单元格 C3 中输入公式为 "=IF(AND(B3>=9.9,B3<=10.1),"合格","不合格")"，若 B3 的值为 10，则单元格 C3 显示_____。

    A．合格　　　　　　B．不合格　　　　　C．10　　　　　　　D．错误标记

7. 在 Excel 中，输入数字字符的文本型数据（如身份证号码、邮政编码等）时，要在数字字符前加一个英文（西文）输入状态下的_____。

    A．逗号　　　　　　B．分号　　　　　　C．单引号　　　　　D．双引号

8. 在 Excel 工作表的单元格中输入公式时，应先输入_____号。

    A．=　　　　　　　　B．&　　　　　　　　C．@　　　　　　　　D．%

9. 在 Excel 中，对单元格的引用有多种，被称为绝对引用的是_____。

    A．A1　　　　　　　B．A$1　　　　　　　C．$A1　　　　　　　D．$A$1

10. 在 Excel 中，单元格区域 "A2：B3" 代表的单元格为_____。

    A．A2B3　　　　　　B．B1B2B3　　　　　C．A2A3B2B3　　　D．A1A2A3B3

第7章 PowerPoint 演示文稿制作

7.1 PowerPoint 概述

本章将介绍 PowerPoint 2010 的基本操作，创建、美化、放映演示文稿以及设置幻灯片的动画效果和超链接等主要功能。

7.1.1 PowerPoint 2010 基本概念

1. 演示文稿

演示文稿是 PowerPoint 中存储的一个文件，称为演示文件，其扩展名为 ".pptx"，是用于介绍和说明某个问题和事件的一组多媒体材料。演示文稿中包括幻灯片、演讲者备注、讲义、大纲等信息。演示文稿通常是由一张或若干张幻灯片组成。

2. 幻灯片

幻灯片是演示文稿的基本构成单位，它是用计算机软件制作的一个"视觉形象页"，每张幻灯片一般至少包括两部分内容：幻灯片标题和若干文本条目。另外还可以包括图形、表格等其他对于论述主题有帮助的内容。它可以包括声音、图像、视频等多媒体信息。

3. 幻灯片版式

幻灯片版式包含在幻灯片上显示的全部内容的格式设置、位置和占位符。即版式包含幻灯片上文本、图片、表格、图表、音频和视频等元素的排列方式，也包括幻灯片的主题颜色、字体、效果和背景。PowerPoint 中内置了多种幻灯片版式，每种版式预定义了新建幻灯片的各种占位符的布局情况。演示文稿中的每张幻灯片都是基于某种自动版式创建的，用户也可以创建满足特定需求的自定义版式。

4. 占位符

占位符是版式中的容器，一种带有虚线或阴影线边缘的框，可容纳如文本（包括正文文本、项目符号列表和标题）、表格、图表、SmartArt 图形、影片、声音、图片及剪贴画等内容。

5. 模板

模板是专门设计好的演示模型，扩展名为 ".potx"。它是预先定义好格式、版式和配色方案的演示文稿。模板包含版式、主题颜色、主题字体、主题效果和背景样式，还可以包含内容等。PowerPoint 提供了多种多样的模板，用户也可以创建自己的自定义模板。应用模板可以快速生成统一风格的演示文稿。

7.1.2　工作界面

启动 PowerPoint 后，其工作界面如图 7-1 所示，其中快速访问工具栏、标题栏、选项卡、功能区、状态栏等使用方法与 Word、Excel 窗口中相似。

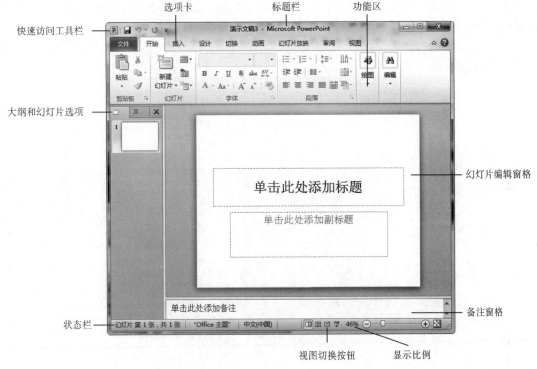

图 7-1　PowerPoint 工作界面

7.1.3　PowerPoint 文档创建

创建演示文稿的常用方法有：利用"空白演示文稿""样本模板""主题"建立演示文稿。

1. 利用"空白演示文稿"创建演示文稿

默认情况下，PowerPoint 对新建的演示文稿应用空白演示文稿模板。空白演示文稿是 PowerPoint 中最简单且最普通的模板。

2. 利用"样本模板"创建演示文稿

利用"样本模板"创建演示文稿是最快捷的方法。PowerPoint 设计了多种不同结构的演示文稿模板，用于不同的用途。样本模板提供了预定的颜色搭配、背景图案、文本格式等幻灯片，但不包含演示文稿的具体设计内容，例如培训、现代型相册、宣传手册等。用户可以选用某种演示文稿类型进行修改编辑，快速创建所需的演示文稿。

【例 7–1】快速创建一个有关"相册"的演示文稿。

具体操作步骤如下：

① 启动 PowerPoint，选择"文件"→"新建"命令，在"可用的模板和主题"上单击"样本模板"选项，打开"样本模板"库。

② 单击选择需要的模板"现代型相册"图标。

③ 单击"创建"按钮，则创建了一个相册演示文稿，如图 7-2 所示，然后进一步制作具体相册内容即可。

图 7-2　利用"样本模板"创建演示文稿

3. 利用"主题"创建演示文稿

使用"主题"可以简化创建演示文稿的过程，主题是主题颜色、主题字体和主题效果三者的组合。PowerPoint 提供了多种主题供用户使用，允许用户在一个演示文稿中使用多种主题样式。启动 PowerPoint，选择"文件"→"新建"命令，在"可用的模板和主题"上单击"主题"选项，可以选择相应主题。

7.1.4　PowerPoint 导出演示文稿

如果要在一台没有安装 PowerPoint 应用程序的计算机上放映幻灯片，可以使用打包功能打包。另外，还可以将演示文稿另存为网页，直接发布到网络上。在"文件"→"保存并发送"

选项卡中进行设置。

1. 演示文稿的打包

打包演示文稿分为将演示文稿压缩到 CD 或文件夹，其中压缩到 CD 要求计算机必须有刻录光驱，而打包成文件夹则只是将演示文稿打包成一个文件夹。

2. 演示文稿转换成 Word 文档

在日常的工作中，经常需要将一些好的 PPT 幻灯片打印出来。如果直接在 PowerPoint 中打印可能效果不是很好，可以将演示文稿转换成 Word 文档，然后再将 Word 文档打印出来。

7.1.5　PowerPoint 幻灯片视图

PowerPoint 的视图模式是指幻灯片的显示方式。系统有普通视图、幻灯片浏览视图、幻灯片放映视图、备注页视图、阅读视图和母版视图等多种视图模式。每种视图能从不同的角度展示演示文稿的内容。可以单击"视图"选项卡，在"文档视图"组中选择需要的视图模式，或者单击窗口右下角的视图按钮选择需要的视图模式。

1. 普通视图

普通视图是系统默认的视图模式，可使用户同时观察到演示文稿中某个幻灯片的显示效果、大纲文本和备注内容，并使输入和编辑工作都集中在统一的视图中。

2. 幻灯片浏览视图

各个幻灯片按编号横向排列，显示演示文稿中的所有幻灯片，并且幻灯片以缩略图方式显示，在该视图中用户可以轻松地对演示文稿进行顺序调整、动画设计、放映设置和切换幻灯片等操作，还可以添加、删除和移动幻灯片，但不能对幻灯片的内容修改。

3. 幻灯片放映视图

该视图以满屏的方式显示文稿中的每一张幻灯片，可以看到图形、计时、动画效果和切换效果在实际演示中的具体效果。如果单击窗口右下角的"幻灯片放映"按钮，演示文稿则从当前幻灯片开始放映。该视图适用于放映演示文稿或对演示文稿的放映过程进行预览。

4. 备注页视图

在备注页视图中，用户可以添加与幻灯片相关的说明内容，主要是文稿的演讲者查看、编辑注释信息的地方。在放映时观众看不到备注框中的内容。

5. 阅读视图

阅读视图用于向用自己的计算机查看演示文稿的人员而非受众（如通过大屏幕）放映演示文稿。如果要更改演示文稿，可随时从阅读视图切换至某个其他视图。

6. 母版视图

母版视图包括幻灯片母版视图、讲义母版视图和备注母版视图 3 种视图方式。它们是存储有关演示文稿的信息的主要幻灯片的格式，其中包括背景、颜色、字体、效果、占位符大小和位置。幻灯片母版视图如图 7-3 所示。用户可以对与演示文稿关联的每个幻灯片、备注页或讲义的样式进行全局更改。

图 7-3　幻灯片母版视图

7.1.6　PowerPoint 幻灯片编辑

一个演示文稿通常由多张幻灯片组成，这就需要对其中的幻灯片进行编辑。幻灯片的编辑主要包括幻灯片定位、插入幻灯片、复制和移动幻灯片、删除幻灯片等操作。

1. 幻灯片定位

用户在对幻灯片进行编辑时，应先选中需要操作的幻灯片，即从一张幻灯片快速切换到另一张幻灯片。在普通视图中，在大纲编辑窗格单击所需幻灯片的图标，即可选择幻灯片。在幻灯片浏览视图中，直接单击所需的幻灯片即可实现幻灯片的重新定位。

2. 插入幻灯片

在制作演示文稿时用户可以根据需要随时在演示文稿中插入新的幻灯片，操作步骤如下：

① 选定一张幻灯片，新插入的幻灯片将出现在该幻灯片之后。

② 单击"开始"选项卡"幻灯片"组的"新幻灯片"按钮；或者在大纲编辑窗格中右击当前幻灯片图标，弹出快捷菜单，选择"新建幻灯片"命令，都可以插入一张新幻灯片。

3. 复制和移动幻灯片

（1）复制幻灯片

复制幻灯片可以在一个演示文稿中，也可以在不同的演示文稿之间进行，具体操作步骤如下：

① 在普通视图的大纲编辑窗格中或在幻灯片浏览视图，选中需要复制的幻灯片。

② 单击"开始"功能区的"幻灯片"右下角的下拉箭头，选择"复制所选幻灯片"命令，或者在大纲编辑窗格中右击当前幻灯片，在弹出的快捷菜单中选择"复制幻灯片"命令均可将选中的幻灯片复制到剪贴板中，在目标位置右击，然后粘贴即可。

（2）移动幻灯片

移动幻灯片与复制幻灯片操作类似，只是使用"剪切"和"粘贴"命令，或者选中要移动的幻灯片，直接拖动到目标位置。

4. 删除幻灯片

删除幻灯片非常简单，操作步骤如下：

① 在普通视图中，单击大纲编辑窗格中要删除的幻灯片。如果有多张连续幻灯片要删除，先单击第一张欲删除的幻灯片，再按下【Shift】键并单击最后一张欲删除的幻灯片图标，即可选中多张连续的幻灯片。

② 在大纲编辑窗格中右击选定的幻灯片，选择"删除幻灯片"命令，或者直接按【Delete】键。

7.2　PowerPoint 文档编辑

7.2.1　PowerPoint 文本编辑

幻灯片是演示文稿的基本组成单位，而每张幻灯片是由若干"对象"组成的，对象是幻灯片重要的组成元素，如文字、图片、表格、图片、艺术字、组织结构图、声音和视频等。制作一张幻灯片的过程，实际上是制作其中每一个被指定的对象的过程。

1. 文本的输入与编辑

文本是幻灯片内容的重要组成部分。文本的输入与编辑，在 PowerPoint 2010 中的操作与在 Word 中操作基本相同。

若幻灯片中有标题或文本占位符，在有标题或文本占位符的幻灯片中输入文本内容即可。若幻灯片中没有标题或文本占位符，输入文本内容需要使用文本框。

2. 插入项目符号和编号

添加项目符号和编号可使幻灯片的文本内容层次更加清晰。通常在没有顺序要求的文本前用项目符号，编号则适用于一组有顺序限制的文本前。通过"开始"选项卡"段落"组的"项目符号"或"编号"下拉按钮，在打开的"项目符号"或"编号"列表框中可以进行设置。

7.2.2　PowerPoint 幻灯片格式

演示文稿的内容创建完毕后，可以对幻灯片的视觉效果进行修饰，使演示文稿更加美观。

1. 幻灯片的版式

幻灯片版式是幻灯片上内容的排列方式。PowerPoint 2010 中的幻灯片版式有多种，设置幻灯片版式的操作步骤如下：

① 选中需要设置版式的幻灯片。

② 单击"开始"选项卡"幻灯片"组中的"版式"按钮，显示"幻灯片版式"列表。

③ 在该窗格中根据需要选择一种版式，该版式就应用在选中的幻灯片上。

2. 幻灯片背景

用户可以根据实际需要更改演示文稿的背景颜色和图案，具体操作步骤如下：

① 单击"设计"选项卡的"背景样式"按钮，选择"设计背景样式…"命令，弹出"设

置背景格式"对话框。

② 单击"纹理"下拉按钮，选择要填充的纹理作为背景填充；或者选择插入自"文件…"，选择某一个图片文件作为背景填充。

③ 在设置背景格式对话框中，单击"关闭"按钮，则背景设置只应用在当前幻灯片上，若单击"全部应用"按钮，则背景设置应用到整个演示文稿。

3. 幻灯片设计主题

PowerPoint 2010 预设了多种设计主题，包含协调配色方案、背景、字体样式和占位符位置。用户可以应用主题轻松快捷地更改演示文稿的整体外观。主题可以在创建演示文稿时进行选择，也可以在演示文稿制作过程中进行重新设置，可以在"设计"选项卡"主题"组中选择设置。

7.2.3　PowerPoint 幻灯片母版

幻灯片母版用来设置文稿中每张幻灯片的预设格式，包括幻灯片的标题和文本的格式和类型、颜色、图形、背景、占位符等。用户在设计演示文稿时，可以通过修改幻灯片母版的格式来修改基于该母版的所有幻灯片的外观和格式，但不会修改幻灯片相应位置的文本内容。PowerPoint 2010 中包含 3 种母版，分别是幻灯片母版、讲义母版和备注母版。

1. 幻灯片母版

每个演示文稿至少包含一个幻灯片母版。修改和使用幻灯片母版的主要优点是用户可以对演示文稿中的每张幻灯片（包括以后添加到演示文稿中的幻灯片）进行统一的样式更改。使用幻灯片母版时，由于无须在多张幻灯片上输入相同的信息，因此节省了时间。如果演示文稿非常长，其中包含大量幻灯片，则幻灯片母版特别方便。设置幻灯片母版的操作步骤如下：

① 单击"视图"选项卡"母版视图"组的"幻灯片母版"按钮，打开如图 7-4 所示的幻灯片母版编辑窗口。

② 在图 7-4 所示窗口的大纲编辑窗格中，<1>表示"幻灯片母版"视图中的幻灯片母版，<2>表示与它上面的幻灯片母版默认的相关联的若干个幻灯片版式。在实际工作中用户很有可能不使用提供的所有版式，而是从可用版式中选择最适合显示信息的版式。

在大纲编辑窗格中，单击幻灯片母版时，右侧有 5 个占位符，分别为标题区、项目列表区、日期区、页脚区和数字区，对其进行格式设置可以将格式应用到每张幻灯片上；单击标题幻灯片版式进行的设置，将只应用到使用了标题版式的幻灯片上；同理，对其他幻灯片版式进行的设置，将只应用到使用了该版式的幻灯片上。

③ 如果在幻灯片母版中插入文本或图形等对象，则每一张幻灯片（除标题幻灯片外）都会在相同位置出现相同对象内容。

④ 设置完毕后，单击"幻灯片母版"选项卡"关闭"组中的"关闭母版视图"按钮。

对母版进行编辑时，在幻灯片母版视图中选中某个占位符，然后按【Delete】键，则该占位符被删除。当母版上的五个占位符不齐全时，如果要添加占位符，可以单击"幻灯片母版"选项卡"母版版式"组中的"母版版式"按钮，弹出如图 7-5 所示的"母版版式"对话框，通过选中所需占位符的复选框来添加相应的占位符。

<1>

<2>

图 7-4　幻灯片母版窗口　　　　　　　　图 7-5　"母版版式"对话框

2. 讲义母版

讲义母版用于设置打印的讲义的格式。当需要将演示文稿以讲义形式打印输出时，可以在讲义母版中进行页面设置，编辑主题，也可以在此母版中添加页码、页眉和页脚等信息。每页讲义可同时包含 2、3、4、6 或 9 张幻灯片。

3. 备注母版

备注母版用于设置打印的备注页的版式和格式，可以添加页眉和页脚等信息。图形对象、图片、页眉和页脚不会在备注窗格中出现，只在备注母版、备注页视图或打印备注时，它们才显示。

7.3　PowerPoint 中对象的插入

1. 插入剪贴画

利用剪辑库将剪贴画插入到幻灯片中的操作步骤如下：

① 选定要插入剪贴画的幻灯片。

② 单击"插入"选项卡"图像"组的"剪贴画"按钮，在右侧的"剪贴画"任务窗格中输入所要插入图片的关键字，单击"搜索"按钮。

③ 在搜索结果中选定所要插入的图片并右击，在弹出的快捷菜单中选择"插入"命令。插入剪贴画后可对剪贴画进行编辑，操作与 Word 类似。

2. 插入来自文件的图片

将自己收集或绘制的图片插入幻灯片中的操作步骤如下：

① 选定要插入图片的幻灯片。

② 单击"插入"选项卡"图像"组的"图片"按钮，弹出"插入图片"对话框。

③ 在"查找范围"下拉列表框中选择要插入的图片所在的文件夹，然后在文件列表中选中该图片文件，单击"插入"按钮。

④ 在幻灯片中对插入图片的大小、位置等进行必要的调整。

3. 插入艺术字

在幻灯片中插入艺术字的操作步骤如下：

① 选定需要插入艺术字的幻灯片。

② 单击"插入"选项卡"文本"组的"艺术字"按钮，展开"艺术字"选项区，在其中单击选择某种样式，则在幻灯片编辑区中出现"请在此放置您的文字"艺术字编辑框，更改输入要编辑的艺术字文本内容，可以在幻灯片中看到文本的艺术效果。在幻灯片中可以调整它的大小和位置，选中艺术字，在"绘图工具→格式"选项卡中可进一步编辑艺术字。

4. 插入图形

在幻灯片中插入图形的操作步骤如下：

① 选定需要插入图形的幻灯片。

② 单击"插入"选项卡"插图"组的"形状"按钮，展开"形状"选项区。在其中选择某种形状样式后单击，鼠标将变成十字星形状。

③ 在幻灯片中拖动鼠标确定形状的大小即可。

5. 插入 SmartArt 图形

SmartArt 图形是信息和观点的视觉表示形式。用户可以通过从多种不同布局中进行选择来创建 SmartArt 图形，在幻灯片中加入 SmartArt 图形（包括以前版本的组织结构图），可使版面整洁，便于表现系统的组织结构形式，从而快速、轻松、有效地传达信息。

创建 SmartArt 图形时，系统为用户提供了多种类型，如"流程""层次结构"或"关系"。类型类似于 SmartArt 图形的类别，并且每种类型包含几种不同布局，如图 7-6 所示。

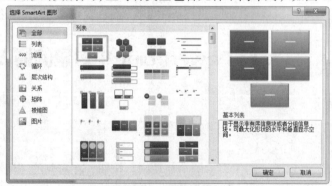

图 7-6 SmartArt 图形选项

如果希望通过插图说明公司或组织中的上下级关系，用户可以创建一个使用组织结构图布局（如"组织结构图"）的 SmartArt 图形。

6. 插入声音和影片

PowerPoint 允许用户方便地插入影片和声音等多媒体对象，使用户的演示文稿从画面到声音，多方位地向观众传递信息。用户可以通过计算机上的文件、网络或"剪贴画"任务窗格添加音频剪辑，也可以自己录制音频，将其添加到演示文稿。

（1）插入影片和声音文件

在幻灯片中插入"音乐"中的声音文件 Kalimba.mp3。具体操作步骤如下：

① 选中需要添加多媒体对象的幻灯片。

② 单击"插入"选项卡"媒体"组的"音频"按钮，弹出"插入音频"任务窗格。

③ 单击"文件中的音频"命令，弹出"插入音频"对话框，找到"音乐"中的 Kalimba.mp3 文件，然后双击或选定后单击"插入"按钮即可。

④ 幻灯片中添加了声音文件后显示一个声音图标，将声音图标拖动到合适的位置，完成声音文件的添加。在进行播放时，可以将音频设置为自动播放或单击时开始播放，甚至可以循环连续播放媒体直至停止播放。

要在幻灯片中插入影片，需单击"插入"选项卡"媒体"组的"视频"按钮，弹出"插入视频"任务窗格，操作过程与插入声音文件类似。影片添加成功后，在幻灯片显示视频文件的第一张画面，如图 7-7 所示。

（2）插入剪辑库中的影片和声音

选中需要添加多媒体对象的幻灯片后，单击"插入"选项卡"媒体"组的"音频"按钮或视频按钮，进一步选择"剪贴画音频"或"剪贴画视频"。通过此法插入多媒体对象的操作与插入剪贴画的操作基本相同。

7. 插入公式

用户在幻灯片上可以插入公式，具体操作过程如下：

单击"插入"选项卡的"插入公式"按钮，打开"公式"选项区，选择某一公式项，在幻灯片中即可插入公式，再单击此公式，则出现"公式工具→设计"选项卡，在此可以编辑公式。

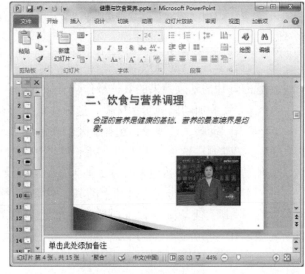

图 7-7　视频效果

7.4　PowerPoint 动画与播放

在幻灯片的播放过程中，PowerPoint 支持幻灯片切换时的动态效果，也支持幻灯片中文本、图片、声音和其他对象等的动态显示，可以控制不同对象的显示效果和显示顺序，可以在不同幻灯片之间建立超链接。

7.4.1　PowerPoint 自定义动画

1. 动画效果的含义

动画效果是指在幻灯片的放映过程中，幻灯片上的各种对象以一定的次序及方式进入到画面中产生的动态效果。用户可以将演示文稿中的文本、图片、形状、表格、SmartArt 图形和其他对象制作成动画，赋予它们进入、退出、大小或颜色变化甚至移动等效果，增加幻灯片放映时的生动性。

PowerPoint 2010 中有下列四种不同类型的动画效果：

① "进入"效果：是指当播放演示文稿时幻灯片上的对象出现时的动态效果。例如，可以使对象逐渐淡入焦点、从边缘飞入幻灯片或者跳入视图中等。

② "退出"效果：是指幻灯片中的对象播放后，根据需要设置对象飞出幻灯片、从视图中消失或者从幻灯片旋出等动态效果。

③ "强调"效果：是指幻灯片中的对象播放后，并加以强调的动态效果。这些效果的示例包括使对象缩小或放大、更改颜色或沿着其中心旋转。

④ 动作路径：是指定对象或文本沿行的路径，它是幻灯片动画序列的一部分。使用这些效果可以使对象上下移动、左右移动或者沿着星形或圆形图案移动（与其他效果一起）。

在实际运用中用户可以单独使用任何一种动画，也可以将多种效果组合在一起。例如，可以对一个图片应用"飞入"进入效果及"放大/缩小"强调效果，使它在从右侧飞入的同时逐渐放大。

2. 设置幻灯片的动画效果

设置幻灯片的动画效果的具体操作步骤如下：

① 打开要添加动画的演示文稿，选择要制作动画的对象。

② 单击"动画"选项卡，选择需要的动画效果，则该预设的动画就应用到所选对象上。

③ 在"动画"选项卡中可以选择"更多进入效果""更多强调效果""更多退出效果"或"其他动作路径"等按钮来设置更加丰富的动画及其效果。

④ 用户可以进一步对幻灯片上的其他对象设置动画效果，各个动画效果将按照其添加顺序显示在"动画"任务窗格中，并且幻灯片上已制作成动画的项目会标上不可打印的编号标记。该标记显示在对象旁边，如 1、2、3、……。仅当选择"动画"选项卡或"动画"任务窗格可见时，才会在普通视图中显示该标记。

7.4.2 PowerPoint 幻灯片切换动画

1. 幻灯片切换效果的含义

幻灯片切换效果是指在演示期间从一张幻灯片移到下一张幻灯片时在"幻灯片放映"视图中出现的动画效果。目的是为了使前后两张幻灯片之间的过渡自然。用户可以控制切换效果的速度，添加声音，甚至还可以对切换效果的属性进行自定义。

2. 设置幻灯片切换效果

设置幻灯片切换效果的操作步骤如下：

① 打开演示文稿，选定需要设置切换效果的幻灯片。

② 单击"切换"选项卡，在"切换到此幻灯片"组中，单击要应用于该幻灯片的幻灯片切换效果，如图 7-8 所示。

③ 在"计时"组中可单击"全部应用"按钮使演示文稿中的所有幻灯片之间的切换，设置为与当前幻灯片所设切换相同。每张幻灯片可设置不同的切换效果。

④ 在"计时"组中可为切换效果添加"声音""持续时间"等属性。

⑤ 在"换片方式"选项区中，可选择"单击鼠标时"复选框，使用鼠标单击控制幻灯片播放；也可在"设置自动换片时间"复选框中输入时间，将每张幻灯片之间的间隔时间设定好，使幻灯片自动播放；若同时选择这两个复选框，可使幻灯片按指定的间隔进行切换，在此期间内单击鼠标则可直接进行切换，从而达到手动和自动相结合的目的。

图 7-8　设置幻灯片切换效果

7.4.3　PowerPoint 中的超链接

默认情况下，幻灯片是按顺序播放的，用户可以对演示文稿中的文本、图片等对象设置相关的链接，使之跳转到其他位置，从而达到交互展示的目的。例如，超链接可以是从一张幻灯片到同一演示文稿中另一张幻灯片的连接，也可以是从一张幻灯片到不同演示文稿中另一张幻灯片，到其他 Office 文档，到电子邮件地址、网页等的连接。

1. 创建超级链接

创建超级链接的具体操作步骤如下：

① 选定要设置超链接的目标文字或图片。

② 单击"插入"选项卡"链接"组中的"超链接"按钮，或者右击目标文字或图片，然后在弹出的快捷菜单中选择"超链接"命令，即出现图 7-9 所示的"插入超链接"对话框。

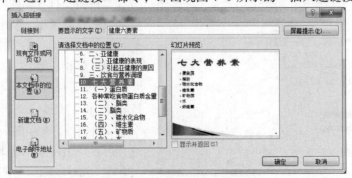

图 7-9　"插入超链接"对话框

③ 在对话框中"链接到"选项区中可以选择链接的目标位置，允许链接到 Web 页、本演示文稿中的某张幻灯片、其他文档、电子邮件地址等。

④ 单击"确定"按钮，完成超链接的建立。

建立了超链接的文本颜色会自动改变，文字加上下画线。在幻灯片放映的过程中，当用户将鼠标移到设置了链接的对象时，鼠标指针变成小手形状，用鼠标单击该对象，便会跳转到超级链接设置的相应位置。

已创建的超级链接可以编辑或删除，方法为：右击设置了超级链接的对象，在弹出的快捷菜单中选择"编辑超链接""打开超链接"或"删除超链接"命令即可。

2. 动作设置

具体操作步骤如下：

① 在幻灯片中选定要建立链接的对象，单击"插入"选项卡"链接"组中的"动作"按钮，弹出"动作设置"对话框。

② 在对话框中选中"超链接到"单选按钮，然后在下拉列表中选择想要链接到的对象。其中选择"幻灯片"选项，可以设置链接到本演示文稿的任意一张幻灯片；选择"其他 PowerPoint 演示文稿"选项，可以链接到计算机中其他的演示文稿，在放映时单击链接对象可以调入该演示文稿进行放映，放映完毕后本演示文稿继续放映；选择"URL"可以链接到指定网站；选择"其他文件"可以链接到计算机中的 Word 文档等。

③ 选中"播放声音"复选框，在其下拉列表中，为单击鼠标事件选择一种声音。

④ 单击"确定"按钮，完成设置。

对于已经设置了链接的对象，需要删除该链接时，只要在"动作设置"对话框中选择"无动作"单选按钮即可。

7.4.4 PowerPoint 幻灯片放映

演示文稿制作完成后，通过放映向观众展示演示文稿所要表达的主题。为了适应不同的放映需要，通常需要设置一些与放映过程相关的参数。

1. 设置放映方式

针对不同场合对于播放演示文稿的需要，可以对幻灯片的放映方式进行设置。单击"幻灯片放映"选项卡中"设置"组的"设置放映方式"按钮，打开如图 7-10 所示的"设置放映方式"对话框，从中可进行放映类型、幻灯片放映范围、幻灯片换片方式等设置。

（1）放映类型

① 演讲者放映（全屏幕）：该项是 PowerPoint 中幻灯片放映默认选项，通常为全屏显示，且由演讲者控制演示文稿的播放，可以使用自动或人工方式放映。在放映过程中，能够利用控制菜单，干预放映过程。

② 观众自行浏览（窗口）：该项可进

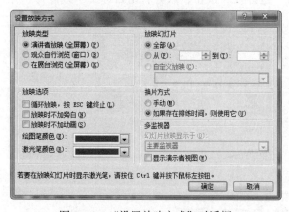

图 7-10 "设置放映方式"对话框

行小规模幻灯片运行演示，在此方式下能够进行翻页、打印和 Web 浏览操作，但此时只能自动放映或利用滚动条来放映，而不能使用鼠标控制放映流程。

③ 在展台浏览（全屏幕）：可在无人管理的状态下，进行幻灯片的自动循环放映，此时不能通过键盘或鼠标单击播放幻灯片，终止放映只能使用【Esc】键。

（2）放映幻灯片

实现幻灯片放映的选片功能，可仅放映用户已选的规定幻灯片。默认放映全部幻灯片。

（3）换片方式

用户可根据需要选择换片方式，有手动或如果存在排练时间，则使用两种方式。若采用"手动"方式，用单击鼠标的方法进行换片操作；若采用如果存在排练时间，则使用方式，当放映开始时，幻灯片便会按照原来定好的时间和顺序连续地进行播放，而不需要人工干预。

（4）绘图笔颜色

绘图笔是在放映时用于在幻灯片上做标记的工具，它的颜色可以由用户自行选定。单击"绘图笔颜色"下拉列表按钮，在下拉列表中选择合适的颜色。

2．排练计时

排练计时就是利用排练自动计时或人为定时来控制放映过程。设置了排练计时的演示文稿在放映时，幻灯片会按照设定好的时间和顺序连续播放，不再需要人工干预。具体操作步骤如下：

单击"幻灯片放映"选项卡"设置"组中的"排练计时"按钮，出现图 7-11 所示的"预演"计时对话框。对话框中显示每张幻灯片和总计时的时间。用户根据需要调整幻灯片的换片速度。设置完成后，单击此对话框的"关闭"按钮，屏幕上会显示如图 7-12 所示的对话框，来确定在以后放映时是否采用预演计时的时间控制，如果需要，单击"是"按钮。

图 7-11　"预演"对话框

图 7-12　排练计时选择框

3．录制旁白

用户录制幻灯片演示需要有声卡、话筒和扬声器。具体操作步骤如下：

① 单击"幻灯片放映"选项卡"设置"组中的"录制幻灯片演示"按钮，弹出"录制幻灯片演示"对话框，如图 7-13 所示。

② 选择"旁白和激光笔"选项，在话筒正常状态下，单击"开始录制"按钮，则进入幻灯片放映视图。

此时一边控制幻灯片的放映，一边通过话筒语音录入旁白，直到浏览完所有幻灯片，并且旁白是自动保存的。

图 7-13　"录制幻灯片演示"对话框

4．隐藏幻灯片

当演示文稿制作完成后，针对不同类型的观众来说，演示文稿中的某些幻灯片可能不需要播放，因此在播放演示文稿时应将不需要放映的幻灯片隐藏起来。具体操作步骤如下：

① 在普通视图模式下，单击窗口左侧幻灯片选项卡中需要隐藏的幻灯片（如第三张幻灯片）。

② 单击"幻灯片放映"选项卡"设置"组中的"隐藏幻灯片"按钮，则被选中的幻灯片

的缩略图编号出现图标▣，表明该幻灯片已经隐藏，不会播放。

若要放映隐藏的幻灯片，可先选定该幻灯片，单击"幻灯片放映"选项卡"设置"组中的"隐藏幻灯片"按钮，则幻灯片的缩略图编号图标▣消失，表示该幻灯片可以播放。

习　　题

选择题

1. 编辑 PowerPoint 时可以多次被不同文档使用的是_____。

    A．母版　　　　　　B．模板　　　　　　C．版式　　　　　　D．节

2. PowerPoint 文档打印时不能选择的颜色效果是_____。

    A．灰度　　　　　　B．纯黑白　　　　　C．颜色　　　　　　D．RGB 色

3. PowerPoint 中，从外部复制的文字，不可以用哪种粘贴选项进行粘贴？

    A．图片　　　　　　B．纯文本　　　　　C．保留原格式　　　D．嵌入

4. 在 PowerPoint 中，主题即是设计模板，主要包括已定义的_____等。

    A．字体样式　　　　B．颜色搭配　　　　C．效果　　　　　　D．以上都正确

5. 强制使用演示者视图的组合键是_____。

    A．【Alt + F5】　　　　　　　　　　B．【Ctrl + F5】

    C．【Alt + F12】　　　　　　　　　　D．【Alt + Shift + F5】

6. 在演示文稿中，如果要演示电脑操作过程给大家看，可以使用_____命令，将操作过程提前插入到幻灯片中。

    A．动作　　　　　　B．屏幕截图　　　　C．屏幕录制　　　　D．加载项

7. 在 PowerPoint 中的超链接可以使幻灯片播放时自由跳转到_____。

    A．某个网页　　　　　　　　　　　　B．某个 Office 文档或文件

    C．演示文稿中某一指定的幻灯片　　　D．以上都可以

8. 在 PowerPoint 中，幻灯片中占位符的作用是_____。

    A．表示文本长度　　　　　　　　　　B．限制插入对象的数量

    C．为文本、图形等对象预留位置　　　D．表示图形大小

9. 在 PowerPoint 中，若要在每张幻灯片的相同位置都显示作者名字，应在_____中进行插入操作。

    A．普通视图　　　　　　　　　　　　B．幻灯片母版

    C．幻灯片浏览视图　　　　　　　　　D．阅读视图

10. 下列关于幻灯片播放说法正确的是_____。

    A．只能按幻灯片编号的顺序播放

    B．部分播放时，只能放映相邻连续的幻灯片

    C．可以按任意顺序播放

    D．不能倒回去播放

第8章 Visio 2010 办公绘图软件应用

Visio 是微软公司出品的一款专业的办公绘图软件，借助于丰富的模板、模具和形状等资料，可以帮助用户轻松地完成各类图表的绘制。其应用广泛且操作简便，绘图精美，深受广大用户喜爱，在同类软件中具有较高的美誉。

Visio 2010 与以往版本相比，不仅操作界面有较大变化，其功用也发生了较大变化，成为当今较为流行的绘图软件之一。

 ## 8.1 Visio 2010 简介

Visio 2010 是 Office 系列办公套件中的一个组成部分，但它是作为单独的应用程序出现的，并没包含在一般的 Office 2010 套件销售之中。

1. Visio 2010 的主要版本与功能

Visio 2010 拥有全新的外观，全面引入了 Office Fluent/Ribbon 用户界面和重新设计的形状窗口。快速形状、自动对齐/拆分等新功能可以帮助用户更轻松地创建、维护图表。除了可适用于所有图表类型的新功能外，Visio 2010 标准版中的交叉功能流程图绘制模板也更加简单、可靠，拥有更好的可扩展性。

在标准版的基础上，专业版允许用户将图表连接至 Visio Services，用户可以上传数据，将图表发布到 Visio Services 上。Visio Services 可以实现在 SharePoint 中浏览最新更新的数据图表，哪怕用户机器上没有安装 Visio，也同样可以看到。Visio 2010 专业版还包括高级的图表模板，例如：复杂网络图表、工程图表、线框图表、软件和数据库图表。

而高级版在包括专业版提供的所有功能之上，又新增了高级进程管理功能，包括新的 SharePoint 工作流图表模板、业务流程建模标注（Business Process Modeling Notation，BPMN）、Six Sigma。新的 SharePoint 工作流图表可以导入 SharePoint Designer 2010，还可以进行进一步的自定义操作。而且子进程功能允许用户停止当前进程并可以轻松恢复进程。此外 Visio 2010 高级版中还整合了 SharePoint Server 2010。

2. Visio 2010 的应用范围

Visio 2010 作为微软的商业图表绘制软件，具有操作简单、功能强大、可视化等优点，深受广大用户喜爱。现在已被广泛地应用于软件设计、办公自动化、项目管理、广告、企业管理、建筑、电子、通信及日常生活等众多领域。

8.2 Visio 2010 的工作界面

Visio 2010 与以前的版本不同，采用了全新的 Office Fluent/ribbon 用户界面，改变了以往使用的菜单系统，取而代之的是功能区、选项卡、功能组以及上下文选项卡等，将所有功能都以工具图标的形式在功能区上展示出来，这样更加方便用户使用。其工作界面如图 8-1 所示。

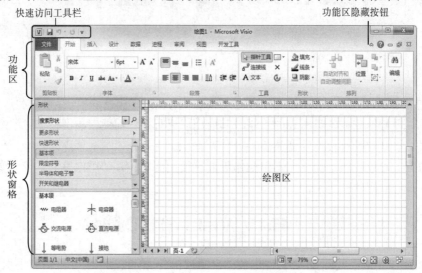

图 8-1 Visio 2010 的工作界面

1. 功能区

Visio 2010 采用 Microsoft Office Fluent 界面，以功能区形式取代了传统的菜单命令，功能区内包含多个选项卡，各种操作命令依据功能的不同被放置在不同的选项卡内，选项卡内再按使用方式进行分组。这种界面与传统的菜单相比更加直观，使用的命令都以图标形式出现在功能区，使人一目了然。"开始"选项卡上是最常使用的命令，而其他选项卡上的命令则用于特定的目的。例如，若要设计图表并设置图表格式，可以单击"设计"选项卡，找到主题、页面设置、背景、边框以及标题等更多选项，如图 8-2 所示。

图 8-2 Visio 2010 的功能区

功能区所包含的选项卡，除图 8-2 中所展示的以外，还有一种是"上下文关联"的选项卡，当选定特定操作对象时才会动态出现。例如在绘图区内插入一张图片，当选择该图片时，就会出现如图 8-3 所示的"图片工具"选项卡。

此外功能区内命令组里还有一些标记具有特定含义。有的命令图标旁边带有" ▼ "标记，单击这个标记，会弹出隐藏的其他相关命令列表；还有些组的右下角会有" ▣ "标记，这个标记也称为"对话框启动器"，单击这个标记会弹出本组命令的对话框，显示出更多丰富的操作命令。另外当光标置于某个命令图标之上时，稍做停留就会显示出有关该命令图标的提示信息，如图 8-4 所示。

图 8-3　上下文关联的选项卡

图 8-4　功能区中的特殊标记与提示信息显示

2. 快速访问工具栏

快速访问工具栏通常位于标题栏内，一般情况下仅放置使用频率最高的几个命令，如保存、撤销、重复等命令。在快速工具栏的右侧有一个 ▾ 按钮，单击后会弹出"自定义快速访问工具栏"列表，在此列表的菜单项上进行选择，就可以使其他命令出现（或消失）在快速访问工具栏中；选择最下方的"在功能区下方显示"项，会将快速访问工具栏放在功能区下方，成为一个独立的工具条，如图 8-5 所示。

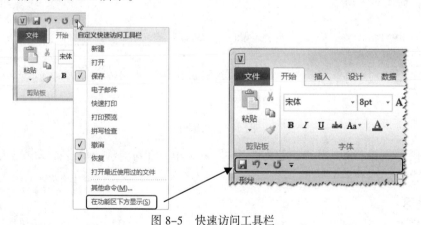

图 8-5　快速访问工具栏

3. 形状窗格

形状窗格显示的是当前文档中已经打开的所有模具。所有已打开模具的标题栏均堆叠于于形状窗格的顶部。单击模具的标题栏，在窗格下方会显示出该模具中的所有形状，如图 8-6 所示。

每个模具标题栏单击打开后，其顶部（在浅色分割线上方）都有一个"快速形状"区域，这里放置的是本模具组中最常使用的形状。如果要添加或删除这里的快速形状，只要将所需形状拖入或拖出"快速形状"区域即可。通过将形状拖放到不同的位置可以重新排列模具组中各快速形状的位置顺序。

如果打开了多个模具，并且每个模具中都有需要的几个形状，那么就可以单击形状窗格上方的"快速形状"选项卡，这样当前打开文档中的所有模具的快速形状将都集中显示在一起，如图 8-7 所示。

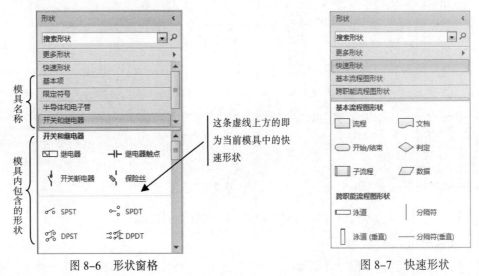

图 8-6　形状窗格　　　　　　　　　　　图 8-7　快速形状

4. 状态栏

状态栏位于 Visio 软件的最下方。状态栏中除了显示当前页数、页码等内容外，还包含了几个非常有用的功能，如录制宏、视图切换、全屏显示、当前绘图区的缩放、以及多个工作窗口的切换等，如图 8-8 所示。

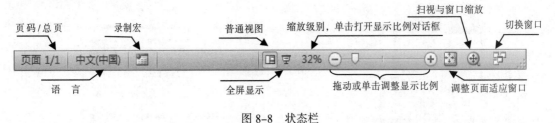

图 8-8　状态栏

在状态栏上右击，会弹出"自定义状态栏"的菜单，在对应项上单击可以设定状态栏上项目的显示与隐藏，如图 8-9 所示。

5. 绘图区

绘图区是 Visio 软件中最主要的部分，如图 8-10 所示。使用 Visio 进行绘图时，只要从形状窗格内拖动形状到绘图区并放置就完成了最简单的图的绘制。绘图区以一个带有网络的页面形式展现，在这个区域的上方和左侧有标尺栏，用来辅助定位形状的摆放位置；右侧和右下角有滚动条，用来滚动绘图页面以显示更大的绘图区域；左下角为导航控钮和页面切换、新建页面按钮，即可以通过导航控钮在多个不同页面间切换，也可以直接单击页面切换按钮上的页面名称直接切换；单击新建页面按钮可以新建一个绘图页面（默认打开 Visio 时，只有"页-1"一个页面）。对于绘图页面上显示的网络以及绘图区域的标尺、参考线等可以通过"视图"功能区进行打开或关闭。"视图"功能区如图 8-11 所示。

图 8-9　自定义状态栏

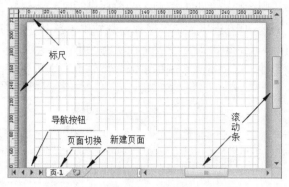

图 8-10　绘图区

图 8-11　"视图"功能区

单击"视图"功能区"显示"组内的"对话框启动器"按钮，可以弹出"标尺和网格"对话框，在此对话框内可以进行标尺和网格的具体设定，如图 8-12 所示。

在水平标尺上按住鼠标左键并向下拖动，即可得到一条蓝色的水平参考线，同理在垂直标尺上按住左键向左或右拖动，可以得到垂直的参考线。单击参考线，按下【Del】键可以删除参考线。在水平和垂直标尺交汇处按住左键向右下拖动，可以得到参考点。同样参考点也可使用【Del】键进行删除。在绘图过程中应用参考线和参考点可以为绘图提供极大的便利。

图 8-12　"标尺和网格"对话框

 ## 8.3　使用 Visio 2010 绘图的几个主要概念

使用 Visio 绘图最大的特点就是可视化、操作简便。大多数图形只要通过对形状的拖放就能完成。下面就 Visio 绘图中涉及的几个主要概念进行简介。

1. 模板

Visio 提供了许多图表模板。每个模板都针对不同的图表和应用范围，集成了绘制该种图表所需要的模具形状以及图表页面、绘图网格设置等。因此，可以说模板中集成了模具形状和特定的图表页面、绘图网络等设置的综合元素。当然有些特殊的图表模板还有特殊功能，这些功能可以出现在功能区的特殊选项卡上。例如，打开"时间线"模板时，功能区上会显示"时间线"选项卡等。

一般来讲，使用 Visio 创建某种图表时，应当首先使用该图表类型（如果没有完全匹配的类型，则选择最接近的类型）的模板进行创建，这样会收到事半功倍的效果。

Visio 2010 提供了很多模板，找到模板及其作用的最简单方法是完整地浏览"模板类别"。当打开 Visio 2010 时，或者是在功能区单击了"文件"按钮，都会进入的"BackStage"界面，在这里就可以浏览到系统提供的各类模板，查看各模板的适用说明等，如图 8-13 所示。

图 8-13　BackStage 界面及模板类别与说明

在某些情况下，当打开 Visio 模板时，还会出现使用向导帮助完成图表的设置。例如，应用"空间规划"模板打开时会显示向导，该向导可以帮助完成设置空间和房间等信息。

2. 模具

Visio 中所谓的模具就是形状的集合。每个模具中的形状都有一些共同点。这些形状可以是创建特定种类图表所需的形状的集合，也可以是同一形状的几个不同的版本。例如，"基本流程图形状"模具中包含就是常见的流程图形状。

模具显示在"形状"窗格中。如果要查看某个模具中的形状，就在这个模具的标题栏上单击，此时该标题栏会显示为黄色，同时形状窗格的下方显示的形状即是该模具中包含的形状。

模具通常与模板绑定在一起，每个模板打开时都会同时自动打开包含其中的模具，这些模具就是创建该种类型图表时可能会用到的形状。除此之外也可以根据需要随时打开其他模具，操作方法是在"形状"窗格中，单击"更多形状"，然后选择所需的类别，再单击要使用的模具的名称即可，如图 8-14 所示。在绘制图时，除了使用某类模板自身所带具有的模具形状外，也可以增加其他模具里的形状。

3. 形状和手柄

形状是 Visio 中构成图表的基本组成元素。形状普遍存在于模具之中，绘图时只需从模具中拖至绘图页上释放即可。拖放时原始形状仍保留在模具上，该原始形状称为主控形状，而放置在绘图页上的形状是该主控形状的副本，称之为实例。绘图时可以根据需要将同一形状的任意数量实例拖放至绘图页上。

拖放到绘图页上的实例形状，还可以做进一步的操作，例如旋转、改变大小、改变格式等。这些操作有可能会涉及形状中的内置功能，利用形状上的各种手柄和箭头可以帮助我们快速应用这些功能。形状上的手柄主要有旋转手柄、连接箭头和选择手柄等，如图 8-15 所示。

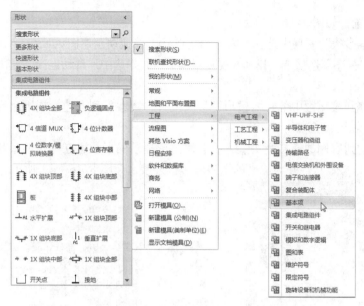

图 8-14　通过"更多形状"打开模具组

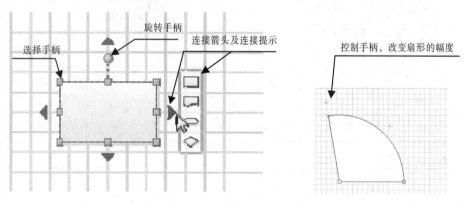

图 8-15　形状的可视化线索

（1）旋转手柄

位于实例形状上方的圆形手柄称为旋转手柄。光标移到旋转手柄上，向右或向左拖动即可旋转该形状。

（2）连接箭头

并不是所有的形状都有连接箭头。当光标移动到实例形状上方时，如果该实例形状所在的模具中设定了快速形状，并且在"视图"选项卡中打开了"自动连接"选项，就会在形状四周出现浅蓝色连接箭头。此时将光标移到连接箭头上，会有连接提示出现，连接提示的内容主要是当前形状所在模具中的快速形状。选择了其中一个，就可以绘制出这个选定的形状，并将当前实例形状与这个刚绘制出来的实例形状相互连接起来。

【例 8-1】创建自动连接。

具体操作步骤如下：

① 在"形状"窗格中单击"基本形状"模具组，并拖动"五角星"形状至"快速形状"

区域中最前部位置，如图 8-16（a）所示。

② 在"基本形状"模具中选择"六边形"形状，并拖动至绘图区域。

③ 切换至"视图"选项卡，找到"视觉帮助"组，并选中"自动连接"复选框，如图 8-16（b）所示。

④ 将光标移到绘图区中的"六边形"形状上方，观察发现六边形周围出现连接箭头，如图 8-16（c）所示。

⑤ 光标移动到右侧的连接箭头上方，右侧出现提示的形状，在提示的形状中单击"五角星"，绘制了五角星形状，并与原来的六边形形状连接，如图 8-16（d）所示。

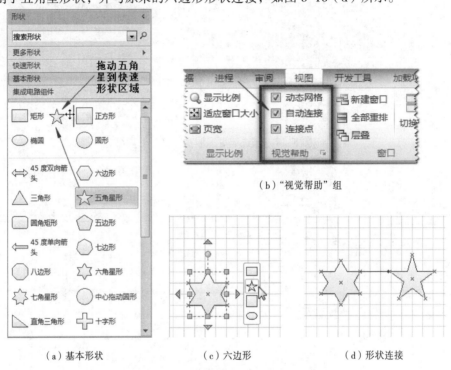

（a）基本形状　　　　（c）六边形　　　　（d）形状连接

图 8-16　应用自动连接绘制形状

（3）选择手柄

当单击绘图页上的实例形状时，即选中这个实例形状，这个形状的周围会出现选择手柄。利用选择手柄可以更改形状的高度和宽度。单击并拖动形状某一拐角上的选择手柄沿 45 度角拖动可等比例缩放该形状。单击并拖动形状某一侧上的选择手柄可以改变形状的宽或高，这个改变不是等比例的。

（4）控制手柄

有些实例形状被选择时，会同时显示出控制手柄。同样并不是所有的形状都有控制手柄。控制手柄的外观颜色是黄色棱块。通过控制手柄可以改变实例形状在某一方面的幅度变化。例如，通过门形状的控制手柄可以改变门的开闭程度等。

Visio 中的形状功能非常强大，它不仅仅是简单的图像或符号，形状中还可以包含数据、和特定行为。当拉伸实例开关、右击实例形状或是移动实例形状上的黄色控制手柄就会看到这些行为。例如，拉伸"人员"形状可显示更多人员，拉伸"成长的花朵"形状可指示成长情况，如图 8-17 所示。如何才能知道哪些形状具有特殊行为呢？通常的做法就是用右击形状，查看其快捷菜单上是否有特殊命令。

4. 图层

Visio 的图层与 AutoCAD 的图层很相似，都是用来管理形状的。使用图层可以对绘图页上的相关形状进行组织和管理，通过将形状分配到不同的图层，使用户可以有选择地查看、打印、设定、锁定不同类别的形状，以及控制能否与图层上的形状进行对齐或粘附等操作。从这个角度也可以说，图层就是已命名的一类形状。

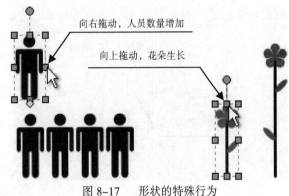

图 8-17　形状的特殊行为

【例 8-2】新建图层。

具体操作步骤如下：

① 单击"开始"选项卡→"编辑"组，再次单击"层"选项，如图 8-18 所示。会弹出两个选项"分配层"和"层属性"。当前文件中没存在任何形状时，"分配层"功能不可用。

② 单击"层属性"选项会打开"图层属性"对话框，如图 8-19 所示。

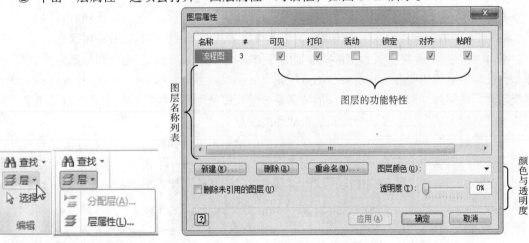

图 8-18　图层及其功能　　　　　图 8-19　"图层属性"对话框

③ 单击图 8-19 中的"新建按钮"可以重新创建一个新的图层。

④ 在图层颜色列表处，可以对图层颜色进行设定，也可以对图层的透明度设定。这些设定会对加入到该图层的形状的颜色和透明度产生作用。

⑤ 在绘图区内，拖放入一个形状。单击该形状，然后在"开始"选项卡中找到"编辑"组，单击"层"选项，选择"分配层"，弹出"图层"对话框如图 8-20 所示。

⑥ 在图层选项前的方框内打钩表示将形状分配至此图层，则该图层设置的所有颜色和透明度等属性将作用于该形状，该形状原有的颜色和透明度等将发生改变。

每个图层都具有如下的功能特性：

① 可见。在图 8-20 中将图层 test 的可见性关闭，单击"确定"按钮后，返回到绘图区，

发现原来分配到图层 test 中的形状不见了。再次打开"图层属性"对话框，打开可见属性后，再次单击"确定"按钮，返回到绘图区。原来隐藏的形状又全部出现了。这个功能在绘制复杂图时比较有用。

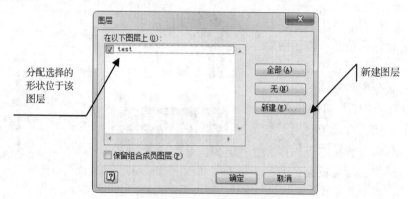

图 8-20 "图层"对话框

② 打印。该特性决定了本图层包含的形状可否被打印输出。如果取消了此项选定，则该图层的形状可以查看但不能被打印输出。

③ 锁定。该功能生效时，图 8-19 中的"删除"和"重命名"按钮将失效，同时"活动"特性也不可选择。绘图区中包含在此图层中的形状将被锁定不能被选择、移动、修改等。

④ 对齐。该功能生效时，本图层内的形状可与其他形状进行"对齐"操作，否则不可。

⑤ 粘附。启用该功能时，本图层内的形状可以与其他图层的形状进行粘附操作。

⑥ 活动。如果要将电气布线形状添加到办公室布局绘图，可以使电气图层成为活动图层。那么自此以后添加的所有形状都会自动分配到电气图层。当需要添加窗户时，就可以将墙壁图层指定为活动图层，以此类推。如果形状需要分配到多个图层，也可以指定多个活动图层。此时添加到页面上的形状会自动分配到所有活动的图层上。

使用图层绘图的好处很多，尤其是在复杂图的绘制中更是如此。例如绘制办公室布局时，可将墙壁、门和窗户分配到一个图层，而将电源插座分配给另一个图层，家具则分配给再一个图层。这样，当处理电气系统中的形状时，就可以锁定其他图层，而不必担心会误将墙壁或家具重新排列。

5. 页面

Visio 绘图区即为绘图页面区域。Visio 的绘图页面默认显示为一张图纸，图纸下方左下角的选项卡为该绘图面默认的名称"页-1"，单击页面名称旁边的图标，会完成新页面的添加。在绘图面的名称上右击，会弹出快捷菜单，选择"插入"，会弹出"页面设置"对话框，如图 8-21 所示。此外，也可以通过"设计"选项卡"页面设置"组里的按钮完成页面的设置情况。

【例 8-3】新增页面并设置页面尺寸和方向。

具体操作方法如下：

① 在当前绘图页面的名称签上右击，在弹出的快捷菜单中选择"插入"，弹出"页面设置"对话框，并定位在"页属性"页面。

② 在"页属性"页面，定义该页面类型为"前景"，定义页面的名称为"页-2"，背景项为"无"，设定页面的度量单位为默认值"毫米"，如图 8-21（b）所示。

（a）快捷菜单　　　　　　　　（b）"页面设置"对话框

图 8-21　快捷菜单和页属性

③ 单击"页面尺寸"选项卡，在此页面设定绘图页面的大小。系统默认的选项为：允许 Visio 按需展开页面。推荐使用这个设置，这样当绘制的形状超过预定的页面边界时，页面会自动延展。如果选择下方的"预定义大小"或"自定义"大小时，则页面不能自动延展，同时，当选定的页面尺寸是"预定义大小"或"自定义大小"时，在此处，还可设定页面的方向为"纵向"或"横向"。按需展开页面时，不需要选择页面方向，如图 8-22（a）所示。

④ 单击"绘图缩放比例"选项卡，在此页面进行绘图的缩放比例设定。系统的默认选项为 1∶1。可以根据绘图内容的需要进行选择预定义的缩放比例或自行定义缩放比例。这里使用系统默认的 1∶1 比例，如图 8-22（b）所示。

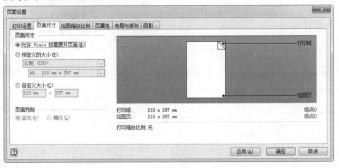

（a）页面尺寸

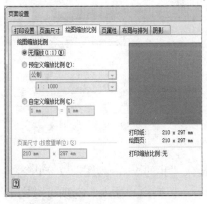

（b）绘图缩放比例　　　　　　　　（c）打印设置

图 8-22　"页面设置"对话框

⑤ 单击"打印设置"选项卡，在此页面设置打印出图的纸张选择及打印比例。默认的打印纸型为 A4，打印比例为 100%，可以根据实际的需要进行相应调整。即最终的出图比例是绘图缩放比例与打印比例的乘积，如图 8-22（c）所示。

提示：应用"插入"选项卡中的"页"选项组可以直接选择插入"空白页"或"背景面"。

Visio 中的页面除了前景页之外，还有背景页。一个前景页只能有一个背景页，而一个背景页，可以应用于多个前景面上。背景页通常用来设置绘图的背景水印或者是标题、图框等信息。另外还需要注意的是背景页要与前景面在页面大小、页面方向上保持一致。

【例 8-4】设置背景页。

具体操作步骤如下：

① 单击"设计"选项卡"背景"组内的"背景"按钮，在弹出的菜单中选择"世界"，如图 8-23（a）所示。再次单击"边框和标题"按钮，在弹出的菜单中选择"都市"完成背景和标题的设定，如图 8-23（b）所示。不论是添加"背景"还是"标题"系统都自动增加一个背景页，并将其默认命名为"背景-1"。

② 选择"背景-1"并在它的"页面设置"对话框中，依次设置"打印设置"项为 A4 纸型、纵向；"页面尺寸"设置为预定义大小 A4、纵向；绘图缩放比例为 1∶1。单击"确定"按钮。

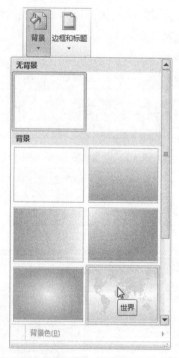
（a）选择"世界"

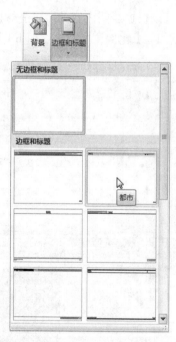
（b）选择"都市"

图 8-23 背景与标题设置

③ 双击背景页面的标题，进入修改状态，此时输入"我的 Visio 绘图"文字内容。

④ 单击标题右侧的"时间"项，出现选择手柄后，切换到"插入"选项卡"文本"组中的"域"按钮，如图 8-24 所示。弹出"字段"对话框，并自动选定了类别中的"日期/时间"项，如图 8-25 所示。

⑤ 单击"数据格式"按钮，在弹出的"数据格式"对话框中更改日期格式，如图 8-26 所示。单击"确定"按钮后，完成数据格式的设定。再次单击"确定"按钮，完成"域"对象的格式设定。

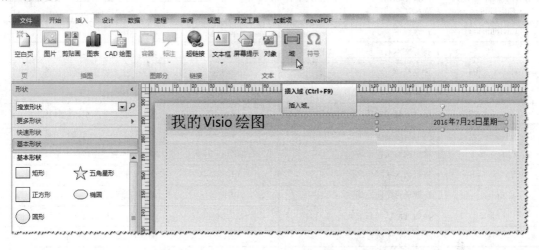

图 8-24　选择"时间"项并插入域

图 8-25　"字段"对话框　　　　　　图 8-26　"数据格式"对话框

⑥ 用鼠标右击"页-1"的标签，在弹出的快捷菜单中选择"页面设置"，打开"页面设置"对话框，在"页属性"选项卡内选择"背景"为"背景-1"，单击"确定"对话框完成绘图页的背景设定。

提示：在绘图页面可以看到背景设定的图案与文字信息，但要进行修改，需要切换到背景页进行修改。

用户可以在背景页内绘制图框、标题等信息，便于绘图文件的管理和使用。

 # 8.4　常用的操作技巧

1. 常用的快捷键

高效地绘图离不开快捷键的使用。Visio 提供了丰富的快捷键，记住常用的快捷键，并灵活使用，能极大地提高绘图效率。Visio 绘图中常用的快捷键如表 8-1 所示。

表 8-1　Visio 绘图中经常用到的快捷键

快 捷 键	操 作 目 的	快 捷 键	操 作 目 的
Ctrl+Shift+>	增大文本的字号	Shift+F11	打开文本对话框中的段落选项卡
Ctrl+Shift+<	缩小文本的字号	F3	打开填充对话框
Ctrl+Shift+=	快速设定文字上标	Shift+F3	打开线条对话框
F11	打开文本对话框中的字体选项卡	Ctrl+Z	撤销操作
Ctrl+Y 或 F4	重复操作	Ctrl+Shift+P	切换"格式刷"工具的状态
Shift+F5	页面设置	Ctrl+1	快速切换到指针状态
Ctrl+G 或 Ctrl+Shift+G	组合所选的形状	Ctrl+2	快速切换到"文本"工具状态
Ctrl+Shift+U	取消对所选组合中形状的组合	Ctrl+3	快速切换到"连接线"工具状态
Ctrl+Shift+F	将所选形状置于顶层	Ctrl+Shift+1	快速切换到"连接点"工具
Ctrl+Shift+B	将所选形状置于底层	Ctrl+Shift+4	快速切换到"文本块"工具
Ctrl+L	将所选形状向左旋转	方向键	微移所选形状
Ctrl+R	将所选形状向右旋转	Shift+方向键	一次将所选形状微移一个像素
Ctrl+H	水平翻转所选形状	Ctrl+Enter	将所选主控形状快速插入绘图中
Ctrl+J	垂直翻转所选形状	F2	为所选形状添加文本
F8	为所选形状打开"对齐形状"对话框	Ctrl+鼠标滚轮	动态缩放绘图页面

2. 精确绘图方法

在绘图过程中，如果对图形的精度要求较高，可以借助于 Visio 的精确绘图工具实现精确绘图。Visio 中常用的精确绘图工具主要有有标尺、网格、参考线、辅助点、大小和位置窗口以及放大显示比例等。在实际绘图中组合应用这些工具就可以实现精确地绘图。

（1）标尺与网格

标尺是用于测量图形位置和大小最直观的工具。网格是用于设置位置、调节图形大小和对齐图形的工具。这两个工具的设置都是通过"标尺和网格"对话框来实现的。通过"视图"选项卡中"显示"组的"对话框启动器"按钮，可以打开"标尺和网格"对话框，如图 8-27 所示。

下面"对标尺和网格"对话框中的内容详细说明。

① 细分线：标尺的最小刻度（间距）设定。标尺的最小刻度有 1 mm、2 mm 和 5 mm 三种情况，对应细分线的细致、正常和粗糙三个选项。系统默认细分线值为细致，即标尺的最小刻度为 1 mm。

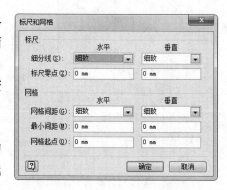

图 8-27　"标尺和网格"对话框

② 标尺零点：设置标尺的零点位置。标尺默认水平、垂直均从 0 mm 起，可以根据绘图的需要重新设定零点值。若要恢复到默认状态可重新输入 0 mm 并确定，或者是双击绘图页面中水平和垂直标尺的交叉处也能将标尺零点恢复到 0 mm 状态。

③ 网格间距设置：网格的间距和标尺的刻度类似，有细致、正常、粗糙和固定四种类型。

细致：水平垂直距离为 5 mm。

正常：水平垂直距离为 10 mm。

粗糙：水平垂直距离为 20 mm。

或设定为"固定"，则需要通过下面"最小间距"项分别设定水平和垂直的距离。

网格起点是指网格绘制的起始位置。

（2）参考线和辅助点

参考线设置图形位置和对齐图形最常用和方便的工具。将鼠标放置在水平或垂直标尺的边缘，然后按住左键进行拖动，就会出现一条蓝色的水平或垂直的线。参考线停放时会自动对齐水平或垂直的标尺刻度。使用键盘的方向键可以进行参考线的位置微调。绘制形状时，可自动粘附到参考线上，达到精确定位的目的。一个页面内可以有无线条水平或垂直的参考线，当不需要时，单击该参考线，并按【Del】键可以将其删除。或者是通过"视图"选项卡"显示"组内取消"参考线"的选定，则不再显示参考线。

辅助点是两条很短的交叉参考线，可以放在绘图页或形状的任何位置。辅助点适用于绘制重叠的图形，运用辅助点可将重叠的图形按中心对齐或按顶点对齐。

在绘图页面将鼠标移到水平和垂直标尺交叉处，按住左键进行拖动，就可以产生辅助点。辅助点一般默认会停放在网格的交叉点处。参考线和辅助点如图 8-28 所示。

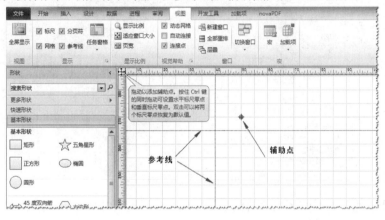

图 8-28　参考线和辅助点

（3）大小和位置窗口

在比较复杂的情况下也可以运用"大小和位置窗口"调整图形的大小和位置。通过修改"大小和位置"窗口中的数据值，直接调整图形的大小和位置。

单击"视图"选项卡"显示"组内"任务窗格"按钮，在弹出的菜单中选择"大小和位置"即可打开这个窗口。默认情况下这个窗口出现在绘图页的左下方。可以将其拖放至页面的任何位置。这个窗口会根据选择对象的不同而变换显示的内容，如图 8-29 所示。

X	75 mm
Y	240 mm
宽度	40 mm
高度	30 mm
角度	0 deg
旋转中心点位置	正中部

图 8-29　大小和位置

X：表示形状的水平坐标位置。

Y：表示形状的垂直坐标位置。

角度：表示形状的旋转角度。

以上三个属性是大多数形状都具备属性，通过改变数值可以调整形状的位置。

宽度、高度：为当前选择形状的宽度和高度值，改变这两个数值可以调整形状的大小。

除以上工具外，还要配合"对齐与粘附"等工具就能实现精确地绘图。

（4）尺寸的标注方法

应用 Visio 不仅可以进行精确绘图，也可以进行形状尺寸的标注。所谓尺寸是指定对象大小和位置等数值。在工程和建筑绘图中通常都需要标注尺寸。

Visio 中尺寸的标注是利用形状窗格中模具来实现的。在"形状"窗格中依次单击"更多形状""其他 Visio 方案"，然后在弹出的列表中选择需要的标注模具，接着再将对应的模具拖至绘图面的某个形状，然后进行粘附，即可完成形状的尺寸标注，如图 8-30 所示。

图 8-30　打开尺寸度量模具

通常情况下，尺寸线以绘图页设置的度量单位来显示形状的尺寸。当然也可以在不改变绘图页设置的情况下为尺寸线设置不同的度量单位。其方法是右击形状并选择"精度和单位"项，在弹出的"形状数据"对话框中即可更改尺寸值在尺寸线形状上的显示方式，如图 8-31 所示。

将尺寸线粘附到形状上。调整形状的大小时，系统会自动计算并显示新的尺寸。但如果尺寸线未粘附到形状上，使用快捷键【Alt+F9】打开"对齐和粘附"对话框，然后确保在"粘附到"下，选中"形状手柄"和"形状几何图形"复选框即可，如图 8-32 所示。

图 8-31　更改尺寸的精度和显示位置

图 8-32　尺寸标注时对齐与粘附的设定

　　Visio 是一个高效的绘图软件，其操作简单，功能强大，在众多领域都有广泛地应用。本章详细讲述了有关 Visio 绘图的基础知识，包括 Visio 软件的由来和历史沿革；Visio 绘图的基本工作界面；使用 Visio 绘图时涉及的几个重要概念如模具、模板、形状、手柄、图层、页面设置、背景页等都做了介绍，最后还介绍了一些应用 Visio 绘图的一些技巧等。内容比较简单，便于掌握，学好 Visio 画图关键在于多练多画，熟能生巧；尤其是快捷键和一些常用的工具要记熟用活，才能成倍提高绘图效率。

习　　题

简答题

1. 请简述 Visio 的功能和特点。
2. Visio 的应用范围很广，请简述其应用领域。
3. 在使用 Visio 过程中，经常用到哪些快捷键？可以实现什么操作目的？
4. 请简述进行家居装修规划的主要步骤。

第9章　音频与视频

信息化社会需要信息技术的支持，多媒体技术是信息技术不断发展的必然产物。同时，多媒体在现实中的应用也已充分证实了它比单一媒体能够更好地表达信息的内涵，更便于人们对信息的理解和处理。

多媒体作为传递信息的载体，其信息主要表现形式有文字、声音、图像、动画、视频等多种形式。

 ## 9.1　多媒体技术概述

9.1.1　多媒体定义

1. 媒体

媒体（Media）是指信息传递与存储的媒介和载体。它有两层含义：一是存储信息的载体，如磁带、磁盘、光盘等；二是传递信息的载体，如文本、声音、图片、视频、动画等。

2. 多媒体

所谓多媒体（Multimedia），是指多种媒体的组合使用。多媒体从字面上理解就是文本、图形、图像、声音、动画和视频等"多种媒体信息的集合"，它融合了两种以上、具有交互性的信息交流和传播的媒体。

多种媒体有机组合使得有用的信息得以充分地表达、传播和利用。从而能够极大地满足人们对信息的高容量、高质量的需求。

9.1.2　多媒体技术

1. 多媒体技术

多媒体技术是以计算机为操作平台，能够同时获取、处理、编辑、存储、传输、管理和表现两种以上不同类型信息媒体的一门新兴技术。

多媒体技术具有信息媒体的多样化和媒体处理方式的多样化特性、媒体本身及处理媒体的各种设备的集成性、用户与媒体及设备间的交互性，以及音频视频媒体与时间密切相关的实时性等特点。

2. 多媒体网络技术

多媒体网络技术是综合性的技术，它的目标是实现多个多媒体计算机系统的联合应用。目前，在网络上传播多媒体信息，已从传统的下载发展到流式传输。

传统的下载传输方式是在播放之前，需要先下载多媒体文件至本地计算机，这样用户等待的时间较长。数据流式传输，即流媒体（Streaming Media）传输技术，是指媒体服务器向用户计算机的连续、实时传送，并可以同时播放已下载的数据，从而不存在下载延时的问题。

9.1.3 多媒体系统

多媒体系统包括多媒体硬件系统和多媒体软件系统。

1. 多媒体硬件系统

多媒体硬件系统包括各种支持多媒体信息的采集、存储、处理、表现等所需要的各种硬件设备，如用于支持多媒体程序运行的带多媒体功能的 CPU、用于实现图像信息处理和显示的显卡、用于声音采集和播放的声卡、用于视频捕捉和显示的视频卡、用于各种多媒体信息存储的光盘驱动器等大容量存储设备，以及相关的各种外围设备，如话筒、音箱、显示器、数码照相机、数码摄像机等。

2. 多媒体软件系统

多媒体软件系统包括支持各种多媒体设备工作的多媒体系统软件和应用软件。

（1）操作系统的多媒体功能

计算机系统中的软、硬件资源需要操作系统来管理，所以要管理好具有多媒体软、硬件资源的计算机，就需要有多媒体功能的操作系统。

操作系统的多媒体功能主要体现在：具有同时处理多种媒体的功能，具有多任务的特点；能控制和管理与多种媒体有关的输入、输出设备；能管理存储大数据量的多媒体信息的海量存储器；能管理大的内存空间，并能通过虚拟内存技术，在物理内存不够的情况下，借助硬盘等外存空间，给多媒体程序和数据的运行和处理，提供更大的内存空间支持。

（2）多媒体信息处理

多媒体信息处理主要是指把通过外围设备采集来的多媒体信息，包括文字、图像、声音、动画、影视等，用多媒体处理软件进行加工、编辑、合成、存储，最终形成多媒体作品的过程。

（3）多媒体应用软件

多媒体应用软件是利用多媒体加工和集成工具制作的、运行于多媒体计算机上的、具有某些具体功能的软件产品，如辅助教学软件、电子百科全书、游戏软件等。

 9.2 音频信息的处理

9.2.1 声音的数字化

1. 认识声音

声音是携带信息的重要媒体，是一种物理现象，是通过一定介质（如空气、水等）传播的一种连续振动的波，也称为声波。

多媒体技术中有关声音或音频的技术就是研究如何处理这些声波的。

2. 声音信号的数字化

声音是模拟信号，只有转换成数字音频信息才能被计算机所识别、存储和处理。

将模拟的声音信号转变为数字音频信号的过程称为声音信号数字化，这一过程是由声卡中的模拟/数字（A/D）转换功能来完成的。如图 9-1 所示，模拟音频信息经过采样、量化、和二进制编码三个阶段，实现 A/D 转换，得到数字音频信息。

图 9-1　声音信号的数字化

3. 波形音频参数

（1）采样频率

采样频率是指每秒从模拟声波中采集声音样本的个数，其计量单位为赫兹（Hz）。采样频率越高，声音质量越好，但所占用的存储空间也越大。声音信号的采样如图 9-2 所示。

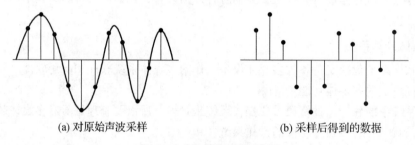

(a) 对原始声波采样　　　　　　　　　(b) 采样后得到的数据

图 9-2　声音信号的采样

一般采用的标准采样频率有：11.025 kHz、22.05 kHz、44.1 kHz。

（2）量化位数

量化位数：将采样数据按大小存储的过程。一般有 8、16、32 位等。量化位数越大，声音幅度分辨率越高，还原时品质越好，声音数据占用的存储空间越大。声音信号的数字化过程如图 9-3 所示。

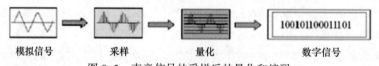

模拟信号　　　　采样　　　　量化　　　　数字信号

图 9-3　声音信号的采样后的量化和编码

（3）声道数

声道数是数字音频声音质量的另一个因素。一般有单声道 、双声道、多声道。

（4）存储量计算

数字声音信息的音质高低与其所需要的存储量大小，与上述采样频率、量化位数、声道数三个参数的选取直接相关。

例如：电话的音质主要考虑到能实时听到对方的声音，故采用音质较低、存储量较小的 11.025 kHz 采样频率、8 位量化的单声道音质；而收音机对声音音质的要求比电话稍高，所以采用 22.05 kHz 采样频率、16 位量化的单声道的广播音质；对于用户要求更高的音乐欣赏，则采用 44.1 kHz 采样频率、16 位量化的双声道的立体声 CD 音质，但其存储空间也相对更大。

数字音频占用存储量的计算公式是：

$$存储量＝采样频率×量化位数×声道数×时间 / 8（B）$$

【例 9-1】试计算采样频率 44.1 kHz，16 位量化，双声道的 CD 音质，一分钟的音频所需要的存储量是多少？

解：利用公式，采样频率 44.1 kHz，16 位量化，双声道的 CD 音质的存储量为：

$$44.1 × 1000 × 16 × 2 × 60/8=10\ 584\ 000（B）$$

9.2.2　常用声音文件格式

① WAV 格式：是 Windows 数字音频的标准格式，也是广为流行的一种声音格式。几乎所有的音频编辑软件都支持 WAV 格式。其文件扩展名为 ".wav"。

② MP3 文件：MP3 是 MPEG Layer3 的缩写，它是目前很流行的音频文件的压缩（有损）标准。MP3 文件的扩展名为 ".mp3"。

相同长度的音乐文件，用 MP3 格式存储，一般只需要 WAV 文件的 1/10 存储量，但由于是有损压缩，所以其音质次于 CD 格式。

③ MIDI 格式：MIDI 是乐器数字化接口的缩写。MIDI 文件的内容只是能使合成音乐芯片演奏乐曲的代码，其文件扩展名为 ".mid"。

④ CD 格式：是当今世界上音质最好的数码音频格式之一。标准 CD 格式采样频率为 44.1 kHz，量化位数为 16 位，双声道。CD 音轨近似无损，声音忠于原声，是音乐欣赏的首选音频格式。

⑤ RealAudio 格式：RealAudio 主要适用于网络在线音乐欣赏，Real 文件的格式主要有 RA、RM 和 RMX 等，它们分别代表不同的音质。

⑥ WMA（Windows Media Audio）格式：是微软公司开发的，Windows 操作系统中默认的音频编码格式。WMA 的音质强于 MP3，更胜于 RA，在录制时，其音质可调，好时可与 CD 媲美，同时，其压缩率也高于 MP3，一般可达 1:18 左右，支持音频流技术，可用于网络广播。WMA 格式的声音文件扩展名为 ".wma"。

WMA 的另一个优点是提供内置的版权保护技术，可以限制播放时间、播放次数、播放的机器等，这给音乐公司的防盗版提供了一个重要的技术支持。

9.2.3　音频处理

音频处理主要包括录音、剪辑、去除杂音、混音、合成等方面的内容。

音频处理软件有很多，著名的有 Ulead Audio Edit、Creative 的录音大师、Cake Walk 等。GoldWave 是一个集音频播放、录制、编辑、格式转换多功能于一体的数字音乐编辑器。

9.2.4　语音合成与识别

语音是人类进行信息交流的重要的媒介。如果人和计算机之间也能如同人和人之间一样，使用语音自然、便捷地交流，那么人机交互界面也将进一步得到改观，更加人性化。这一目标也使得计算机语音处理技术有了更加广阔的发展空间。

语音处理技术主要包括两方面的内容，一是语音合成技术，二是语音识别技术。

1. 语音合成技术

语音合成，也就是赋予计算机"讲话"能力，使计算机能够用语音输出结果。

计算机输出的经过合成处理的语音应该是可懂、清晰、自然且具有表现力的，这是语音合成技术追求的境界和目标。目前，语音合成技术已走向实用，但要达到理想的境界，还需要不断地科研攻关。

2. 语音识别技术

语音识别，就是赋予计算机"听懂"语音的能力，这样用户输入文字和命令时，就可以用语音替代键盘和鼠标操作了。

目前，语音识别也已走向实用，如 IBM 的中文连续语音识别系统 Via Voice，使用普通话录入信息，并且识别速度高达每分钟 150 个汉字，且识别准确率超过 95%，同样的，要达到理想的语音识别境界，从目前的连续语音识别进入到自然话语识别与理解，也还有很多的技术难关需要攻克。

9.3 视频信息的处理

9.3.1 视频的数字化

视频的记录方式可以分为模拟视频信号和数字视频信号两种方式。

模拟视频信号是指其信号在时间和幅度上都是连续的。数字视频信号可由模拟视频信号进行数字化转换得到。

视频的数字化过程同音频相似，在一定的时间内以一定的速度对单帧视频信号进行采样、量化、编码等，实现模数转换、彩色空间变换和编码压缩等。这个过程需要视频捕捉卡和相应的软件支持，再经计算机处理并存储到硬盘等存储器中。

9.3.2 常用视频文件格式

数字视频文件的格式一般取决于视频的压缩标准，一般分成影像格式和流格式两大类。目前，常用的视频文件具体格式主要有 AVI、MPEG、MOV、RM/RMVB、ASF 等。

① AVI（Audio Video Interleavad）格式：是一种支持音频/视频交叉存取机制的格式，可使音频和视频交织在一起同步播放。

AVI 格式的优点是兼容性好、调用方便、图像质量好，对计算机等设备要求不高。

② MPEG（Moving Picture Experts Group）格式：是国际通用的有损压缩标准，现已被所有计算机平台共同支持。MPEG 格式的视频相对于 AVI 文件而言，有更高的压缩率。

③ ASF（Advanced Streaming Format）格式：是高级流格式，其压缩率和图像质量都很不错，是一个在 Internet 上实时传播多媒体信息的技术标准。

④ MOV（Movie Digital Video Technology）格式：是苹果公司开发的一种音频、视频文件格式，使用 Quick Time Player 播放器播放。

⑤ RM（Real Media）格式：是一种流式视频格式。RMVB 格式是由 RM 格式升级延伸出的新视频格式。RMVB 格式比 RM 格式有着更好的压缩算法，能实现较高压缩率和更好的运动图

像的画面质量。

⑥ WMV（Windows Media Video）格式：是微软公司开发的可以直接在网上实时观看视频节目的流式视频数据压缩格式。

9.3.3 视频处理

视频信息的处理包括视频画布的剪辑、合成、叠加、转换、配音等方面的内容。

视频编辑处理软件有很多，常用的主要有 Video For Windows、Adobe Premiere、Quick Time、Ulead Video Edit 等。

 习 题

简答题

1. 什么是多媒体技术？它有什么特点？

2. 波形音频的质量取决于哪三个因素？

3. 用 22.05 kHz 的采样频率对模拟音频信号进行采样，采样点的量化位数为 32，录制了 8 s 的双声道声音，请列式计算获得的 WAV 格式的声音文件的字节数是多少 B？并写出计算步骤。

4. 数字视频文件的格式一般取决于视频的压缩标准，一般分成哪两大类？目前，常用的视频文件具体格式主要有哪些？

5. 请简述语音合成技术和语音识别技术。

第10章　Photoshop 图像信息处理

　　图形图像是使用最广泛的一类媒体。它通常携带着丰富的信息，可以使人一目了然。有人统计，人们之间的相互交流，大约有 80%是通过视觉媒体实现的，其中，图形图像占据着主导地位。

　　本章首先介绍了色彩的基本知识，包括色彩的组成、计算机描述色彩的方法；其次介绍了数字图像的概念及重要参数、数字图像的获取方法、各种文件格式的特点及适用范围、数字图像文件的压缩；最后介绍了图像处理软件对图像进行编辑、处理和美化的基本方法与技巧。

 ## 10.1　色彩的基本知识

1. 色彩的三要素

　　色彩是通过光被感知的，实际上就是视觉系统对可见光的感知结果。从人的视觉系统来看，色彩可用色调、饱和度和亮度来描述。人眼看到的任一彩色光都是这三个特性的综合效果。所以通常称色调、饱和度和亮度为色彩的三要素。

　　（1）色调

　　色调是光的波长标志。它反映颜色的种类。光谱色为红、橙、黄、绿、青、蓝、紫等颜色，这些颜色便是光谱色的色调。某一物体的色调是指该物体在日光照射下，所反射的各光谱成分作用于人眼的综合效果。如天空是蓝色的，这"蓝色"便是一种色调，与颜色明暗无关。在图形图像处理中要求有固定的颜色感觉，有统一的色调，否则难以表现画面的情调和主题。

　　（2）亮度

　　亮度用来描述光作用于人眼所引起的视觉明亮程度的感觉，它与被观察物体的发光强度有关。

　　（3）饱和度

　　饱和度是指彩色光所呈现颜色的深浅或纯洁程度，通常是按各种颜色混入白色光的比例来表示的。如果在光谱中的某一种颜色中加入白光，颜色就会变浅，其饱和度降低了。

2. 三基色

　　自然界中常见的色光都可以用红、绿、蓝 3 种颜色以不同的比例混合而成。这 3 种颜色都不能由其他的颜色合成，因而被称为三基色。

3. 色彩模型

　　色彩模型是指计算机用于表示、模拟和描述图像色彩的方法。色彩可以由多种不同的方式描述，而每种方法都以"色彩模型"为基础。常用的色彩模型有以下几类：

（1）RGB 色彩模型

RGB 色彩模型是指通过红（Red）、绿（Green）、蓝（Blue）3 个色彩分量的不同比例，相加混合成需要的任意颜色。描述 RGB 模型的任意一种颜色有 8 位 256 色级。基于这样的 24 位 RGB 模型的色彩空间可以表现 256×256×256 ≈ 1 670 万色，可以在显示屏幕上合成任何所需要的颜色。RGB 色彩模型是 Photoshop 中最常见也是最常用到的一种颜色模型。

（2）CMY 色彩模型

计算机屏幕显示彩色图像时采用的是 RGB 模型，而在打印时一般需转换为 CMY 模型。CMY 模型是使用青色（Cyan）、品红（Magenta）、黄色（Yellow）3 种基本颜色按一定比例合成色彩的方法。虽然理论上利用 CMY 混合可以制作出所需要的各种色彩，但实际上同量的 CMY 混合后并不能产生真正的黑色或灰色。因此，在印刷时常增加一种真正的黑色（Black），这样，CMY 模型又称为 CMYK 模型。

（3）HSB 色彩模型

HSB 模型是利用色调（Hue）、饱和度（Saturation）、亮度（Brightness）3 个分量来表示颜色的。3 个分量的不同取值可以组合成不同的颜色。HSB 模型是模拟人眼感知颜色的方式，比较容易为从事艺术绘画的画家们所理解。利用 HSB 模型描述颜色比较自然，但实际使用却不方便，例如显示时要转换成 RGB 模型，打印时要转换为 CMYK 模型等。

（4）LAB 色彩模型

LAB 模型是以两个颜色分量 A 和 B 以及一个亮度分量 L（Lightness）来表示的。其中分量 A 的取值来自绿色渐变至红色中间的一切颜色，分量 B 的取值来自蓝色渐变至黄色中间的一切颜色。LAB 模型能表达的色彩空间比 RGB、CMYK 范围更大。

如图 10-1 所示是 4 种不同色彩模型对同一种颜色的描述。

图 10-1　同一种颜色的 4 种色彩模型描述

10.2　图形图像处理基础

图形图像是人们对现实生活中各种最常见景物和形象的抽象浓缩和真实再现。一幅图可以形象、生动、直观地表现大量的信息，具有文本、声音无法比拟的优势。计算机所能处理的信号都是数字信号，所能处理的图像也都是数字图像，即直接量化的原始图像信号。

10.2.1　数字图像的分类

在计算机中，经常采用两种方法来表达计算机生成的图形图像：一种称为矢量图法（即矢量图形），另一种称为点阵图法（即位图图像）。

1. 矢量图形

矢量图形是用一系列计算机指令来表示一幅画，如点、线、曲线、圆和矩形等。这种方法实际上是用数学方法来描述一幅画，然后变成许多数学表达式，再编程，用计算机语言来表达。例如现在流行的 Flash 动画，它就是矢量图形的一种典型应用。

矢量图形是用指令来描述的，与分辨率无关，因此在放大、缩小和旋转等操作后不会产生失真（见图 10-2）。矢量图形是文字（尤其是小字）和线条图形（比如徽标）的最佳选择。

2. 位图图像

一幅复杂的彩色照片，很难用数学方法来描述，这时可以采用点阵图法表示。点阵图法是把一幅彩色图分成许多像素，每个像素用若干个二进制位来指定该像素的颜色、亮度和属性。因此一幅图由许多描述每个像素的数据组成，这些数据通常称为图像数据，把这些数据存储为一个文件，称为图像文件。位图图像与分辨率有关，因此在放大若干倍后，会出现严重的锯齿边缘（见图 10-3），缩小后会吃掉部分像素点的内容。

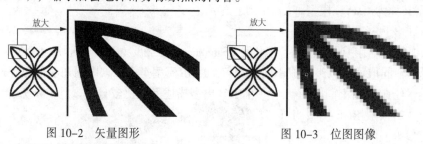

图 10-2　矢量图形　　　　　　　图 10-3　位图图像

10.2.2　位图图像的重要参数

采用位图方法进行描述的图像有以下几个重要参数。

1. 分辨率

分辨率是影响图像质量的重要参数，它可以分为显示分辨率和图像分辨率。

显示分辨率是指屏幕上能够显示的像素数目。如 640×480 像素表示屏幕可以显示 640 行，480 列，即 307 200 个像素。屏幕能够显示的像素越多，说明显示设备的分辨率越高，显示的图像越细腻。

图像分辨率是指描述一幅图像所使用的像素数目。图像分辨率与显示分辨率是两个不同概念。图像分辨率是组成一幅图像的像素数目，而显示分辨率确定显示图像的区域大小。如果显示屏的分辨率为 640×480 像素，那么一幅 320×240 像素的图像只占显示屏的 1/4；相反，2 400×3 000 像素的图像就无法在这个显示屏上完整显示。

2. 颜色深度

颜色深度是指描述每个像素所使用的二进制位数。对于彩色图像来说，颜色深度决定了该图像可以使用的最大颜色数目。颜色深度取决于数字化时每个像素所占用的位数，也就是用多少位二进制数表示一个像素。例如，颜色深度为 1 位，则图像中每个像素用 1 位二进制数表示，那么它就可以有两种取值，即黑白两种颜色。颜色深度为 8 位，则每个像素可用 8 位二进制数表示，有 2^8 种不同取值，即 256 种颜色。颜色深度越大，显示的图像越丰富，画面越自然逼真，但数据量也会随之增加。

3. 图像数据量

图像数据量即图像文件的大小，是指磁盘上存储整幅图像所占的字节数。

10.2.3 图像的获取与处理

获取图像是图像的数字化过程。在获取图像后可以将它转化为适合人们使用的形式在显示器上表示出来，也可以通过软件对图像进行编辑处理。

1. 图像获取

（1）利用计算机软件创建数字图像

可利用 Windows 自带的绘图工具（画图）、Office 自带的绘图工具来绘制图形，或使用 Photoshop 等图像处理软件来制作图形图像。

（2）利用扫描仪获取图像

扫描仪主要是将印刷在纸上的文字、图像以及普通照相机拍摄的照片等采集到计算机中。

（3）利用摄像机或数码照相机获取图像

利用摄像机或数码照相机，可以把照片甚至实际场景输入计算机产生数字图像。

（4）从屏幕上直接获取图像

对于静止图像可以使用键盘上的【 PrintScreen 】键抓图，对于屏幕活动图像的获取（如 VCD、AVI 等），可使用软件的抓图功能或抓图工具来获取图像。

（5）购买现成的图像库

现在很多素材资源网站有丰富的素材，诸如风景、人物、实物等各种图形图像。

2. 图像处理

图像处理主要是利用计算机中硬件和各种软件的配置，对采集的图形图像信号进行编辑，包括图像文件格式的转换、色彩的调整、亮度、对比度的变化以及变形、缩放等。

 ## 10.3 图像文件格式

对于图形图像，由于记录的内容不同，文件的格式也不相同。在计算机中，不同文件格式用不同文件后缀标识。

1. PSD 文件

PSD（Photoshop Document）文件是图像处理软件 Photoshop 的专用格式，是唯一能支持全部图像色彩模式的格式，其后缀名为".psd"。

2. BMP 文件

BMP（Bitmap）文件格式是一种标准的点阵图像文件格式，其扩展名为".bmp"。在 Windows 环境下运行的所有图像处理软件都支持这种格式。

3. GIF 文件

GIF（Graphics Interchange Format）为图像交换格式，其扩展名为".gif"。主要特点有：一个文件可以存放多幅图像，若选择适当的浏览器还可以播放 GIF 动画。

4. JPEG 文件

JPEG（Joint Photographic Experts Group）图像格式的文件结构和编码方式比较复杂，其扩展名为".jpg"。它采用有损压缩方式去除冗余的图像和彩色数据，能够获得极高压缩率的同时展现十分丰富、生动的图像。

5. TIFF 文件

TIFF（Tag Image File Format）文件的扩展名为".tif"。TIFF 格式具有图形格式复杂、存储信息多的特点，目的是使扫描图像标准化，常应用于印刷。TIFF 格式分为压缩和非压缩两类。

6. PNG 文件

PNG（Portable Network Graphics）是为了适应网络数据传输而设计的一种图像文件格式，一开始便结合了 GIF 和 JPG 两家之长，其扩展名为".png"。

7. WMF 文件

WMF（Windows Metafile Format）是 Microsoft Office 的剪贴画就是采用这一格式，其扩展名为".wmf"。

图像文件格式是如此之多，这里不再一一列举。在 Photoshop 图像处理软件中，可根据不同需要将图像存储为各种类型的图像文件，如图 10-4 所示。

图 10-4　保存类型

 ## 10.4　数字图像文件的压缩

经过数字化处理后，数字图像的数据量非常大。如果不进行数据压缩处理，计算机系统就无法对它进行存储和交换。例如：一幅分辨率为 640×480 像素的 24 位真彩色图像，其数据量约为 900 KB，一个 100 MB 的硬盘只能存放 100 幅静止图像画面。因此，需要使用数据压缩技术来减少数字图像的数据量。图像压缩方法繁多，但总体可分为无损压缩和有损压缩两种。

1. 无损压缩

如果压缩文件经解压后，得到的文件与压缩前完全一致，就是无损压缩。无损压缩的基本原理是相同的颜色信息只需保存一次。压缩图像的软件首先会确定图像中哪些区域是相同的，哪些是不同的。包含重复数据的图像（如蓝天）就可以被压缩，只有蓝天的起始点和终结点需要被记录下来。但是蓝色可能还会有不同的深浅，这就需要另外记录。

从本质上看，无损压缩的方法可以删除一些重复数据，大大减少要在磁盘上保存的图像尺寸。但是，无损压缩的方法并不能减少图像的内存占用量，这是因为，当从磁盘上读取图像时，软件又会把丢失的像素用适当的颜色信息填充进来。如果要减少图像占用内存的容量，就必须使用有损压缩方法。人们经常使用的 WinRAR、WinZip 等都是无损压缩软件。

2. 有损压缩

如果压缩文件经解压后，不能得到与压缩前完全一致的文件，就是有损压缩。有损压缩可以减少图像在内存和磁盘中占用的空间。在屏幕上观看图像时，不会发现它对图像的外观产生太大的不利影响。因为人的眼睛对光线比较敏感，光线对景物的作用比颜色的作用更为重要，这就是有损压缩技术的基本依据。

有损压缩的特点是保持颜色的逐渐变化，删除图像中颜色的突然变化。生物学中的大量实验证明，人类大脑会利用与周边最接近的颜色来填补所丢失的颜色。例如，对于蓝色天空背景上的一朵白云，有损压缩的方法就是删除图像中景物边缘的某些颜色部分。当在屏幕上看这幅图时，大脑会利用在景物上看到的颜色填补所丢失的颜色部分。利用有损压缩技术时，有意删除了某些数据，而且被取消的数据也不再能被恢复。

利用有损压缩技术可以大大压缩文件的数据，但是会影响图像质量。如果只是在屏幕上显示经过有损压缩的图像，可能不会对图像质量产生太大影响，至少对于人类眼睛的识别程度来说区别不大。可是，如果使用高分辨率打印机打印一幅经过有损压缩技术处理的图像，那么图像质量就会有明显的受损痕迹。JPEG 格式的图像是经过有损压缩后的文件，这类文件即使再用压缩软件也很难再压缩了。

 ## 10.5　图像处理软件 Photoshop CS6

10.5.1　Photoshop CS6 概述

Photoshop CS6 是一款由 Adobe 公司开发并不断推陈出新的功能强大的图像设计和处理软件，集图形创作、文字输出、效果合成、特技处理等诸多功能于一体的绝佳图像处理工具，被形象地称为"图像处理超级魔术师"。

启动 Photoshop CS6 应用程序，出现图 10-5 所示操作界面。熟悉其操作界面、窗口、常用菜单及命令，是运用 Photoshop 处理图像的基础。

1. 菜单栏

菜单栏有主菜单、面板菜单等共 11 个菜单。每个菜单有各自相应的命令，Photoshop CS6 中的各种命令都可以在这里找到。

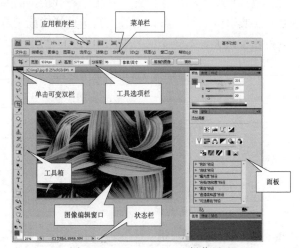

图 10-5　Photoshop CS6 操作界面

2. 应用程序栏

应用程序栏就是以前版本的标题栏，在 Photoshop CS6 中，官方定义的名称是应用程序栏，应用程序栏包含工作区切换器、常用视图工具和其他应用程序控件（见图 10-6）。

图 10-6　应用程序栏

3. 工具箱

Photoshop CS6 工具箱包括了 Photoshop 的所有工具，能够执行数字图像的编辑、设计等操作。工具图标右下角有小三角的，说明此工具有隐藏工具。鼠标按住此小三角不放，会弹出下拉列表显示隐藏的工具。单击工具箱的顶端可将工具箱调整为双栏显示（见图 10-7）。

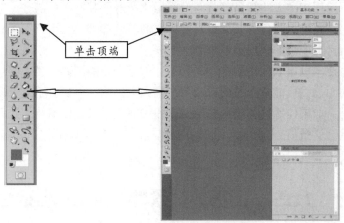

图 10-7　Photoshop CS6 工具栏调整

4. 工具选项栏

工具选项栏专门用于设置工具箱中各种工具的参数，大多数工具的选项都显示在选项栏中，当某一工具被选取时，可以通过工具选项栏对该工具进行相应属性的设置。设置的参数不同，得到的图像效果也不同（见图 10-8～图 10-11）。

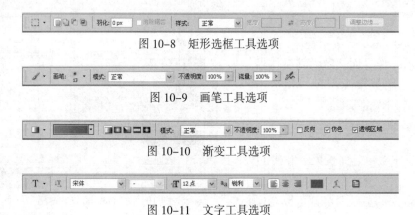

图 10-8　矩形选框工具选项

图 10-9　画笔工具选项

图 10-10　渐变工具选项

图 10-11　文字工具选项

5. 各种工具面板

Photoshop CS6 提供了各种不同类型的面板，利用各种面板能对当前编辑的对象、过程、状态、属性等的选项进行调整。如工具面板能够控制各种工具的参数设置，完成颜色选择、图像编辑等操作。面板的常用操作如下：

① 工具面板可以根据需要在"窗口"菜单中调用或关闭。

② 拖动面板标签，可以移动面板。如果拖移到的区域不是放置区域，该面板将在工作区

中自由浮动。

③ 双击面板选项卡，可将面板、面板组或面板堆叠、最小化或最大化。

④ 移动一个面板到另一个面板的标签处并呈蓝色时，面板会以堆叠状态放置。

⑤ 执行"窗口"→"工作区"→"基本功能（默认）"命令，可将面板恢复到默认状态。

6. 图像编辑窗口

图像编辑窗口是显示、编辑、处理图像的区域，每幅图像都有自己的图像窗口。在此可以打开多个窗口，同时进行操作。Photoshop CS6 文件是一种选项卡式"文档"窗口，就是多个文件都显示在选项卡中，这样在不同文件间切换将很方便（见图 10-12）。也可根据需要在应用程序栏中的排列文档下拉列表中选择需要的文档显示方式（见图 10-13）。

图 10-12　文档窗口选项卡　　　　　　　　图 10-13　文档显示方式

7. 状态栏

状态栏用于显示当前打开图像的相关信息，提供当前操作的一些帮助信息。

10.5.2　基本编辑操作

1. 选择工具的使用

在处理图像过程中经常要将图中的某部分选取出来，并进行复制、拼接和剪裁等操作，在 Photoshop CS6 中常用的基本选取工具有选框工具组、套索工具组及魔棒等。

（1）选框工具组

使用选框工具组中的选择工具，可以创建矩形、椭圆和长度或高度为 1 像素的行（列）的选区。配合使用【Shift】键可建立正方(圆)形选区（光标点击处为这个矩形选区的一个角点），配合使用【Alt】键可建立从中心扩展的选区（光标点击处为这个选区的中点）。

选框工具的选项如图 10-14 所示。

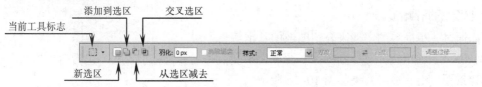

图 10-14　选框工具的选项

- 新选区：将选中一个新的、独立的选区。
- 添加到选区：当图像中已经存在一个选区时，会再叠加一个新的选区。
- 从选区减去：当图像中已经存在一个选区时，会从原选区中减去新创建的选区。

● 交叉选区：当图像中已经存在一个选区时，和原选区相交叉部分形成选区。

（2）套索工具组

如果所选取的图像边缘不规则，可以使用套索工具、多边形套索工具和磁性套索工具绘出需要选择的区域。

（3）魔棒

魔棒工具是一个非常神奇的选取工具，利用它可以一次性选择相近颜色区域。当使用魔棒工具单击图像中的某个点时，附近与它颜色相似的区域便自动进入选区。由于其操作方法简单有效，在选择背景色等情况下经常使用。

魔棒工具的选项如图 10-15 所示。

图 10-15　魔棒工具的选项

● 容差：用来确定选定像素色彩的差异。范围介于 0 到 255 之间。数值较低时，选择值精确，选择范围较小；数值越高，选择宽容度越大，选择的范围也更广。

● 消除锯齿：创建较平滑边缘选区。

● 连续：勾选连续时，只形成相近颜色的连续闭合回路。否则，整个图像中相近颜色的所有像素一起被选择。

● 对所有图层取样：选择所有可见图层中相近颜色。否则，魔棒工具将只从当前图层中选择相近颜色创建选区。

（4）选区调整

选区形成后，可根据需要对选区进行移动、扩大、缩小、羽化、反选、储存、取消等各种操作。

● 移动：在任何选区工具（新选区）状态下，将鼠标指针放在选区内拖曳，则可以移动选区。

● 扩大、缩小：执行"选择"→"修改"命令下的各子命令可对已存在选区进行各种修改。

● 羽化：羽化选区能够实现选区的边缘模糊效果。羽化半径越大，效果越明显，反之越小。

● 反选：使当前选中部分成为不选中，而当前没有选中的部分变为选中。

● 取消选择：当选区创建完后，Photoshop 的所有操作都将在选区内进行，因此，当完成选区内编辑时应该及时取消已存在的选区。执行"选择"→"取消选择"命令，或右击，在弹出的快捷菜单中选择"取消选择"命令，或使用组合键【Ctrl+D】均可取消当前的选区。

2. 图像的编辑修改

下面通过一个简单的实例来介绍图像的基本编辑方法。

【例 10-1】利用选择、复制图像、图像大小变换等工具，将小青蛙（包括白色描边）合成到池塘背景图像上，最终效果如图 10-16 所示。

操作步骤如下：

① 打开文件：在 Photoshop 中打开 "青蛙.jpg"和"池塘.jpg"，分别如图 10-17 和图 10-18 所示。

② 把青蛙图像的白色背景变透明：双击图层面板中的背景图层（见图 10-19），在弹出的

"新建图层"对话框中单击"确定"按钮，背景图层变成了"图层 0"（见图 10-20）。利用"魔棒工具"单击青蛙图像的白色背景部分，选中后（见图 10-21），按【Delete】键删除，白色背景变透明（见图 10-22）。

图 10-16　池塘中的青蛙　　　　图 10-17　青蛙　　　　　　　图 10-18　池塘

图 10-19　背景图层　　　　　　　　　图 10-20　标准图层

图 10-21　选中部分被选择线包围　　　　图 10-22　白色背景变透明

③ 删除粉色区域：使用工具箱中的"魔棒工具"单击青蛙图像的粉色部分，执行"选择"→"修改"→"扩展"命令，在弹出的"扩展选区"对话框中，设置"扩展量"为 1 像素；单击"工具选项栏"中"添加到选区"按钮（或者同时按下【Shift】键），光标旁即出现一个加号，加选小青蛙手肘弯内的粉色，按【Delete】键删除，清除粉色椭圆（见图 10-23）。

④ 为小青蛙镶边：使用工具箱中的"魔棒工具"，单击透明区域，透明区域被选中，执行"选择"→"反向"命令，把图像部分全部选中。选择"从选区减去"（或者同时按下【Alt】键），使光标旁出现一个减号时，选小青蛙手肘弯内的透明区域，可以看到选择线包围了所有图像（见图 10-24）。执行"编辑"→"描边"命令，小青蛙被镶上了白边（见图 10-25）。

⑤ 复制小青蛙到池塘：先选取小青蛙，然后利用工具箱中的"移动工具"将选中的图像拖曳到"池塘"图像中，完成图像复制操作。

⑥ 调整青蛙的位置和大小：对青蛙所在图层执行"编辑"→"变换"→"水平翻转"命

令，然后，再执行"编辑"→"自由变换"命令，出现编辑控制框（见图 10-26），拖拽控制点将图像调整至合适大小，按【Enter】键完成操作。将作品存储为"池塘中的青蛙.jpg"。

图 10-23　删除粉色区域

图 10-24　重新选择所有图像

图 10-25　镶上白边

图 10-26　调整大小和位置

3. 图层的应用

图层是 Photoshop 中一个非常重要的工具，图层之间的关系可以理解为一张张相互叠加的透明纸，可根据需要在这张"纸"上添加、删除构成要素或对其中的某一层进行编辑而不影响其他图层。通过控制各个图层的透明度以及图层色彩混合模式能够制作出丰富多彩的图像特效。图层的应用可以通过"图层"菜单或图层面板来实现。

4. 蒙版的使用

蒙版是一种遮盖工具，用以控制图层中的某些区域如何隐藏或显示。通过修改图层蒙版，可以对图层应用各种特殊效果，而不会影响该图层的原有图像。图层蒙版是灰度图，在图层蒙版上，可以用白色、黑色、灰色对相应的图层图像产生隐藏、不隐藏和半隐藏的效果。

* 白色——不透明。蒙版中的白色将使图像呈不透明显示。
* 黑色——透明。蒙版中的黑色将使图像呈透明显示。
* 灰色（256 级灰度）——半透明。蒙版中的不同灰色将使图像呈不同的半透明显示。

蒙版是图像处理中制作图像特殊效果的重要技术。在蒙版的作用下，Photoshop 的各项调整功能真正发挥到极致，得到更多绚丽多姿的图像效果。

如果某选区加载到图层蒙版上，则该选区被保护，其他部分被遮罩，运用此方法，可创建特效文字和图像。

利用蒙板、图层及渐变工具为一幅小猫图片制作朦胧效果后的对比如图 10-27 所示。

（a）小猫　　　　　　　　　　　（b）朦胧的小猫

图 10-27　效果对比图

10.5.3　高级编辑操作

1. 色彩调整

如果不满意原始图像的色彩，例如图像偏色、光线不足、失真等，就需要进行色彩的调整。理解和恰当运用 Photoshop 的"色彩调整"，除了可修复图像色彩方面的不足以外，还可以为图像替换颜色、恢复老照片、为黑白图像着色等等。常用的图像色彩调整命令包括色阶、曲线、亮度l对比度、色相l饱和度等。

执行"图像"→"调整"→"色阶"菜单命令，可以用高光、暗调、中间调 3 个变量来调整图像的明暗度。在输入色阶区域，拖动左边的黑色"暗调"滑块可以调整图像的暗部色调，拖动中间的灰色"中间调"滑块可以调节图像的中间色调，拖动右边的白色"高光"滑块可以调节图像的亮部色调。在输出色阶区域，拖动黑色滑块将减低暗调，拖动白色滑块将减低高光。如图 10-28 所示为使用色阶调整图像的效果。

图 10-28　使用"色阶"命令调整图像

执行"图像"→"调整"→"曲线"菜单命令，通过调整曲线网格中曲线的形状调整图像的整个色调范围。与"色阶"命令不同的是，"曲线"命令不只是使用高光、暗调、中间调 3 个变量进行调整，而是可以调整 0～255 范围内的任意点，在调整某一区域的同时，可保持其他区域上的效果不受影响。如图 10-29 所示为使用"曲线"命令调整图像的效果。

执行"图像"→"调整"→"亮度I对比度"命令,可以调整图像的亮度和对比度,但是只能简单、直观地对图像做较粗略的调整。

执行"图像"→"调整"→"曝光度"命令,可以调整曝光度不足的图像文件,曝光度对话框中的"曝光度"主要用来调整色调范围的高光端、"位移"主要调整色调范围的中间调。

在 Photoshop 的"图像"→"调整"命令的下拉菜单中,还提供了其他的一系列命令,可用来帮助调整图像色调和色彩平衡。

【例 10-2】利用色彩调整、矩形选框、直排文字及图层样式等工具制作"彩船夜色"图像的特殊效果。

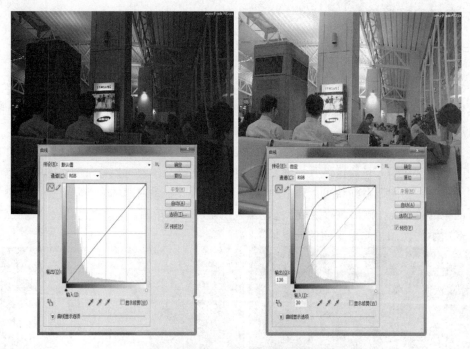

图 10-29 使用"曲线"命令调整图像

① 打开文件:在 Photoshop 中打开"船.jpg"如图 10-30 所示。

图 10-30 船.jpg

② 调整颜色：执行"图像"→"调整"→"色彩平衡"命令，在弹出的"色彩平衡"命令对话框中，设置阴影、中间调及高光状态下的色阶参数均为+100，0，0，如图 10-31（a）所示。

ℹ️ **小知识&技巧**

　　"色彩平衡"是调整 R、G、B 通道的数值，本例强化了各种状态下的红色通道，同理也可以调整"曲线""色阶"中的红色通道来达到相似的效果。

③ 图像去色并输入文字：选择工具箱中的"矩形选框"工具，在图像中拖拽一个矩形选区，执行"图像"→"调整"→"去色"菜单命令；使用"直排文字"工具，在图像中去色位置处输入文字"彩船夜色"。字体为隶书、36 点、颜色为白色，如图 10-31（b）所示。

（a）设置

（b）效果

图 10-31　色彩调整

ℹ️ **小知识&技巧**

　　执行"图像"→"调整"→"去色"菜单命令可去除图像内的颜色。去色并不是没有颜色，而是将图像中所有颜色的饱和度变为"0"，从白到黑分成 256 级等差的灰度。在灰度图中，每一个像素的 R、G、B 数值一致。

④ 添加文字效果：执行"图层"→"图层样式"→"外发光"命令，在"图层样式"对话框中设置渐变为"蓝、红、黄渐变"；大小为 30 像素，如图 10-32 所示。最终效果如图 10-33 所示。

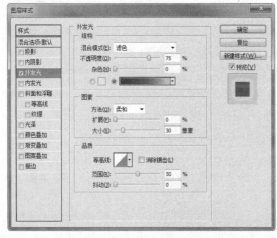

图 10-32　文字样式

图 10-33　彩船夜色

⑤ 保存图像：将图像存储为"彩船夜色.jpg"。

2. 滤镜

滤镜是一种植入 Photoshop 的功能模块，它是 Photoshop 中最奇妙的部分。掌握好滤镜的使用技巧，能够创建出各种精彩绝伦的艺术效果和神奇画面，在图像处理过程中灵活运用滤镜功能，还可以达到掩盖缺陷和锦上添花的效果。Photoshop 滤镜可以分为两种，Photoshop 自身附带的滤镜称为内置滤镜，通过安装引入第三方厂商开发的滤镜称为外挂滤镜。这里主要介绍一些常用的内置滤镜。

（1）像素化滤镜

像素化滤镜可以将图像先分解成许多小块，然后进行重组，因此处理过的图像外观如同许多碎片拼凑而成的。其中"彩块化"滤镜通过分组和改变示例像素成相近的有色像素块，将图像的光滑边缘处理出许多锯齿。产生手绘效果；"彩色半调"滤镜将图像分格，然后向方格中填入像素，以圆点代替方块。处理后的图像看上去就像是铜板画；"碎片"滤镜自动拷贝图像，然后以半透明的显示方式错开粘贴 4 次，产生的效果就像图像中的像素在震动；"马赛克"滤镜将图像分解成许多规则排列的小方块，其原理是使一个单元内的所有像素颜色统一，产生马赛克效果。图 10-34 是执行"滤镜"→"像素化"→"彩色半调"菜单命令产生的处理效果。

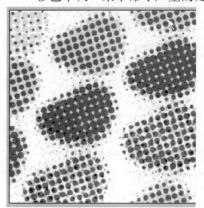

图 10-34　"像素化"→"彩色半调"菜单命令的处理效果

（2）扭曲滤镜

扭曲滤镜的主要功能是将图像或选区进行各种各样的扭曲变形，从而产生三维或其他变形效果。如水滴形成的波纹及水面的漩涡效果，都可以用此滤镜来处理。

（3）杂色滤镜

杂色滤镜可以增加或去除图像中的杂点，在处理扫描图像时非常有用。其中"去斑"滤镜能除去与整体图像不太协调的斑点。"添加杂色"滤镜能向图像中添加一些干扰像素，像素混合时产生一种漫射的效果，增加图像的图案感。它可以掩饰图像的人工修改痕迹。

（4）模糊滤镜

对于图像中的特定线条和遮蔽区域，平衡其清晰边缘附近的像素，可使图像变得柔和。

（5）渲染滤镜

渲染滤镜主要在图像中产生一种照明效果和不同光源效果。其中"云彩"滤镜利用选区在前景色和背景色之间的随机像素值，在图像上产生云彩状的效果，产生烟雾飘渺的景象；"镜头光晕"滤镜模拟光线照射在镜头上的效果，产生折射纹理，如同摄像机镜头的炫光效果。

（6）纹理滤镜

为图像创造某种特殊的纹理或材质效果，增加组织结构的外观。其中"染色玻璃"滤镜能使图像产生不规则的彩色玻璃格子效果，格子内的色彩为当前像素的颜色。"颗粒"滤镜可为图像增加许多颗粒纹理。"龟裂缝"滤镜能使图像产生凹凸的裂纹。如图 10-35 所示为执行"纹理"→"染色玻璃"菜单命令的处理效果。

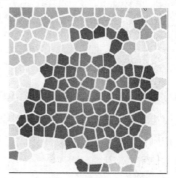

图 10-35　"纹理"→"染色玻璃"滤镜的处理效果

（7）风格化滤镜

风格化滤镜通过置换像素并查找和增加图像中的对比度，在选区上产生如同印象派或其他画派的作画风格。其中"照亮边缘"滤镜搜索图像边缘，并加强其过渡像素，产生发光效果。"风"滤镜通过在图像中增加一些小的水平线而产生风吹的效果。该滤镜只在水平方向起作用，若想得到其他方向的风吹效果，需要将图像旋转后再应用风滤镜。

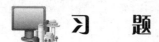 习　　题

简答题

1. 在计算机中经常采用两种方法来表达计算机生成的图形图像：一种称为矢量图法（即矢量图形），另一种称为点阵图法（即位图图像）。试叙述矢量图法和点阵图法两者各自的特点。

2. 位图图像有哪几个重要参数？

3. 获取数字图像是图像的数字化过程，获取数字图像一般有哪几种途径？

4. 请简述 Photoshop 的功能和特点。

5. 请简述合成两张图片的简要步骤。

第11章 Flash 动画信息处理

Flash 动画是网页设计中应用最广泛的动画格式，随着 Internet 的流行，Flash 已经成为广大计算机用户设计小游戏、发布产品演示、制作动感贺卡以及编制解析课件的首选软件。Flash CS5 以强大的矢量动画制作和灵活的交互功能，成为网页动画制作软件的主流，并且占据了网络广告设计软件的主体地位。

 ## 11.1 了解 Flash CS5 工作界面

Flash CS5 是一款矢量图形和动画制作的专用软件，是"网页制作三剑客"（Dreamweaver、Photoshop、Flash）之一。在 Flash CS5 中可以使用各种元素（如面板、栏以及窗口）来创建和处理文件，这些元素组成的排列方式称为工作区。图 11-1 所示为 Flash CS5 的操作界面。

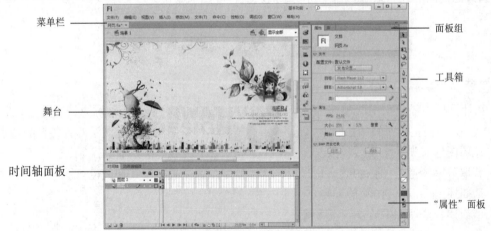

图 11-1　Flash CS5 的操作界面

1. 菜单栏

Flash CS5 的菜单栏中包括文件、编辑、视图、插入、修改、文本、命令、控制、调试、窗口和帮助 11 个菜单，如图 11-2 所示。单击各主菜单项都会弹出相应的下拉菜单，有些下拉菜单中还包括了下一级的子菜单。

文件(F)	编辑(E)	视图(V)	插入(I)	修改(M)	文本(T)	命令(C)	控制(O)	调试(D)	窗口(W)	帮助(H)

图 11-2　菜单栏

2. 工具箱

工具箱是 Flash 中重要的工具组合，它包含了很多绘制和编辑矢量图形的各种操作工具，如图 11-3 所示。使用工具箱中的工具可以绘图、上色、选择和修改图形。

3. 时间轴面板

时间轴是 Flash 动画编辑的基础，用于组织和控制一定时间内的图层和帧中的文档内容。与胶片一样，Flash 文档也将时长分为帧。图层就像堆叠在一起的多张幻灯胶片一样，每个图层都包含一个显示在舞台中的不同图像。在时间轴底部显示的时间轴状态指示所选的帧编号、当前帧速率以及到当前帧为止的运行时间。在播放动画时，将显示实际的帧频，如果计算机不能足够快地计算和显示动画，则该帧频可能与文档的帧频设置不一致。

时间轴主要由图层、帧和播放头组成。文档中的图层列在时间轴左侧的列中，每个图层中包含的帧显示在该图层名右侧的一行中。时间轴顶部的时间轴标题指示帧编号。播放头指示当前在舞台中显示的帧。播放文档时，播放头从左向右通过时间轴。

时间轴位于"时间轴"面板中，按【Alt＋F9】组合键，或单击"窗口"→"时间轴"命令，即可打开如图 11-4 所示的"时间轴"面板。

图 11-3　工具箱

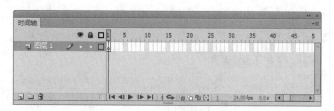

图 11-4　"时间轴"面板

 ## 11.2　创建网页文本对象

文字是动画创作不可缺少的组成元素，它可以辅助影片表述内容，合理和正确地用好文本可以使所创建的作品达到引人入胜的效果。Flash CS5 中的文字是使用文本工具直接创建出来的对象，它是一种特殊的对象，具有图形组合和实例的某些特性，但又有自身的特性。文本既可作为运动渐变动画的对象，又可作为形状渐变动画的对象。

1. 创建静态文本

使用 Flash 可以创建静态文本和动态文本，这些文本都支持 Unicode。静态文本在发布的 Flash 中是无法修改的。

在 Flash 中确定需要创建文本的页面，选取工具箱中的文本工具 **T**，在"属性"面板中设置字体、大小、颜色等信息，在文本类型列表框中选择"静态文本"选项，其他参数为默认值。移动鼠标至舞台的左上部，当鼠标指针呈 ⊹ 形状时，单击确认插入点，输入相应文本，然后在舞台任意位置单击，确认输入的文字，即可完成静态文本的创建。

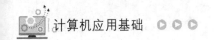

2. 创建动态文本

动态文本是一种比较特殊的文本对象，文本会根据文本服务器的输入不断更新，如天气预报、每日新闻等。设计者可以随时更新动态文本中信息，即使在作品完成后也可以改变其中的信息。

在 Flash CS5 中，确定需要创建文本的页面，选择工具箱中的文本工具**T**，在"属性"面板中，设置文本类型、大小、颜色等信息。在舞台中下半部的合适位置，单击并拖动，创建一个动态文本框，输入相应文字后，按【Ctrl＋Enter】组合键测试动画。

 ## 11.3　绘制网页动画图形

在使用 Flash CS5 创建动画之前，常常需要绘制图形，然后在绘制的图形基础上进行动画创作，因为任何复杂的动画都是由单个的图形对象组合而来的。在 Flash 中，绘制图形的工具有线条、椭圆和矩形工具等。

1. 应用线条工具绘图

线条工具是 Flash CS5 中使用方法最简单的工具，使用该工具可以绘制出各种样式的直线或任意直线图形。

在 Flash CS5 中，选取工具箱中的线条工具＼，在其"属性"面板中设置笔触颜色和笔触大小等参数，在舞台中的合适位置确认起始点，单击并拖动至合适位置再释放鼠标，即可绘制出一条或多条直线。

2. 应用椭圆工具绘图

使用椭圆工具○可以绘制椭圆或正圆，并可以设置椭圆或正圆的填充与线条颜色。在 Flash CS5 的工具面板中有用于绘制椭圆和正圆的工具。

绘制对象是在叠加时不会自动合并在一起的单独的图形对象，这样在分离或重新排列形状的外观时，会使形状重叠而不会改变它们的外观。Flash 将每个形状创建为单独的对象，可以分别进行处理。当绘画工具处于对象绘制模式时，使用该工具创建的形状为自包含形状。形状的笔触和填充不是单独的元素，并且重叠的形状也不会相互更改。选择用"对象绘制"模式创建的形状时，Flash 会在形状周围添加矩形边框来标识它。

使用椭圆工具可以创建这些基本形状，应用笔触和填充并指定圆角。除了"合并绘制"和"对象绘制"模式以外，椭圆工具和矩形工具还提供了"图元对象绘制"模式。使用基本矩形工具或基本椭圆工具创建矩形或椭圆时，与使用对象绘制模式创建的形状不同，Flash 会将形状绘制为独立的对象。基本形状工具可让用户使用属性检查器中的控件，指定矩形的角半径以及椭圆的起始角度、结束角度和内径。创建基本形状后，可以选择舞台上的形状，然后调整属性检查器中的控件来更改半径和尺寸。

3. 应用矩形工具绘图

使用矩形工具□可以绘制出正方形、矩形和圆角矩形。如果结合选择工具▶、部分选择工具▶及任意变形工具▦，对矩形进行变形，可以绘制出十分漂亮又具有创意的图形。

选取工具箱中的矩形工具□，在"属性"面板中设置矩形的笔触颜色、填充颜色以及笔触样式后，在舞台中单击鼠标左键并拖动鼠标，即可绘制矩形对象。

11.4　编辑网页动画图形

针对图形对象的编辑是使用 Flash 制作动画的基本和主体工作，如对图形进行组合、分离、填充、扩展、收缩、柔化等操作，从而创建出各种精美的图形。本节主要介绍选择工具、套索工具、移动工具和缩放工具的使用方法。

1. 选择网页图形对象

使用选择工具▶可以选择全部对象，方法是 Flash 文档中单击某个对象或拖动对象以将其包含在矩形选取框内。在 Flash CS5 中，选取工具箱中的选择工具▶，将鼠标指针移至舞台中相应图形上，单击鼠标左键，即可选择该图形。

2. 运用套索选择图像

在 Flash CS5 中，使用套索工具可以精确地选择不规则图形中的任意部分，多边形工具适合选择有规则的区域，魔术棒用来选择相同色块区域。

在工具箱中选取套索工具，将鼠标移至舞台中，单击鼠标左键并拖动。至合适位置后释放鼠标左键，即可在图形对象中选择需要的范围。

3. 移动网页图形对象

在 Flash CS5 中，常见的移动对象的方法有以下 3 种。

① 选取工具箱中的选择工具▶，选定要移动的对象后，使用"属性"面板中的"位置和大小"功能来实现对象的移动。

② 选取工具箱中的选择工具▶，在需要移动的对象上单击鼠标左键并拖动，至目标位置后释放鼠标即可。

③ 选择舞台中的对象，按键盘上的方向键来对对象进行移动。

在工具箱中选取选择工具▶，在舞台中选择需要移动的图形对象，如图 11-5 所示。单击鼠标左键并拖动，至合适位置后释放鼠标左键，即可移动图像对象，效果如图 11-6 所示。

图 11-5　选择图形对象　　　　　　　图 11-6　移动图形对象

4. 缩放网页图形对象

在 Flash CS5 中，缩放工具用来放大或缩小舞台的显示大小，在处理图形的细微之处时，使用缩放工具可以帮助设计者完成重要的细节设计。选取缩放工具后，在工具箱中会显示"放大"

和"缩小"按钮，用户可以根据需要选择相应的按钮。

选取工具箱中的缩放工具🔍，选取其中的"放大"🔍按钮，将鼠标移至需要放大的图形上，单击鼠标左键，即可放大图形，效果如图 11-35 所示。

11.5 创建网页元件对象

元件是 Flash 中一个非常重要的概念。元件使 Flash 功能强大，是 Flash 动画体积变小的重要原因。元件是可以重复使用的图形、影片剪辑或按钮，每个元件都可以有自己的时间轴、场景和完整的图层。

11.5.1 元件类型

元件是被命名后放置在库中存储的对象，可以转换为元件的对象包括图片、文字、声音和视频等。相对于直接使用对象本身，元件只要创建一次，便可以重复使用。一个元件的多个实例只占用一个元件空间，可以减小文件的大小。并且，元件只需下载一次即可，使用元件可以加快 Flash 文件的播放速度。

使用元件也可以简化影片的编辑，当修改了某个元件后，使用此元件的其他对象便随之更新，避免了逐一更改的麻烦。元件有 3 种类型：影片剪辑元件、按钮元件和图形元件，如图 11-7 所示。

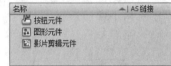

图 11-7　元件类型

① 影片剪辑元件🎬：影片剪辑元件拥有自己的时间轴，它可以独立于主时间轴播放。运用它可以创建重复使用的动画片段，其本身就是一个小动画，可以将影片剪辑看做主影片内的小影片。

② 按钮元件👆：使用按钮元件可以在影片中创建交互式按钮，通过事件触发它的动作。按钮元件有自己的时间轴，但被限定为 4 帧，或者说是按钮的 4 种状态，即"弹起""指针经过""按下"和"单击"。在每种状态下，都可以包含其他元件或声音等。除了最后一个状态外，其他 3 个状态中所包含的内容在影片播放时都可见或可听到，最后一种状态是确定激发按钮的范围。当用户创建了按钮后，就可以给按钮的实例分配动作。

③ 图形元件🖼️：图形元件主要用来制作动画中的静态图形。它没有独立可用的时间轴，也就是说放在图形元件中的动画、声音和脚本将被忽略。矢量图形在被导入到库中后，直接被转换为图形元件。图形元件很适用于静态图像的重复使用，或创建与主时间轴关联的动画。与影片剪辑或按钮元件不同，用户不能为图形元件提供实例名称，也不能在动作脚本中引用图形元件。

11.5.2 创建图形元件

在启动 Flash 时，系统会自动创建一个附属于动画文件的元件库。当创建新的元件时，系统会自动将所创建的元件添加都该库中。除此之外，还可以使用系统提供的元件，以及附属于其他动画的元件。每个元件都有自己的舞台、时间轴和层，可以像创建和编辑矢量图形一样创建和编辑所有元件。

在菜单栏中，单击"插入"→"新建元件"命令，如图 11-8 所示。执行操作后，弹出"创建新元件"对话框，在该对话框的"名称"文本框中输入"植物"，单击"类型"右侧的下三角按钮，在弹出的列表框中选择"图形"选项，如图 11-9 所示，单击"确定"按钮，即可创建一个新的图形元件。

图 11-8　单击"新建元件"命令　　　　图 11-9　选择"图形"选项

11.5.3　在不同的模式下编辑元件

Flash CS5 提供了 3 种方式编辑元件：在当前位置编辑元件、在新窗口中编辑元件和在编辑元件窗口中编辑元件。编辑元件时，Flash 将更新文档中该元件的所有实例，以反映编辑结果，可以使用任意绘图工具、导入介质或创建其他元件的实例。

1. 在当前位置编辑

在舞台上直接编辑元件，舞台上的其他对象将以灰度显示，表示与当前元件的区别。被编辑元件的名称将显示在舞台顶端的标题栏中，位于当前场景名称的右侧。

使用鼠标双击舞台上的元件实例，或在舞台上的元件实例上右击，在弹出的快捷菜单中选择"在当前位置编辑"选项，根据需要编辑元件。完成后要退出当前编辑模式，可单击位于舞台顶端标题栏左侧的"后退"按钮，或单击场景名称即可。

2. 在新窗口中编辑

在舞台上的元件实例上右击，在弹出的快捷菜单中选择"在新窗口中编辑"选项。用户根据需要编辑元件后，要退出新窗口返回场景工作区时，可单击右上角的"关闭"按钮，或单击"编辑"→"编辑文档"命令。

3. 在编辑元件窗口中编辑

单击"窗口"→"库"命令，展开"库"面板，使用鼠标左键双击"名称"列表框中相应元件前面的图标，即可在编辑元件窗口中打开该元件，单击位于舞台顶端标题栏左侧的"后退"按钮，即可退出编辑元件窗口，返回场景工作区。

 ## 11.6　制作网页动画特效

在 Flash 中可以制作很多种类的动画，其中逐帧动画、遮罩动画以及形状动画等，是最简单、最基本和最常用的动画。本节主要向读者介绍制作网页动画特效的方法。

1. 制作逐帧动画

逐帧动画在每一帧中都会更改舞台中的内容，它最适合于图像在每一帧中都不断变化且在舞台上移动的复杂动画，不仅可以通过在时间轴中更改连续的内容来实现，还可以在舞台中创作出各种简单的动画效果。使用逐帧动画技术，可以为时间轴中的每个帧指定不同的艺术作品。

逐帧动画会在每一帧改变舞台中的内容，即每一帧都是关键帧，它适用于帧内容有较大变化的情况下使用。当向 Flash CS5 中导入图像时，如果要导入的图像是多张名称具有连续编号的图像序列中的一张，此时 Flash 会弹出提示信息框，提示用户是否要导入序列中的所有图像，若单击"是"按钮，则将所有具有连续编号的图像作为一个图像序列导入。导入图像后，Flash CS5 会自动将每一副图像添加到一个单独的关键帧中，形成一个逐帧动画。

2. 制作遮罩层动画

在 Flash CS5 工作界面中，遮罩动画是指设置相应图形为遮罩对象，通过运动的方式显示遮罩对象下的图像效果。

在需要创建遮罩层的图层上右击，在弹出的快捷菜单中选择"遮罩层"选项。执行操作后，即可在"时间轴"面板中创建图层遮罩层，按【Ctrl+Enter】组合键，可以预览创建的遮罩层动画效果。

3. 制作形状渐变动画

形状渐变动画（也称形状补间动画）是指通过在时间轴上的某个帧中绘制一个对象，在另一个帧中修改该对象或重新绘制其他对象，然后由 Flash 计算出两帧之间的差别并插入过渡帧，从而创建出形状渐变动画的效果。

在"时间轴"面板中需要创建形状动画的帧上右击，在弹出的快捷菜单中选择"创建补间形状"选项。执行操作后，即可创建补间形状动画。

4. 制作动作渐变动画

要制作动作渐变动画，首先需要创建好两个关键帧的状态，然后在关键帧之间创建动作关系。动作渐变效果主要依靠 Flash 的传统补间动画功能来完成。补间范围是时间轴中的一组帧，其中的某个对象具有一个或多个随时间变化的属性。渐变动画的过程很连贯，且制作过程也比较简单，只需在动画的第 1 帧和最后 1 帧中创建动画对象即可。

在"时间轴"面板中需要创建动作渐变的帧上右击，在弹出的快捷菜单中选择"创建传统补间"选项。执行操作后，即可创建动作渐变动画。

习　题

简答题

1. 动画的原理是什么？
2. 简述 Flash 软件的功能和特点。
3. Flash 软件可以制作多种种类的动画，请问最基本和最常用的有哪些动画？
4. 请简述 GIF 图像的特点和简要制作步骤。
5. 请简述影片剪辑的简要制作步骤。

第12章 网页制作基础

12.1 网站的规划

12.1.1 网站的基本概念

网站是由网页组成的，网站和网页的关系就像家庭与家庭成员的关系一样。但是网站往往要复杂一些。

另外，网站除了一般的网页之外，往往还有一些其他的东西。例如数据库，以"淘宝"为例，网站需要保存客户的用户名、密码以及交易信息，这都需要数据库。总而言之，网站要比网页复杂，一个好的网站需要精心规划和设计。

12.1.2 静态网站与动态网站

根据数据的更新方式，有静态网站和动态网站之分，如图 12-1、图 12-2 所示。

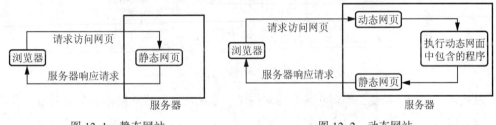

图 12-1 静态网站 　　　　　　　图 12-2 动态网站

1. 静态网站

如果数据不多，内容比较固定，更新不频繁，可以采用静态网站。本章主要研究静态网站的制作。

2. 动态网站

所谓"动态"不是指网页上简单的 GIF 或 Flash 动画，与滚动字幕等视觉上的"动态效果"没有直接关系。动态网站的特点如下：

① 交互性：网页会根据用户的要求和选择而动态地改变和响应，浏览器作为客户端，成为一个动态交流的桥梁。动态网页的交互性也是今后 Web 发展的潮流。

② 自动更新：即无须手动更新 HTML 文档，便会自动生成新页面，可以大大节省工作量。

③ 因时因人而变：即当不同时间、不同用户访问同一网址时会出现不同页面。

④ 此外动态网页是与静态网页相对应的，也就是说，网页 URL 后缀的常见形式是.asp、.aspx、.jsp、.php、.perl、.cgi 等。

⑤ 使用网页脚本语言，比如 php、asp、asp.net、jsp 等，通过脚本将网站内容动态存储到数据库，用户访问网站时通过读取数据库来动态生成网页。

12.1.3　网站开发流程

为了加快网站建设的速度和减少失误，应该采用一定的制作流程来策划、设计、制作和发布网站。通过使用制作流程确定制作步骤，以确保每一步顺利完成。步骤的实际数目和名称因人而异，但是总体制作流程如图 12-3 所示。

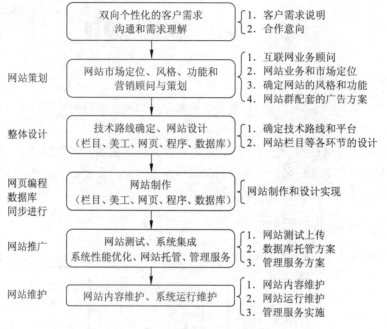

图 12-3　网站制作流程图

目前的网站按其功能分类，主要有门户网站、职能网站、专业网站和个人网站。现在的个人站点，按其最初建设的初衷可以分为三类：

第一类个人站点是按照个人爱好设置的个人站点，内容是个人自我展示，如个人 QQ 空间。

第二类个人站点是由两三个人组成的某某工作室，像亮亮工作室、丁香鱼工作室等。

第三类个人站点的发展力求商业化，如走进中关村等。

12.1.4　网站的总体规划与设计

在设计之前，需先画出网站结构图，其中包括网站栏目、结构层次、链接内容。首页中的各功能按钮、内容要点、友情链接等都要体现出来，一定要切题，并突出重点，同时在首页上应把大段的文字换成标题性的、吸引人的文字，将单项内容交给分支页面去表达，这样才显得页面精炼。也就是说，首先要让访问者一眼就能了解这个网站提供什么信息，使访问者有一个基本的认识，并且有继续看下去的兴趣。并且要细心周全，不要遗漏内容，还要为扩容留出空间。分支页面内容要相对独立，切忌重复，导航功能要好。网页文件命名开头不能使用运算符、中文字等，分支页面的文件存放于自己单独的文件夹中，图形文件存放于单独的图形文件夹中，汉语拼音、英文缩写、英文原义均可用来命名网页文件。在使用英文字母时，同时要区分文件的大小写，建议在构建的站点中，全部使用小写的文件名称。

总体规划中涉及的主要内容包括：

① 确定网站主题。

② 确定网页结构。

③ 确定网页的信息组织和管理方式。

④ 确定信息的存储方法。

⑤ 文档版本的控制。

⑥ 确保结构的完整性和一致性。

 ## 12.2　网页设计概述

1．网页的基本概念

网页（Homepage）由文字、图像、动画、表格、视频等元素组成，访问网站时看到的第一张网页称为网站的首页。网页是用 HTML（超文本标识语言）或者其他语言编写的，通过 IE 浏览器编译后供用户获取信息的页面，又称为 Web 页。

2．网页设计原则

一个优秀的页面应考虑内容、速度和页面美感三因素，可归结为：统一、协调、均衡和强调。

3．网页的构成元素

① 文本：是网页的主要部分。

② 图像：主要是 JPG 和 GIF 格式。

- Logo：网站的形象，放在网页的左上方。
- Banner：用于宣传网站内某个栏目或活动的广告，动画形式。
- 网页的背景：改变或统一网页的整体背景。
- 其他应用。

③ 动画：网页上最活跃的元素，主要有 GIF 和 SWF 格式。

④ 超链接：网站的灵魂，实现跳转。

⑤ 导航栏：一组超链接，可方便地浏览整个站点，可以是文本或者按钮。

⑥ 表单：用来收集站点访问者信息的域集，是人机交互的有力工具。

⑦ 框架：网页的组织形式，在一个窗口中浏览多项内容。

⑧ 表格：网页排版的灵魂，精确定位元素。

⑨ 其他：日期、计数器、音频、视频和网页特效等。

4．常用的网页制作工具

常用的网页制作工具有文本编辑器——记事本和 Dreamweaver CS5。

Dreamweaver CS5 是 Macromedia 公司开发的一款专业 HTML 编辑器，用于 Web 站点、Web 页和 Web 应用程序的设计、编码和开发。Dreamweaver 支持静态和动态网页的开发，相对复杂和专业一些，是目前使用最多的网页设计软件。

下面介绍用 Html 语言制作简单的网页的办法。

（1）制作第一个网页

【例 12-1】打开记事本，输入文字并保存，设置文件名为"例 1"，扩展名为".htm"，如图 12-4 所示。然后双击打开这个"例 1.htm"文件，将会看到自己制作的第一个网页，如图 12-5 所示。

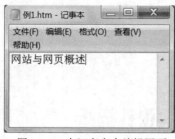

图 12-4　在记事本中编辑网页

图 12-5　在 IE 中浏览效果

接下来，在记事本中改写成"\<b\>网站与网页概述\</b\>"，保存。双击浏览，发现字体加粗了。这里的\<b\>\</b\>就是 HTML 语言。继续输入\<font color='#ff0000'\>\<b\>网页设计语言\</b\>\</font\>，保存，如图 12-6 所示。再看看效果，"网页设计语言"在 IE 中显示为红色的粗体，如图 12-7 所示。

（2）其他常用网页设计语言

扩展的功能语言，如 javascript（这个语言可以帮助制作网页的各种特效）。

内部程序语言，如 Asp、PHP、Jsp、VB.NET 等。

使用数据库，如 Access、SQLSever、MySQL 等。

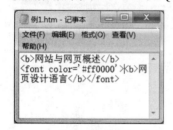

图 12-6　文本格式

图 12-7　浏览器效果

（3）网页设计语言的选用

使用何种网页设计语言通常取决于网站的属性，例如：一般性的网站使用 ASP 制作，速度较快；保密性安全性要求高的使用 JSP 制作，比如各个银行网站大多都是.JSP 的页面；对流量有较高要求的网站，可以使用 PHP 制作，因为 PHP 与 MYSQL 数据库搭配，效率高、CPU 占用率最低。下面重点学习 HTML 语言。

（4）HTML 语言

HTML 语言即 Hyperlink Markup Language，超文本标识语言。

① HTML 的基本格式。

标识格式：\<标记\>指定内容\</标记\>

基本结构：

```
<html>                                <!--网页开始    -->
    <head>                            <!--头部开始    -->
      <title>页头标题</title>
      ......
    </head>                           <!--头部结束    -->
    <body>                            <!--主体开始    -->
      ......
    </body>                           <!--主体结束    -->
</html>                               <!--网页结束    -->
```

② 表格的标记格式。

```
<table>                               <!--表格开始    -->
    <tr>                              <!--一行开始    -->
      <td>列名 1</td>                  <!--一列开始到结束    -->
            ......
      <td>列名 n</td>
    </tr>                             <!--一行结束    -->
</table>                              <!--表格结束    -->
```

【例 12-2】我的课表，如图 12-8 所示。

图 12-8　我的课表

代码如下：

```
<html>
<head>
<title>表格示例</title>
<style type="text/css">
body {  background-image:  url("02.gif"); }
.STYLE3 {font-family:  "隶书"; font-size:  24px; color:  #0000FF; }
</style></head>
<body>
<p align="left"> 我的课表</p>
<table width="350" border="2" cellpadding="2" cellspacing="1"
 background=" 01.jpg">
  <tr>
<td><div align="center" class="STYLE3"></div></td>
    <td><div align="center" class="STYLE3">课程名字</div></td>
  </tr>
  <tr>
    <td><div align="center" class="STYLE3">星期一</div></td>
```

```
<td><div align="center" class="STYLE3">计算机应用基础
        </div></td>
</tr>
<tr>
  ……
</tr>
</table>                    <!--表格定义结束 -->
</body>                     <!--主体结束  -->
</html>                     <!--文档结束  -->
```

③ 超链接的格式。

`<a  href="超链接对象">超级链说明文字</ a>`

12.3 Dreamweaver CS5 工作环境

初步了解了网站的规划以及网页设计的基本知识后，就可以使用网页制作软件来创建网站中的网页了。Dreamweaver 是一种可视化的网页设计和网站管理工具，它支持静态与动态技术，并且支持可视化操作。下面以 Dreamweaver CS5 来介绍其工作环境。

1. 工作区布局

首次启用 Dreamweaver 时，会弹出如图 12-9 所示的"工作区设置"对话框。在该对话框中提供了两种布局风格：一种是"设计器"布局，该布局是一个使用 MDI（多文档界面）的集成工作区，其中全部"文档"窗口和面板被集成在一个更大的应用程序窗口中，面板组停靠在右侧，建议初学者使用此布局；另外一种是"编码器"布局，该布局也是一个集成工作区，但是面板组停靠在左侧，布局类似于 HomeSite 所用的布局，而且"文档"窗口在默认情况下显示"代码"视图，建议 HomeSite 用户以及手工编码人员使用这种布局。

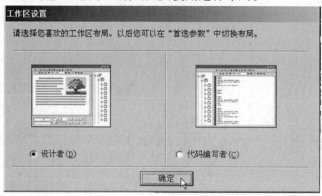

图 12-9 "工作区设置"对话框

2. 文档窗口

在"工作区设置"对话框启用"设计器"工作模式，单击"确定"按钮，即可打开 Dreamweaver。在打开的文档窗口中，其中最醒目的是居于窗口中央的"起始页"对话框，如图 12-10 所示。

该对话框的中间有 3 个栏目，分别是"打开最近项目""创建新项目"和"从范例创建"。在这 3 个栏目中单击任意一个栏目中的文字和图标，即可打开相应的窗口。在该对话框的下方有 3 行文字，它们是 Dreamweaver 的在线帮助链接。如果在下次启动 Dreamweaver 时不希望显示此对话框，则可以选中该对话框最下面的"不再显示此对话框"复选框。

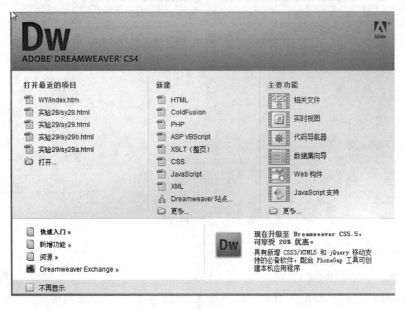

图 12-10　"起始页"对话框

　　温馨提示：要设置是否在启动 Dreamweaver 时显示此对话框，还可以执行"编辑"菜单的"首选参数"命令，并打开"常规"选项卡，在"文档选项"后取消"显示起始页"复选框的勾选。

　　在"起始页"对话框的"创建新项目"栏中，单击"打开"选项，选择一个网页文件，此时的 Dreamweaver 窗口如图 12-11 所示，其中各部分的功能如下：

　　① "常用"工具栏：包含用于将各种类型的对象（图像、表格和层）插入文档中的按钮。每个对象都是一段 HTML 代码，允许用户在插入时设置不同的属性。

　　② "文档"工具栏：包含按钮和弹出式菜单，提供各种"文档"窗口视图、各种查看选项和一些常用操作。

　　③ "文档"窗口：用于显示当前创建和编辑的文档，可以在此设置和编排页面内的所有对象，如文字、图像、表格等。

　　④ 面板组：组合在一个标题下面的相关面板集合，在"窗口"菜单中，可以执行相应的命令显示或隐藏面板。

　　⑤ "文件"面板：帮助用户管理自己的文件和文件夹，包括 Dreamweaver 站点的一部分和远程服务器，同时还可以访问本地磁盘上的全部文件，类似于 Windows 中的资源管理器。

　　⑥ "属性"面板：用于查看和更改所选对象或文本的各种属性，每种对象都具有不同的属性。在"编码器"工作区布局中，"属性"面板默认是折叠的。

　　⑦ 标签选择器：位于"文档"窗口底部的状态栏中，用于显示环绕当前选定内容的标签的层次结构。单击该层次结构中的任何标签，可以选择该标签及其全部内容。

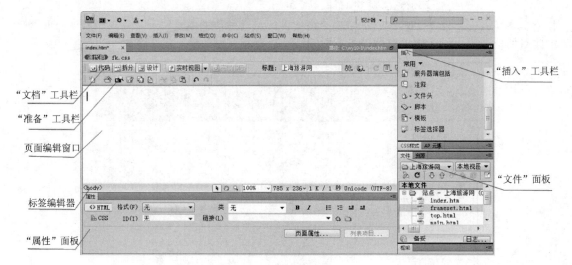

图 12-11　文档窗口

3. 工具栏面板

Dreamweaver 中包含 4 种工具栏：插入、样式呈现、文档和标准。其中的"样式呈现"工具栏是 Dreamweaver CS5 的新增工具栏。如果要将这些工具栏显示在文档窗口中，可以执行"查看"菜单中"工具栏"命令。

其中，"插入"工具栏是最常用的工具栏之一，其按钮与"插入"菜单中的命令相对应。使用上面的按钮，可以方便、快捷地在网页中插入图像、表格、字符、动画等。"插入"工具栏包含了 8 个选项卡。

4. 面板基本操作

在 Dreamweaver 中，几乎所有操作都可以在工具栏或者面板中完成。在"设计器"布局的状态下，文档窗口右侧的界面中包含所有常用面板，如"文件"面板、"CSS 样式"面板、"资源"面板等。它的实际运用将在以后的章节中讲到，现在介绍面板的基本操作。

面板组是分布在某个标题下面的相关面板集合，这些面板功能强大，而且能够任意组合。如果要展开一个面板组，可以双击面板组名称，如图 12-12 所示。如果要使"文档"窗口扩大，可以将面板组折叠为图表，单击面板组右上角的双箭头按钮即可，如图 12-13 所示。

图 12-12　面板组

图 12-13　面板组折叠为图标

如果要将某个面板分离成浮动面板，首先应将鼠标指向面板名称，按下左键拖动即可得到浮动的面板。将 CSS 样式面板分离成浮动面板，如图 12-14 所示。

　　温馨提示：单击面板组标题栏右侧的按钮，在弹出的下拉菜单中，可以对该面板进行重新组合、重新命名以及关闭该面板等操作，如图 12-15 所示。

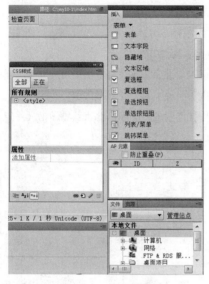

图 12-14　分离面板组

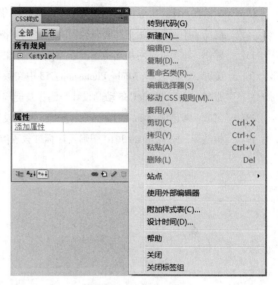

图 12-15　执行命令

　　Dreamweaver 可以制作简单静态网页、网页表单、框架网页、动态网页等多种类型的网页页面，大家可以通过上机实验来体会 Dreamweaver 的强大功能。

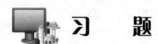 习　　题

简答题

1. 网页的基本概念是什么？网页一般用什么语言编写？为什么又称为 Web 页？
2. 简述及网页和网站的关系。
3. 动态网站有哪些主要特点？
4. 网页设计原则一般是什么？
5. 简述 Dreamweaver 的功能及特点。

参 考 文 献

[1] 汪燮华，张世正. 计算机应用基础教材[M]. 上海：华东师范大学出版社, 2014.

[2] 汪燮华，张世正. 计算机应用基础实验指导[M]. 上海：华东师范大学出版社, 2014.

[3] 胡浩民. 计算机应用基础教程[M]. 北京：清华大学出版社,2013.

[4] 周晶. 计算机应用基础实践教程[M]. 北京：清华大学出版社, 2013.

[5] 陈娟. 计算机应用基础实践教程[M]. 北京：电子工业出版社, 2017.

[6] 美国 Adobe 公司. Adobe Photoshop CS5 中文版经典教程[M]. 北京：人民邮电出版社, 2013.

[7] 张梅. Adobe Flash CS5 动画设计与制作技能实训教程[M]. 北京：科学出版社, 2018.

[8] 何欣，郝建华. Adobe Dreamweaver CS5 网页设计与制作技能基础教程[M]. 北京：科学出版社, 2018.

[9] 杨继萍，吴华. Visio 2010 图形设计标准教程[M]. 北京：清华大学出版社, 2011.